准噶尔盆地勘探理论与实践系列丛书

准噶尔盆地玛湖凹陷三叠系
百口泉组砂砾岩储层形成与演化

The Formation and Evolution of the Glutenite
Reservoir of Baikouquan Formation in the
Triassic of Mahu Depression, Junggar Basin

雷德文　王小军　唐　勇　史基安
常秋生　张顺存　吴　涛　赵　龙　　著

科学出版社

北　京

内 容 简 介

本书根据古构造、古地貌、物源供给及古气候等沉积背景分析,确定了准噶尔盆地玛湖凹陷三叠系百口泉组属湖侵背景下多级坡折控制的退积型浅水扇三角洲沉积。依据岩心观察、薄片鉴定、录井、测井及地震等资料,建立了该区百口泉组扇三角洲沉积微相-岩相沉积模式,分析了研究区扇三角洲沉积体系空间展布特征。以核磁共振测井和成像测井为依据,结合储层岩矿特征、储层成岩演化及储层物性和试油资料的分析,应用量化地质研究方法对百口泉组砂砾岩储层进行分类评价,并在对砂砾岩储层主控因素及油气成藏条件分析的基础上,提出了研究区有利储层分布区带。

本书适合从事石油地质和勘探开发的科研人员及高等院校相关专业师生参考阅读。

图书在版编目(CIP)数据

准噶尔盆地玛湖凹陷三叠系百口泉组砂砾岩储层形成与演化＝The Formation and Evolution of the Glutenite Reservoir of Baikouquan Formation in the Triassic of Mahu Depression, Junggar Basin/雷德文等著. —北京:科学出版社,2018.5

（准噶尔盆地勘探理论与实践系列丛书）

ISBN 978-7-03-056163-3

Ⅰ.①准…　Ⅱ.①雷…　Ⅲ.①准噶尔盆地-三叠纪-砂岩油气田-储集层-研究　Ⅳ.①P618.130.2

中国版本图书馆 CIP 数据核字(2017)第 317956 号

责任编辑:万群霞 / 责任校对:王萌萌
责任印制:张克忠 / 封面设计:无极书装

科学出版社 出版
北京东黄城根北街 16 号
邮政编码:100717
http://www.sciencep.com

北京汇瑞嘉合文化发展有限公司 印刷
科学出版社发行　各地新华书店经销
*
2018 年 5 月第 一 版　开本:787×1092 1/16
2018 年 5 月第一次印刷　印张:20
字数:450 000

定价:258.00 元
(如有印装质量问题,我社负责调换)

序

准噶尔盆地位于中国西部,行政区划属新疆维吾尔自治区(简称新疆)。盆地西北为准噶尔界山,东北为阿尔泰山,南部为北天山,是一个略呈三角形的封闭式内陆盆地,东西长为700km,南北宽为370km,面积为13万km²。盆地腹部为古尔班通古特沙漠,面积占盆地总面积的36.9%。

1955年10月29日,克拉玛依黑油山1号井喷出高产油气流,宣告了克拉玛依油田的诞生,从此揭开了新疆石油工业发展的序幕。1958年7月25日,世界上唯一一座以油田命名的城市——克拉玛依市诞生了。1960年,克拉玛依油田原油产量达到166万t,占当年全国原油产量的40%,成为新中国成立后发现的第一个大油田。2002年原油年产量突破1000万t,成为中国西部第一个千万吨级大油田。

准噶尔盆地蕴藏丰富的油气资源。油气总资源量为107亿t,是我国陆上油气资源超过100亿t的四大含油气盆地之一。虽然经过半个多世纪的勘探开发,但截至2012年年底,石油探明程度仅为26.26%,天然气探明程度仅为8.51%,均处于含油气盆地油气勘探阶段的早期,预示着准噶尔盆地具有巨大的油气资源和勘探开发潜力。

准噶尔盆地是一个具有复合叠加特征的大型含油气盆地。盆地自晚古生代至第四纪经历了海西、印支、燕山、喜马拉雅等构造运动。其中,晚海西期是盆地拗隆构造格局形成、演化的时期,印支-燕山运动进一步叠加和改造,喜马拉雅运动重点作用于盆地南缘。多旋回的构造发展在盆地中造成多期活动、类型多样的构造组合。

准噶尔盆地沉积总厚度可达15000m。石炭系—二叠系被认为是由海相到陆相的过渡地层,中、新生界则属于纯陆相沉积。盆地发育了石炭系、二叠系、三叠系、侏罗系、白垩系和古近系六套烃源岩,分布于盆地不同的凹陷,它们为准噶尔盆地奠定了丰富的油气源物质基础。

纵观准噶尔盆地整个勘探历程,储量增长的高峰大致可分为准噶尔西北缘深化勘探阶段(20世纪70年代~20世纪80年代)、准噶尔东部快速发现阶段(20世纪80年代~20世纪90年代)、准噶尔腹部高效勘探阶段(20世纪90年代~21世纪初期)、准噶尔西北缘滚动勘探阶段(21世纪初期至今)。不难看出,勘探方向和目标的转移反映了地质认识的不断深化和勘探技术的日臻成熟。

正是由于几代石油地质工作者的不懈努力和执着追求,使准噶尔盆地在经历了半个多世纪的勘探开发后,仍显示出勃勃生机,油气储量和产量连续29年稳中有升,为我国石油工业发展做出了积极贡献。

在充分肯定和乐观评价准噶尔盆地油气资源和勘探开发前景的同时,必须清醒地看到,由于准噶尔盆地石油地质条件的复杂性和特殊性,随着勘探程度的不断提高,勘探目标多呈"低、深、隐、难"特点,勘探难度不断加大,勘探效益逐年下降。巨大的剩余油气资源分布和赋存于何处,是目前盆地油气勘探研究的热点和焦点。

由中国石油天然气股份有限公司新疆油田分公司(以下简称新疆油田分公司)组织编写的《准噶尔盆地勘探理论与实践系列丛书》历经近两年时间的努力,终于面世了。这是由油田自己的科技人员编写出版的一套专著类丛书,这充分表明我们不仅在半个多世纪的勘探开发实践中取得了一系列重大的成果,积累了丰富的经验,而且在准噶尔盆地油气勘探开发理论和技术总结方面有了长足的进步,理论和实践的结合必将更好地推动准噶尔盆地勘探开发事业的进步。

该系列专著汇集了几代石油勘探开发科技工作者的成果和智慧,也彰显了当代年轻地质工作者的厚积薄发和聪明才智。希望今后能有更多高水平的、反映准噶尔盆地特色的地质理论专著出版。

"路漫漫其修远兮,吾将上下而求索"。希望从事准噶尔盆地油气勘探开发的科技工作者勤于耕耘、勇于创新、精于钻研、甘于奉献,为"十二五"新疆油田的加快发展和"新疆大庆"的战略实施做出新的更大的贡献。

新疆油田分公司总经理

2012 年 11 月

前　言

　　玛湖凹陷三叠系百口泉组的扇油气勘探始于20世纪80年代,自20世纪90年代以来,在该凹陷北坡夏子街扇倾末端陆续发现玛2井、玛6井区块三叠系百口泉组油藏,但油藏由于埋藏偏深,产量偏低,且限于当时技术水平未能有效开发。2012年3月,玛131井三叠系百口泉组获工业油流,这是继玛北油田、玛6井区块百口泉组油藏发现20年之后,玛北斜坡岩性油藏勘探的又一重大突破。2012～2013年,在玛北斜坡区预探相继实施探井13口,共试油14井21层,获工业油流13井18层,直井日产油平均为6.0t,水平井日产气量平均为20.32m³。2013年3月,在玛西斜坡黄羊泉扇部署玛18井,7月在百口泉组一段3898～3920m获得日产油33.23t,日产气6900m³。2013年8月,又在夏子街扇体东翼玛19井的三叠系百口泉组见到良好的油气显示。2014年4月,在艾湖1井的百口泉组一段3848～3862m试油,再获日产油29.82t,日产气2080m³,从而发现了艾湖油田三叠系百口泉组油藏。这些勘探成果显示玛湖凹陷各斜坡带三叠系百口泉组具有大面积整体含油特征。

　　2010年,新疆油田分公司针对玛湖凹陷斜坡区开展了新一轮整体研究,从构造、岩相、油气运移等方面对玛湖凹陷玛北斜坡三叠系百口泉组油气成藏条件及主控因素进行重点研究,获得了以下一些新的认识。

　　(1)从洪积扇扇中含油转变为扇三角洲前缘成藏。夏子街扇储层岩性以灰绿色砂砾岩、砾岩为主,分选差,发育交错层理,以水下分流河道为主,发育粗粒级的泥石流、碎屑流,明显不同于以往所认识的洪积扇,从而综合判定为湖泊背景下粗粒的缓坡型扇三角洲沉积体系。

　　(2)由构造勘探转变为扇三角洲前缘相带大面积成藏,指导加快部署。夏子街物源体系受三面遮挡,具备整体含油的宏观成藏背景,其中北侧以断裂遮挡,东侧以致密砂砾岩遮挡,西侧以泥岩分割带遮挡。扇三角洲前缘砂体分布稳定,顶底板条件良好(百口泉组三段湖相泥岩作为顶板、百口泉组一段褐色致密砂砾岩作为底板)且构造平缓,储层低渗,边底水不活跃,有利于大面积成藏。

　　2014年5月,新疆油田分公司设立重大勘探研究项目"准噶尔盆地玛湖凹陷区百口泉组油气富集规律及勘探关键技术攻关",由新疆油田分公司勘探开发研究院牵头,联合中国石油勘探开发研究院西北分院、杭州分院及院属相关单位、中国科学院相关院所、中国石油大学(北京)、中国地质大学(北京)、西南石油大学、长江大学等相关高校,成立了玛湖联合研究中心,支撑玛湖凹陷百口泉组整体研究与勘探部署。通过整体研究认为,准噶尔盆地玛湖凹陷斜坡区由玛北斜坡、玛西斜坡、玛南斜坡及玛东斜坡组成,各斜坡区三叠系百口泉组均发育大型扇三角洲沉积,紧邻玛湖生油凹陷,位于油气运移优势指向区,是重要的油气富集区。玛湖凹陷是新疆油田分公司今后几年甚至更长时间内"增储上产"或稳产的一个重要战场。斜坡区是近期"增储上产"最重要及现实的领域,三叠系百口泉组砾岩体具有埋藏相对较浅、分布面积大、油层分布较稳定、油藏不含水、产量能够达到工业油流的特点。根据油气成藏特征分析,斜坡区具备形成大型油气藏的构造及沉积背景。取得的地质新认识主要有:①统一了玛湖凹陷三叠系百口泉组地震、地质层序;②清楚了玛湖凹陷构造格架与构造演化基本的特征,明确了构造发育与沉积充填间关系;③明确了东、西两大主物源体系的展布,清楚了沉积体系、沉积相带分布;④确定了砂砾岩储集性能受物源、岩相、早期油气充注三要素的控制,具有分区发育和演化的特点;⑤明确了玛湖凹陷油气系统范围与各区成藏特点,清楚了斜坡区油气富集控制要素。

　　本书是对玛湖凹陷三叠系百口泉组扇三角洲砂砾岩沉积体系、成岩演化、储层特征及储层评价和预测方面研究的总结,研究成果将对准噶尔盆地玛湖凹陷三叠系百口泉组的油气勘探及油气储层基础研究起重要的指导作用。

　　本书在编写过程中得到了新疆油田分公司勘探开发研究院及中国科学院地质与地球物理研究所兰州油气资源研究中心相关领导的指导、支持和帮助;新疆油田分公司实验检测研究院及中国科学院油气资源研究重点实验室(甘肃省油气资源研究重点实验室)相关实验分析人员对本书的实验分析做了大量的工作,相关科研人员也对本书的编写给予了大量的帮助,在此一并表示诚挚的感谢。

　　由于水平限制,书中不当之处在所难免,敬请读者批评指正。

作　者

2017 年 12 月

目　　录

概　　述 第1章

准噶尔盆地位于我国新疆维吾尔自治区北部,大约在 45°N,85°E,其东北为阿尔泰山,西部为准噶尔西部山地,南为天山山脉,是我国第二大盆地。现今的准噶尔盆地是一个外围被古生代褶皱山系环抱的大型山间盆地,其现今构造格局可划分为 6 个一级构造单元和 44 个二级构造单元,其中一级构造单元从北向南依次为乌仑古坳陷、陆梁隆起、中央坳陷、西部隆起、东部隆起和南缘冲断带(图 1.1)。

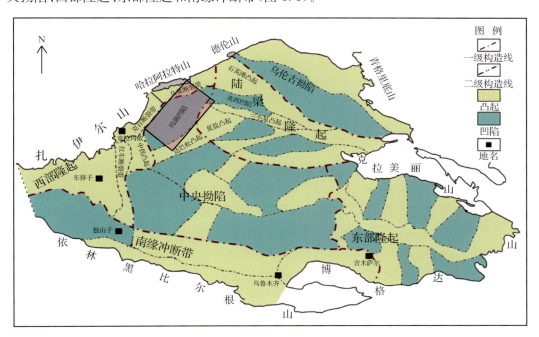

图 1.1　准噶尔盆地构造单元图(图中粉色框为本书研究区)

准噶尔盆地自晚古生代以来,由于海西、印支、燕山及喜马拉雅等多期构造运动的叠加使其发育不同的构造带和沉积组合特征,从而控制盆地中油气的生成、运聚和分布。由于构造演化非常复杂,加上所掌握及引用资料的差异,前人对于准噶尔盆地晚古生代以来盆地的构造演化争议较大,包括准噶尔盆地的早二叠世属于裂谷还是前陆盆地尚存争议,晚二叠世—古近系盆地的性质目前也存在分歧。如肖序常等(1992)和杨文孝等(1995)将盆地晚石炭世—早二叠世划为海相前陆,晚二叠世—第四纪划分为陆相前陆盆地。陈发景等(2005)则认为准噶尔盆地二叠纪为裂陷盆地,三叠纪—古近纪为克拉通盆地,新近纪—第四纪为压陷盆地。蔡忠贤等(2000)认为准噶尔盆地在早二叠世为裂谷,晚二叠世为热冷却伸展坳陷,三叠纪—古近纪为克拉通内盆地,新近纪至今,由于印度板块与亚洲大陆碰撞才形成陆内前陆盆地。陈新等(2002)将盆地构造旋回分为二叠纪前陆盆地阶段、三叠纪—古近纪陆内拗陷阶段及新近纪—第四纪再生前陆盆地阶段。何登发等(2004b)提出准噶尔盆地经历了晚石炭世—中三叠世前陆盆地阶段、晚三叠世—中侏罗世早期弱伸展拗陷盆地阶段、中侏罗世晚期—白垩纪压扭盆地阶段与新生代前陆盆地阶段的演化历史。鲁兵等(2008)认为准噶尔盆地形成于中石炭世末—早二叠世为裂陷阶段,早二叠世末—三叠纪末为裂、拗过渡阶段,侏罗纪—新近纪渐新世末期为拗陷发育阶段。隋风贵(2015)认为盆地西北缘自早二叠世至三叠纪主要是挤压逆冲推覆构造的发育阶段,三叠纪前构造活动强烈,三叠纪之后构造趋于稳定。

综合前人的研究,笔者认为准噶尔盆地构造格局雏形形成于晚古生代,盆地从晚古生代—中新生代构造演化经历了三个阶段:①晚海西期前陆盆地发育阶段(晚石炭世—二叠纪);②振荡型内陆拗陷盆地发育阶段(三叠纪—白垩纪);③类前陆型陆相盆地发育阶段(古近纪—第四纪)多期构造运动造成的性质各异的盆地叠合所形成的大型复合叠加盆地(表1.1)。

1.1 玛湖凹陷区域地质概况

玛湖凹陷是准噶尔盆地一级构造单元中央拗陷北部的一个二级构造单元,位于准噶尔盆地西北缘,紧靠扎伊尔山和哈拉阿拉特山,西侧与乌-夏断裂带和克-百断裂带相邻,西南毗邻中拐凸起,东南为达巴松凸起、夏盐凸起及英西凹陷,北边是石英滩凸起(图1.1,图1.2)。根据盆地构造格局和沉积样式可将玛湖凹陷划分为玛湖凹陷西环带和东环带两个斜坡区。其中,玛湖凹陷西环带位于玛纳斯湖以西区域,构造上位于准噶尔盆地中央凹陷玛湖凹陷西斜坡带,包括西部隆起乌-夏断裂带、克-百断裂带及中拐凸起北段,西与百口泉油田相连,东至和布克赛尔蒙古自治县边界,北连夏子街地区,南至中拐凸起;玛湖凹陷东环带位于玛纳斯湖以东区域,构造上位于准噶尔盆地中央凹陷玛湖凹陷东斜坡带,东至三个泉凸起,北与英西凹陷相连,南至达巴松凸起(图1.2)。玛湖凹陷深层石炭系、二叠系局部构造发育,浅层三叠系发育东南倾的单斜构造,局部为低幅度构造平台、背斜或鼻状构造。玛湖凹陷斜坡区紧邻玛湖凹陷生烃凹陷,构造位置有利,是油气从凹陷向西北缘断裂带运移的必经之地,易聚集成藏,具有良好的勘探潜力。

自二叠纪以来,玛湖凹陷西环带的构造演化与准噶尔盆地晚古生代和盆地西北缘推覆冲断活动具有良好的相关性。晚古生代以来,伴随着早二叠世末准噶尔盆地西北缘冲断推覆带的形成,盆地拗隆格局形成,玛湖凹陷也形成;中晚二叠世随着准噶尔盆地由前陆盆地向拗陷湖盆过渡,玛湖凹陷沉积中心向北迁移,此时是玛湖凹陷主要发育期;三叠纪时期准噶尔盆地已成为统一的浅水湖盆,处于广泛盆地沉积阶段,玛湖凹陷也随之消亡,沉积厚度一般南厚北薄,湖盆变为大型拗陷浅水盆地沉积(陈新等,2002;何登发等,2004b;鲁兵等,2008)(图1.3和图1.4)。

表 1.1 准噶尔盆地地层层序及构造演化阶段表

界	系	统	西北缘 群、组	代号	地震波组	东北缘 组	代号	地震波组	接触关系	演化阶段	构造运动
新生界 R	第四系			Q	TQ₁		Q		不整合	类前陆型陆相盆地	喜马拉雅运动II
	古近系			N	TN₁		N		不整合		喜马拉雅运动I
	新近系			E	TE₁		E	TE₁ TK₄	不整合		燕山运动III
中生界 Mz	白垩系	上统	艾里克湖组	K₂a	TK₂	东沟组	K₂d			振荡型陆内拗陷型盆地	
		下统	吐谷鲁群	K₁tg		连木沁组	K₁l	TK₃			
						胜金口组	K₁s	TK₃			
						呼图壁河组	K₁h	TK₂			
						清水河组	K₁q	TK₁	不整合		燕山运动II
	侏罗系	上统	齐古组	J₃q	Tk₁	齐古组	J₃q		不整合		
		中统	头屯河组	J₂t	TJ₄	头屯河组	J₂t	TJ₄			燕山运动I
			西山窑组	J₂x		西山窑组	J₂x				
		下统	三工河组	J₁s	TJ₃	三工河组	J₁s	TJ₃			
			八道湾组	J₁b	TJ₂	上八道湾组	J₁bᵇ	TJ₂			
						下八道湾组	J₁bₐ		不整合		印支运动
	三叠系	上统	白碱滩组	T₃b	TJ₁	郝家沟组	T₃h	TJ₁			
					TT₃	黄山街组	T₃hs				
		中统	上克拉玛依组	T₂k₂		克拉玛依组	T₂k	TT₂			
			下克拉玛依组	T₂k₁	TT₂						
		下统	百口泉组	T₁b	TT₁	烧房沟组	T₁s	TT₁			
						韭菜园子组	T₁j		不整合		晚海西V
古生界 Pz	二叠系	上统	上乌尔禾组	P₃w	Tp₅	梧桐沟组	P₃wt	Tp₃		前陆盆地	
					Tp₄			Tp₂	不整合		晚海西IV
		中统	下乌尔禾组	P₂w	Tp₃	平地泉组	P₂p	Tp₁₋₁	不整合		
			夏子街组	P₂x	Tp₂	将军庙组	P₂j	Tp₁	不整合		晚海西III
		下统	风城组	P₁f	Tp₁	金沟组	P₁jg		不整合	前陆型残留海相盆地	晚海西II
			佳木河组	P₁j					不整合		晚海西I
	石炭系	上统	太勒古拉组	C₂t		石钱滩组	C₂s		不整合	前陆型海相盆地	
						上八塔玛依内山组	C₂bᵇ		不整合		
						下八塔玛依内山组	C₂bₐ		不整合		中海西运动
		下统	包谷图组	C₁b		滴水泉组	C₁d				
			希贝库拉斯组	C₁x		塔木岗组	C₁t				

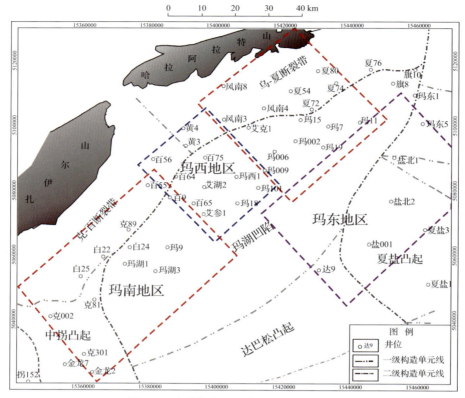

图 1.2　准噶尔盆地玛湖凹陷构造位置图

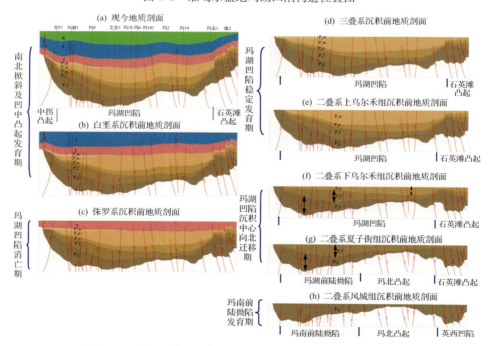

图 1.3　玛湖凹陷西环带 SW-NE 向测线构造演化示意剖面图

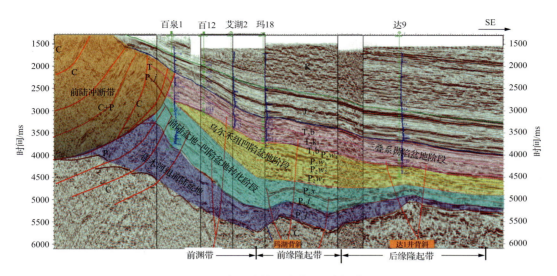

图 1.4　玛湖凹陷构造演化地震剖面解释图

玛湖凹陷西环带的构造演化历程为：①早二叠世佳木河组沉积期，准噶尔盆地西北缘玛湖凹陷西部和南部分布为前陆盆地沉积期，玛湖凹陷沉积中心位于玛南地区[图 1.3(h)]；②早中二叠世沉积期，玛湖凹陷沉积中心由南向北迁移，沉积厚度高值区由南向北逐层迁移[图 1.3(g)和图 1.3(f)]；③玛湖凹陷稳定发育期，随着早二叠世西北缘前陆拗陷期的结束，中晚二叠世是玛湖凹陷大规模稳定发育时期，此时的玛湖凹陷接受了巨厚的二叠系细粒沉积[图 1.3(e)和图 1.3(d)]；④玛湖凹陷消亡期，三叠纪玛湖凹陷基本消亡，地形平坦，玛湖凹陷南北沉积厚度差别不大[图 1.3(c)]，开始了拗陷型盆地发育期；⑤伴随着燕山构造运动，玛湖凹陷玛湖和玛湖南隆起构造开始发育[图 1.3(b)]，伴随着新生界喜马拉雅构造运动使玛湖凹陷北部地区明显抬升，隆起构造特征持续发育[图 1.3(a)]。

在经历了早二叠世的隆拗相间与分隔发展、中二叠世的填平补齐、晚二叠世的整体沉降与隆升之后，由于周缘山系的夷平和盆地内地形起伏平缓，三叠纪开始准噶尔盆地进入了一个统一的泛准噶尔盆地拗陷发育时期。根据地震资料，准噶尔西北缘玛北地区地层发育较全，自下而上依次发育石炭系、二叠系、三叠系、侏罗系及白垩系，各层系之间均为不整合接触(表 1.1)。其中，二叠纪发育佳木河组(P_1j)、风城组(P_1f)、夏子街组(P_2x)、下乌尔禾组(P_2w)，三叠系发育百口泉组(T_1b)、克拉玛依组(T_2k)、白碱滩组(T_3b)，目的层三叠系百口泉组与二叠系下乌尔组之间缺失上乌尔禾组(P_3w)，为一角度不整合(图 1.5)。

1. 下二叠统佳木河组(P_1j)

佳木河组沉积期，沉积物主要分布于准噶尔西北缘和中央拗陷大部分地区。沉积总体特征西部厚、东部薄，呈楔状，西北缘的沉积中心位于乌-夏断裂带、克-百断裂带、红-车断裂带，厚度可达 500m。整个西北缘佳木河组以碎屑岩为主夹火山岩地层，其中杂色泥岩、砂砾岩及砂岩等碎屑岩广泛发育，火山岩所占比例不到地层的三分之一，主要为凝灰岩、玄武岩和安山岩等。

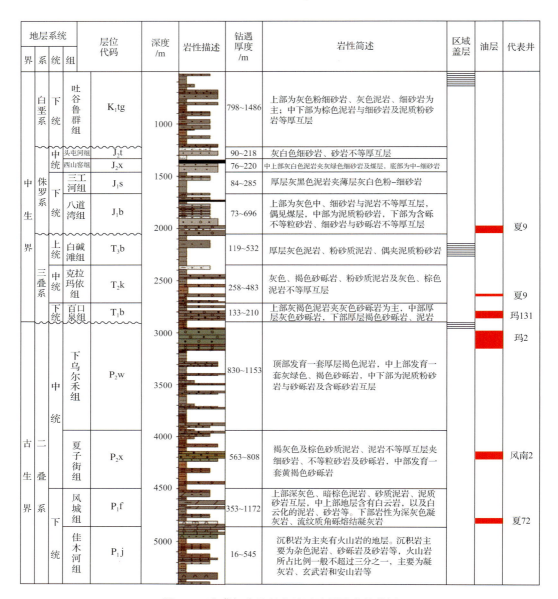

图 1.5　准噶尔盆地玛北地区地层综合柱状图

2. 下二叠统风城组(P_1f)

下二叠统风城组沉积物主要分布于准噶尔盆地中央拗陷大部分地区及乌-夏断裂带和玛湖凹陷。玛北地区是盆地风城组沉积期的沉积中心,风城组上部为深灰色、深棕色泥岩、砂质泥岩及泥质砂岩互层,中上部地层为白云质泥岩、云质砂岩及泥岩互层,底部为凝灰岩、凝灰质泥岩和流纹质角砾熔结凝灰岩(冯有良等,2011;朱世发等,2012;史基安等,2013;邹妞妞等,2015d)。

3. 中二叠统夏子街组(P_2x)

在准噶尔盆地,夏子街组沉积范围比风城组大,与佳木河组相近,与下伏地层呈区域性角度不整合接触。玛北地区夏子街组以碎屑岩为主,沉积厚度为 500～800m。主要为褐灰色及棕色砂质泥岩、泥岩不等厚互层夹细砂岩、不等粒砂岩及砂砾岩,中部发育一套黄褐色砂砾岩。

4. 中二叠统下乌尔禾组(P_2w)

下乌尔禾组沉积范围比夏子街组沉积范围大,主要是在中拐地区和陆梁隆起南侧及东部地区西侧的大部分沉积了一定厚度的下乌尔禾组地层,但其中石西凸起及白家海凸起大部分地区仍处于剥蚀状态。下乌尔禾组沉积中心继承了夏子街组,主要也有三个沉积中心,玛湖凹陷沉积中心的最大厚度约可达 1000m。玛北地区下乌尔禾组顶部发育一套厚层褐色泥岩,中上部发育一套灰绿色、褐色砂砾岩,中下部为泥质粉砂岩与砂砾岩及含砾砂岩互层。沉积物粒度由下到上由细逐渐变粗的组合较为常见。

5. 下三叠统百口泉组(T_1b)

受晚海西运动影响,下三叠统的沉积范围比上乌尔禾组的要大,与下伏二叠系地层呈区域角度不整合。玛北地区百口泉组厚度为 100～200m,沉积物较粗,百口泉上部以褐色泥岩夹灰色砂砾岩为主,中部为厚层块状灰色砂砾岩,下部为厚层的砂砾岩及泥岩。根据岩石组合及测井响应特征,百口泉组可以分为三段,自下而上分别为百口泉组一段(T_1b_1,简称百一段)、百口泉组二段(T_1b_2,简称百二段)、百口泉组三段(T_1b_3,简称百三段)。百一段岩性为灰色砂砾岩、褐灰色泥质粉砂岩与褐色、灰褐色泥岩、砂质泥岩不等厚互层;双侧向电阻率曲线为块状中阻、槽状低阻,自然伽马曲线呈齿状、槽状,幅度变化较明显。百二段岩性特征以灰色、灰褐色砂砾岩为主,夹薄层褐灰色泥岩;双侧向电阻率曲线为块状中阻,夹槽状低阻,自然伽马曲线呈齿状,幅度变化较明显;百二段从上到下分为两个砂层组:一砂组($T_1b_2^1$)和二砂组($T_1b_2^2$),$T_1b_2^1$ 表现为一套相对高阻的灰色块状砂砾岩夹泥岩沉积,为水下沉积,储层分布稳定,$T_1b_2^2$ 为一套相对低阻的褐色、杂色块状砂砾岩,岩性致密,为水上沉积。百三段以褐色、褐灰色泥岩和砂质泥岩为主,夹灰色砂砾岩、泥质砂岩;双侧向电阻率曲线为槽状低阻、箱状低-中阻,自然伽马曲线呈齿状及槽状,幅度变化较明显。

6. 中三叠统克拉玛依组(T_2k)

中三叠统克拉玛依组可细分为下克拉玛依组和上克拉玛依组,其沉积范围比下三叠统百口泉组大。研究区克拉玛依组的沉积厚度为 250～500m,以灰色、褐色砂砾岩、粉砂质泥岩及灰色、棕色泥岩不等厚互层。

7. 上三叠统白碱滩组(T_3b)

上三叠统白碱滩组地层厚度变化呈南厚北薄的趋势,沉积中心位于北天山山前冲断带靠近中央拗陷一侧,中心厚度可达 1000m。沉积中心范围为东西向条带状,其次是盆 1 井西凹陷,中心厚度可达 600m 以上。研究区白碱滩组厚度为 100～550m,主要为灰色、灰绿色泥岩、粉砂质泥岩互层。

1.2　玛湖凹陷勘探历程及研究现状

1.2.1　勘探历程

　　2010 年 9 月,在玛北地区夏子街扇西翼部署了玛 13 井,该井在三叠系百口泉组获得工业油气,验证了玛北油田上倾斜坡区扇三角洲前缘相带的存在,从而推动了玛北斜坡区整体勘探。2011 年 8 月,为加快玛北斜坡区百口泉组勘探进程,部署了专层评价井玛 131 井。2012 年 3 月,在百口泉组二段喜获稳定工业油流,从而发现了玛北斜坡区三叠系百口泉组油藏。2012 年 5 月,位于夏子街扇西翼的风南 4 井恢复试油获得成功,从而发现了风南 4 井区块三叠系百口泉组油藏。2012 年 9 月,针对相对优质储层发育的玛 131 井—夏 72 井区,在低勘探程度"空白区"部署了玛 15 井。2013 年 4 月,在百口泉组二段又获稳定工业油流,玛 131 井—夏 72 井区百口泉组油藏实现了整体连片。2013 年 8 月,为探索夏子街扇体东翼扇三角洲前缘砂砾岩储集体含油气性,上钻玛 19 井,在三叠系百口泉组见良好油气显示,玛 19 井的突破进一步证实夏子街扇东、西两翼成藏条件相似。2014 年 4 月,在风南 11 井三叠系百口泉组见良好油气显示,开辟了夏子街扇西翼三叠系百口泉组岩性勘探的新领域。

　　自 1957 年百口泉油田发现以来,在玛西地区黄羊泉扇陆续发现了百 21 井区、百 31 井区三叠系百口泉组油藏,但后续钻探的黄 1 井、百 75 井等探井相继失利,该区被认为是成藏条件不利地区,时隔五十余年,该地区仍是西北缘断裂带百里油气富集带的空白带。

　　通过与玛北地区夏子街扇三角洲成藏条件对比研究,发现黄羊泉扇与夏子街扇相对称,成藏条件类似,西侧以断裂带遮挡,北侧以致密砾岩遮挡,南侧以泥岩分割带遮挡,同样具备扇控大面积成藏条件,而且扇三角洲前缘相带分布范围更大,是油气成藏有利区。2012 年 10 月,针对黄羊泉扇北翼岩性目标群,新疆油田分公司部署风险探井玛西 1 井,由于兼顾二叠系下乌尔禾组,位于坡折带之下的原井点移至上斜坡。该井虽然未钻遇有利相带,但进一步证实了扇三角洲前缘为有利相带,具有明显控藏作用。

　　2013 年 3 月,黄羊泉扇南翼扇三角洲前缘相带玛 18 井开钻,同年 7 月在百口泉组一段获得高产油气流,之后又相继部署了艾湖 1 井和艾湖 011 井,均获得高产油气,从而发现了艾湖油田三叠系百口泉组油藏。玛西地区黄羊泉扇艾湖油田的发现再次证实了玛湖凹陷百口泉组整体大面积成藏特征。

1.2.2　研究现状

　　准噶尔盆地西北缘是哈萨克斯坦板块和准噶尔地块在晚古生代发生碰撞形成的碰撞隆起带,属于中亚造山带的一部分。认识准噶尔西北缘造山带的构造属性和构造演化,将为西伯利亚板块、哈萨克斯坦板块及准噶尔地块三大板块相互之间的构造关系提供直接的地质依据,对认识整个中亚造山带的构造演化意义重大(Coleman,1989;Lawrence,1990;肖序常等,1992;Sengör et al,1993;Otto,1997;Greene et al,2004;Novikov,2013)。前期大多的研究侧重于准噶尔盆地西北缘前陆冲断带构造特征、准噶尔盆地的构造演化及其断裂体系研究(Taner et al,1988;Lawrence,1990;何登发等,2004a,2004c;Jiao et al,2005;况军和齐雪峰,2006)。随着准噶尔西北缘油气勘探的发展,通过对断裂构造特征及断裂与油气富集机理的研究,提出了油气聚集与分布受断裂带结构控制和断阶带油气分布受扇体控制的观点(张国俊和杨文孝,1983;谢宏等,1984;方世虎等,2004;雷振宇等,2005b;吴孔友等,2005;何登发和贾承造,2005;蔚远江等,2005)。而对研究区沉积相和沉积体系的研究仅局限于扇体形成和演化,并且对扇体发育类型的认识较为笼统(雷振宇等,2005a;蔚远江等,2005)。对于不同沉积期不同层位沉积相研究涉及较少,大多研究集中于二叠系沉积相和砂砾岩储层的研究(祝彦贺等,2008;张顺存等,2009,2015a;史基安等,2010;李兵等,2011),三叠系沉积相的研究大多为克拉玛依组(吴志雄等,2011;张顺存等,2011;陈欢庆等,2014;印森林等,2014)。随着2010年玛湖凹陷斜坡区夏子街扇的勘探突破,盆地西北缘玛湖凹陷斜坡区下三叠统百口泉组沉积相和储集特征的研究形成了研究热潮。因此,随着准噶尔盆地勘探程度不断提高,以往古凸起上断块和低幅度背斜为主的勘探目标将变得越来越少,勘探目标转向凹陷斜坡区甚至深凹陷的岩性油气藏成为必然的趋势。

准噶尔盆地岩性油气藏勘探始于20世纪80年代,在盆地西北缘发现二叠系、三叠系地层-岩性油气藏,并逐渐形成陡坡型"扇控"油气成藏模式(赵白,1985;丘东洲,1994;王英民等,2002;匡立春等,2005)。玛北地区岩性油气藏勘探始于1993年5月,玛2井在三叠系百口泉组获得工业油气流,并于1994年6月发现玛6井区百口泉组油藏;1996年,玛6井区块上交控制石油地质储量587×10^4t,含油面积30km^2。随后,玛湖凹陷斜坡区勘探进入徘徊探索阶段。随着新疆油田分公司低勘探区布控勘探整体推进,勘探目标转向玛湖凹陷斜坡区,2007年,油气勘探跳出断裂带,走向斜坡区,明确以玛湖凹陷斜坡区作为勘探目标,首选夏子街扇体西翼作为斜坡区油气勘探的战略突破口。2010年~2013年,玛北地区夏子街扇西翼三叠系百口泉组钻探玛13井、玛131井相继获得油流,发现了玛北地区夏子街扇体西翼百口泉组油藏。

目前,对准噶尔西北缘三叠系百口泉组的研究主要集中在玛湖凹陷岩性油气藏成藏机理(瞿建华等,2013,2015;匡立春等,2014;雷德文等,2014;潘建国等,2015;陈永波等,2015;许多年等,2015)扇体分布与沉积模式(唐勇等,2014;张顺存等,2015c;邹妞妞等,2015b;邹志文等,2015)、储层的基本特征及成岩作用(谭开俊等,2014;张顺存等,2014,2015b;许琳等,2015)、砂砾岩储层测井评价(王贵文等,2015)及层序地层学和地震沉积学方面的应用(鲜本忠等,2008;郭璇等,2012;黄林军等,2015;马永平等,2015)。通过理论研究和勘探表明,玛湖斜坡区岩性油藏分布与沉积相带关系密切,张继庆等(1992)提出准噶尔西北缘百口泉组为旱地、半旱地辫状河-曲流河-湖盆三角洲-湖沉积体系;蔚远江等(2007)认为三叠纪百口泉组为洪积扇-河湖三角洲-水下扇相红色粗碎屑沉积体系,总体构成一向上变细的退积型旋回序列;宫清顺等(2010)认为研究区百口泉组发育陡坡冲积扇,有利勘探相带主要分布于冲积扇扇中部位。由于玛北地区三叠系百口泉组受古构造、古地貌和物源等地质条件的控制,近物源快速堆积,沉积体向东北物源夏子街鼻凸地区呈退积式沉积,垂向上叠加,平面上分带,广泛连片分布。目前大多观点(匡立春等,2014;雷德文等,2014;唐勇等,2014;张顺存等,2015c;邹妞妞等,2015b;邹志文等,2015)认为玛北地区百口泉组以扇三角洲沉积为主,研究区三叠系百口泉组沉积期坡度较缓,陆源碎屑供给充足,沉积环境稳定,扇三角洲前缘相带分布面积大,砂砾岩储集体分布广、厚度大、叠置连片展布。通过成藏条件分析,认为玛北地区三面遮挡具备整体含油的宏观成藏背景:夏子街物源体系北部以断裂为遮挡条件,东侧以致密砂砾岩遮挡,西侧以泥岩分割带遮挡。同时该区具备良好顶底板、构造平缓、储层致密、底水不活跃的特点,构建了百口泉组扇体大面积含油成藏模式,是油气勘探的有利目标区。

准噶尔盆地西北缘玛北地区三叠系百口泉组超亿吨大面积扇控岩性油气藏的勘探突破开辟了准噶尔盆地岩性油气藏勘探新局面。虽然取得了一系列可喜的成果,但目前仍然处于探索阶段,许多问题与难点需进一步深入探讨和研究:①玛湖凹陷三叠系百口泉组储集岩多为发育于扇三角洲的砾岩、砂砾岩和砂岩,储集砂体在古构造平台区呈叠置连片分布,具有沉积微相及水动力条件变化快的特点。砂砾岩成因类型多样、成分复杂、岩石结构差异大,储层致密,非均质性强,物性条件参差不齐,储层成岩演化复杂。②沉积相和储层非均质性缺乏系统研究,砂砾岩储层发育演化与沉积体系的关系亦不明确。③玛北地区及玛湖凹陷区是否发育规模储集体、砂砾岩岩相类型及其分布发育特点与沉积相的关系及其控制要素亟待深入探讨。④玛湖凹陷三叠系百口泉组砂砾岩储层评价系统还不完善,只有正确全面的认识储集砂体类型特征、沉积相演化与砂体分布的关系,才能准确预测出有利储集砂岩分布,指导圈定岩性-地层油气藏和构造-岩性油气藏勘探靶区,为下步油气勘探部署提供有利依据。

1.2.3 他源扇控大面积成藏

2011 年以来,新疆油田分公司优选玛湖凹陷最大的构造带——夏子街-玛湖鼻状构造带斜坡区,围绕二叠系—三叠系不整合面之上的百口泉组开展了整体研究,构建了他源扇控大面积成藏模式。通过整体部署和分步实施,玛北斜坡已落实亿吨级控制储量,并展现多个亿吨级高效、规模场面,逐步证实斜坡区三叠系百口泉组具备扇控大面积成藏地质特征。玛湖凹陷大油区已经成为新疆油田分公司现实油气储量与产量新基地,不仅开辟了准噶尔盆地岩性油气藏勘探新局面,而且对推动我国西部盆地斜坡区岩性油气藏勘探具有重要的指导意义。

1. 大面积成藏模式的形成

1) 初上斜坡区,发现玛北油田,徘徊中坚持探索

西北缘断裂带在历经三十余年勘探之后,勘探程度日益提高,石油预探面临重大领域的战略转移。1989 年,新疆石油管理局提出"跳出断裂带,走向斜坡区"的勘探思路,预探

领域转向低勘探程度斜坡区。限于当时的技术条件与地质认识，主要以寻找低幅度构造或构造背景的岩性油藏类型为主。1993 年 5 月，针对玛湖凹陷 1 号背斜上钻的玛 2 井获工业油气流，从而发现了玛北油田，随后钻探的 5 口评价井获工业油流（雷德文，1995；吴涛等，2012）。1994 年百口泉组油藏提交探明石油地质储量 2087×10⁴ t；同年，玛北油田向西上钻的战略侦察井玛 6 井获得突破，发现了玛 6 井区块百口泉组油藏。然而随后外甩部署的玛 3 井、玛 4 井及玛 6 井区块油藏的评价井玛 101 井等 5 口预探井相继失利。同时限于当时低渗透储层改造技术，玛北油田未有效开发，认为百口泉组属洪积扇沉积，储层低孔低渗，储量难以动用（雷振宇等，2005b；蔚远江等，2007）。因此勘探目的层转移至物性更好的侏罗系，先后部署的玛 8 井、玛 10 井、玛 12 井无果而终，斜坡区勘探陷入低谷，基本处于停滞状态。

　　2）再上斜坡区，开展整体研究，瞄准玛湖凹陷

　　2005 年 2 月，中国石油天然气股份有限公司提出西北缘精细勘探战略，油气预探再次转向富烃断裂带。新疆油田分公司围绕西北缘断裂带富烃区开展三年精细勘探工作，新增三级油气储量近 5 亿 t，其中探明石油地质储量超过 2 亿 t。然而，勘探程度极高的断裂带不是预探久留之地，预探面临主攻战场的再次转移。近年来，针对低渗透砂砾岩的储层改造技术取得的跨越式进步，斜坡区时隔二十年之后再次纳入勘探家的视野。2007年，由新疆油田分公司牵头，联合中石油勘探开发研究院直属院所，通过对玛湖凹陷新一轮的整体研究，明确了玛湖凹陷西环带斜坡区是石油预探的重大战略领域，并优选夏子街-玛湖中央构造带岩性地层目标为突破口（陈建平等，2000；刘池洋等，2014）。通过对玛北油田的重新认识，发现百口泉组灰绿色砂砾岩物性较好，含油性普遍较好。其上倾方向玛北斜坡三叠系百口泉组埋藏浅，位于玛北油田与夏 9 井油藏之间，处于油气运移优势指向区，同时发现百口泉组可能发育灰绿色岩相。2010 年 10 月，新疆油田分公司选择埋藏浅、构造岩相匹配部位，针对断层岩性目标上钻了玛 13 井，该井虽然钻遇厚油层，但未获工业油流，斜坡区勘探再次受挫。

　　3）突破旧观点，上钻玛 131 井，又获重大突破

　　通过玛 13 井三叠系百口泉组岩心详细观察，发现玛北斜坡砂砾岩间发育暗色湖相泥岩，砂岩具有典型浪成沙纹层理，具有湖相沉积背景。除了水下河道底部滞留沉积、湖底泥岩、反粒序的河口坝砂体，以及呈湖侵退积型的三角洲沉积特征之外，储层岩性以灰绿色砂砾岩、砾岩为主，分选差，发育交错层理，以水下分流河道为主，发育粗粒级的泥石流、碎屑流，明显不同于以往所认识的洪积扇（雷振宇等，2005a）。玛北斜坡坡度较缓，整体为湖侵扇退沉积序列，扇体规模大，从夏 9 井区延伸至玛 2 井区，长度约 30km。从而综合判定玛北斜坡为湖泊背景下粗粒的缓坡型扇三角洲沉积体系，突破了陡坡山前洪积扇的传统认识。勘探领域从围绕山前扇中部位勘探转向整个凹陷前缘相带勘探，从坡上常压、中质油藏转向坡下高压、高熟、高产油气藏。根据三叠系百口泉组早中期退积型的沉积特征，明确了百口泉组二段是主要目的层，只要采取针对性的储层改造工艺，应具有较大的提产空间。

　　为验证地质认识、明确部署思路，经过多次反复论证，在时隔一年后，新疆油田分公司坚持部署三叠系百口泉组二段专层探井玛 131 井。该井钻探过程中油气显示良好，证实

了扇三角洲前缘为有利相带。通过开展地质—工程一体化研究,发现二次加砂压裂不仅可以提高支撑剂在储层上部有效支撑,而且能够增加缝宽,有效提高裂缝导流能力,提高单井产量,工艺增产效果明显,是储层直井增产的有效手段(卢修峰等,2004;王宇宾和刘建伟,2005)。2012 年 3 月,玛 131 井采用二级加砂压裂新工艺,总用压裂液 714m³,加高强陶粒 70m³,首获工业油流,标志着玛北斜坡百口泉组勘探获得重大突破,开启了斜坡区油气勘探新的序幕。

4) 新老井联动,构思成藏模式,加快推进部署

玛 131 井获工业油流之后,复查以往斜坡区过路井,重新厘定了油层标准。通过两轮 7 井 10 层恢复试油,风南 4 井、夏 7202 井、夏 72 井均获工业油流,表明扇三角洲前缘相带普遍含油。2012 年 4 月,新部署的玛 132_H 井、玛 133 井、夏 89 井均获稳产工业油流。而位于向斜部位的夏 90 井也获油流,证实了斜坡区油气成藏不受构造控制(图 1.6)。由此设想,玛北斜坡如果三面遮挡,是否具备整体含油的宏观成藏背景?

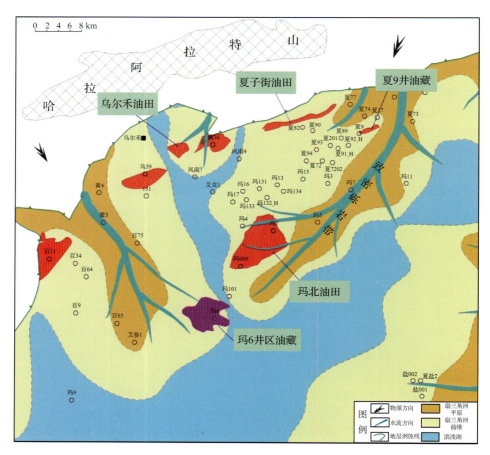

图 1.6 玛北斜坡区三叠系百二段油藏分布平面图

通过国内外大面积岩性油气藏成因调研(刘传虎,2011;贾小乐等,2011;孙平等,2011;刘国全等,2012;付金华等,2008),深化成藏控制因素分析,认为玛北斜坡受三面遮

挡,具备整体含油的宏观成藏背景。其中夏子街物源体系北侧以断裂遮挡,东侧以致密砂砾岩遮挡,西侧以泥岩分割带遮挡;夏子街扇三角洲前缘相砂体分布稳定,顶、底板条件良好,湖相泥岩作为顶板,褐色致密砂砾岩为底板;玛北斜坡区内构造平缓,储层低渗,边底水不活跃,有利于大面积成藏。

2012 年 8 月,通过现场调研进一步明确了玛湖凹陷斜坡区是准噶尔盆地近期"增储上产"的最为重要及现实的领域。随后,新疆油田分公司依据大面积含油模式,按照"直井控面、水平井提产"的部署原则,加快勘探节奏,在大面积连续分布岩性油气藏思路的基础上,突破单个岩性圈闭的部署方案。玛北斜坡玛 131 井—夏 72 井区部署上钻 8 口井,整体布控、分区块、分层次逐步实施,均见良好效果。2012 年 10 月,玛 131 井区块三叠系百口泉组上交预测石油地质储量 7567×10^4 t,呈现出亿吨级规模场面。

5)突破资料禁区,勘探评价联动,证实成藏模式

在玛北斜坡整体部署过程中,新疆油田分公司突破地震资料的禁锢,按照大面积成藏模式,摒弃"空白区"弱相带不含油的传统认识,认为斜坡区应普遍含油。利用二维地震资料反映储层连续稳定的特征得到进一步验证。新疆油田分公司坚持在玛 131 井—夏 72 井区之间的"空白区"部署了玛 15 井。2013 年 4 月,玛 15 井采用二级加砂压裂工艺获高产工业油流,该井不仅是 2013 年准噶尔盆地第一口预探春雷井,而且也是玛北斜坡目前最高产直井,实现了玛 131 井—夏 72 井区连片,进一步证实了玛北斜坡大面积含油成藏模式。同年 10 月,玛北斜坡提交控制石油地质储量 9655×10^4 t,落实亿吨级控制储量(图 1.7)。

为加快储量升级与有效动用步伐,新疆油田分公司实行勘探评价一体化,评价提前介入,并于 2013 年 5 月部署了玛 153_H 井和夏 721_H 井,均钻遇厚油层,并实施两轮直井部署方案,为产能建设奠定了坚实基础。2013 年 3 月~同年 7 月,预探又相继部署玛 152 井、玛 136 井和夏 95 井,其中玛 152 井和玛 136 井获工业油流,从此开启了勘探部署评价井的先河。体积改造技术在低孔、低渗油气藏压裂中具有增大储层整体渗透率、提高单井产量的重要作用(吴奇等,2011;李进步等,2013)。三口水平井玛 132_H 井、夏 91_H 井、夏 92_H 体积压裂获稳产、高产油流,提产均获成功。其中,夏 91_H 井作为第一口完钻水平井,采用裸眼封隔器技术进行 12 级压裂(总用液 5309.5m³,加陶粒 558.7m³),4mm 油嘴最高日产油 26.98m³,累计产油 1112.3m³;夏 92_H 井采用桥塞射孔联作+纤维悬砂技术进行 13 级压裂(总用液 6695.7m³,加陶粒 658.8m³),5mm 油嘴试产,日产油 19.91m³,累计产油 1754.7m³;玛 132_H 井采用裸眼封隔器+纤维悬砂技术进行 12 级压裂(总用液 5659.2m³,加陶粒 672.9m³),3.5mm 油嘴试产,日产油 20~40.45m³,累计产油 5613.8m³。由此说明,针对二、三类储层的水平井提产效果显著,不仅坚定了该类储量有效开发动用的信心,而且为评价部署和合理开采提供了技术准备。

2. 他源扇控大面积成藏地质特征

三叠系百口泉组储层主要为扇三角洲前缘相灰色砂砾岩,分布广泛,整体表现为低孔、低渗特点。前缘相砂体表现出大面积含油的特征,但它与传统的源储一体大面积成藏又有差异,主要是纵向上与下伏二叠系风城组主力烃源层相隔 1~2km,属源外成藏。因

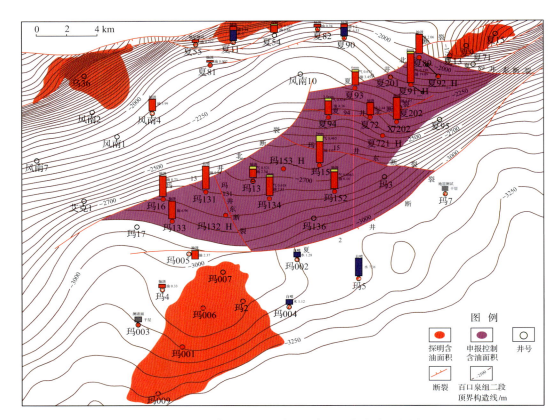

图 1.7　玛北斜坡区三叠系百口泉组二段含油面积图

此,该类他源型油藏能大面积成藏,与其独特的成藏条件及其有机配置关系密不可分。

1) 斜坡区紧邻富烃凹陷,奠定雄厚资源基础

玛湖凹陷是准噶尔盆地盆地六大生烃凹陷之一,也是最富生烃凹陷。凹陷生、储、盖组合发育,纵向上分为上、中、下三个成藏组合,形成多个相互叠加的复合含油气系统,表现为多层系含油特点(匡立春等,2005)。

玛湖凹陷发育二叠系佳木河组、风城组、下乌尔禾组及石炭系四套有效烃源岩。其中,以风城组烃源岩为主,分布面积广(8000km^2)、厚度大(50~400m)。有机碳含量在0.14%~32.35%,平均为2.91%,虽然有机碳含量不是最高,但生烃潜量却最高,反映有机质类型较好。风城组烃源岩热解氢指数为23~626mg/g,主要为100~500mg/g,其中氢指数在200~400mg/g的样品占80%,400mg/g以上的样品占14%,有机质类型以Ⅱ型为主。干酪根氢碳原子比为1.0~1.4,平均为1.17,同样表现为Ⅱ型占优势。干酪根镜检以Ⅰ型和Ⅱ型为主。干酪根碳同位素较轻,分布在-28.16‰~-20.83‰,平均为-24.81‰。从热演化程度来看,烃源岩在斜坡区埋深较大,处于生烃中心区,整体处于高成熟演化阶段。因此,斜坡区发现油气多为高熟、轻质原油,并且普遍含气、地层高压,为低渗透储层成藏创造了良好充注条件。

2) 前缘相发育,砂体叠置连片,提供良好储集条件

玛湖凹陷周缘发育六大物源,与之对应六大扇体,分别为夏子街扇、黄羊泉扇、克拉玛依扇、中拐扇、盐北扇和夏盐扇六大扇体(图 1.8)。三叠系百口泉组以扇三角洲沉积为主,陆源碎屑供给充足,沉积时坡度较缓,扇三角洲前缘相发育,砂体推进至湖盆中心,尤其早期低位沉积的百一段和百二段,砂砾岩分布广、厚度大、物性相对较好。其中,百二段发育前缘相面积为 4740km^2,储层有效厚度平均为 25m,百一段前缘相面积为 3570km^2,储层有效厚度平均为 20m。单个扇体前缘相分布面积较大,均在数百平方公里。扇体的发育受古地貌控制,山口及沟谷控制着主槽及平原相的分布,大型走滑断裂控制主流线的延伸,两翼平台区控制着前缘相广泛分布,古高地往往发育扇间泥岩带。玛湖凹陷二叠系烃源层与纵向断裂体系共同构成油气运移"网状"通道,位于二叠系—三叠系不整合面之上的百口泉组前缘砂体连续分布,构成"毯状"运载层,从而共同形成"网毯式"油气运聚系统。

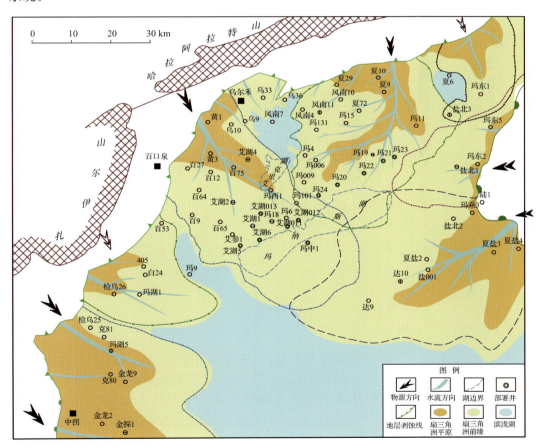

图 1.8　玛湖凹陷三叠系百口泉组二段扇体分布平面图

3) 顶底板泥岩发育,侧向有效遮挡,具备良好封闭条件

玛湖凹陷斜坡区三叠系白碱滩组发育湖相泥岩,形成区域盖层。三叠系克拉玛依

组—百口泉组三段有效储层主要发育在靠近物源的断裂带,在斜坡区以细粒沉积为主,成为百二段、百一段前缘砂体的直接盖层,构成良好顶板条件。玛北斜坡区局部百一段与百二段底部为扇三角洲平原相致密砂砾岩沉积,因此百口泉组内部前缘有利砂体具备良好的顶底板封闭条件(图1.9)。

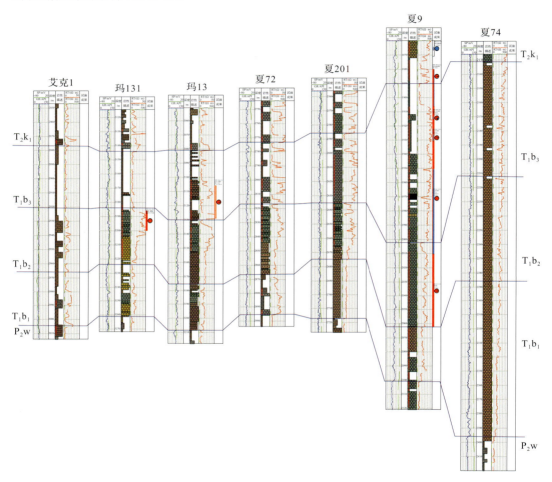

图1.9 玛北斜坡区三叠系百口泉组储盖组合综合图

　　百口泉组扇体主槽部位发育的平原相杂色、褐色致密砂砾岩带,主要为泥石流沉积,沿沟谷呈带状分布,在其两翼为前缘相灰色砂砾岩沉积,扇体间多以扇间泥岩分割,因此前缘相带两翼由于受平原相与扇间泥岩的分割作用,侧向上形成良好的遮挡条件。上倾部位除了部分受平原相致密带遮挡外,克-乌断裂带也起着重要的遮挡作用。百一段在黄羊泉扇体上倾部位受湖相泥岩遮挡,因此平原相致密层、湖相及扇间泥岩,以及断裂相互配置,形成组合式多面遮挡,为前缘相带大面积成藏形成良好封闭条件。

　　在二叠系风城组第二个排烃高峰期早白垩世,百口泉组随着埋深加大(平均为3～4km),压实作用增强,储层进一步致密化,物性变差。扇三角洲平原相因泥质含量高、抗压能力相对更差形成非渗透层,平原相砂砾岩孔隙度平均约为5%,渗透率小于0.01×

$10^{-3}\mu m^2$；前缘相带储层孔渗(孔隙度和渗透率)随着压实作用增强而降低，平均孔隙度约下降至10%，形成大面积分布的低孔、低渗储层。因此，高熟油气在早白垩世大量充注聚集在广泛分布的前缘亚相储层中，而平原亚相非渗透层成为有效的遮挡封闭层。

4)断裂疏导、源外跨层运聚，具备良好输导条件

玛湖凹陷斜坡区由于受到盆地周缘老山海西-印支期多期逆冲推覆作用影响，发育一系列具有调节性质的近东西向走滑断裂。断距不大，断面陡倾，多断开二叠系-三叠系百口泉组。断裂数量较多，平面上成排、成带发育，与主断裂相伴生，两侧不仅发育一系列正花状构造，而且发育一系列鼻状构造。海西-印支期形成多条近东西向压扭性断裂，断开百口泉组储集体，直接沟通下部烃源岩，断裂成为源外跨层运聚的通道，为大面积成藏奠定良好输导条件。

由于三叠系为一个向上变细湖进沉积旋回，因此位于二叠系-三叠系区域不整合面之上三叠系底部的百口泉组储层斜坡区最为发育，而之上的克拉玛依组、白碱滩组储层主要发育在山前，在远离物源的斜坡区以细粒泥质沉积为主，形成良好的区域盖层。因此，斜坡区百口泉组储盖配置条件较为优越。而处于油气成藏期的百口泉组，正好为断裂断开最顶部的储集层。虽然百口泉组垂向上远离二叠系风城组主力烃源层1000~2000m，但由于众多断裂形成高效沟通的油源网络，使得原本纵向上与烃源岩分隔的他源型储盖组合可近似看作为源储一体或自生自储型储盖组合。因此，断裂对此类他源型大面积成藏起到关键作用(图1.10)。

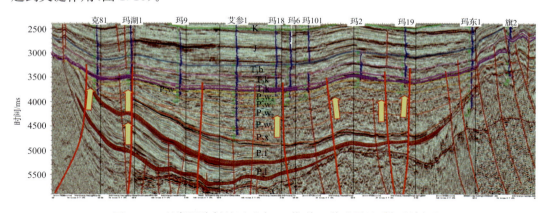

图1.10　玛湖凹陷斜坡区过克81井-旗2井地震地质解释剖面

5)构造平缓、储层低渗，创造良好聚集背景

玛湖凹陷斜坡区构造格局形成于白垩纪早期，构造较为简单，基本表现为南东倾的平缓单斜，局部发育低幅度背斜、鼻状构造及平台，百口泉组倾角平均为2°~4°。构造相对平缓，使原油不易运移、调整逸散，有利于形成大面积"连续型"油气藏(杨伟伟等，2013)。

百口泉组储层为低孔低渗储层，主力油层百二段储层孔隙度为6.95%~13.9%，平均为9.0%，渗透率为0.05×10^{-3}~$139\times10^{-3}\mu m^2$，平均为$1.34\times10^{-3}\mu m^2$。毛细管压力曲线为偏细歪度，孔隙分选较差，具有小孔隙和细喉道的特征；排驱压力为0.08~2.89MPa，平均为0.54MPa；平均毛细管半径为0.08~2.41μm，平均为0.54μm。饱和

度中值压力为 2.4～20.4MPa,平均为 11.7MPa;饱和中值半径为 0.04～0.31μm,平均为 0.08μm;低孔低渗储层造成油藏一定闭合高度所要求的侧向遮挡以及封盖条件有所降低,更易于形成大面积"连续型"油藏。玛北斜坡油藏高度达 950m,油藏含油面积为 140.6km²,边底水不活跃,试油出水很少;含油边界主要受岩性变化控制,油藏大范围分布,没有明显的边界;且油藏无统一油水界面和压力系统,反映其受水浮力影响较小,这些都符合经典的"连续型"油藏特征(贾承造等,2008;胡文瑞等,2013;童晓光等,2014;邹才能等,2009)。储层低孔低渗、边底水不活跃降低侧向遮挡及封闭要求,更易于形成大面积油气藏。

3. 成藏主控因素与富集规律

1) 前缘相控制储层物性与含油气性

斜坡区主要油层段百二段自上而下分为百二段一砂组、百二段二砂组。百二段一砂组为扇三角洲前缘水下沉积,岩性主要为灰色砂砾岩、砾岩、含砾粗砂,杂基含量少,物性好;电性上表现为低伽马、中高电阻、中密度的特征,核磁共振上反映有效孔隙度较高,气测上多为异常高值,块状特征,为主力油层发育段。百二段二砂组为扇三角洲平原水上沉积,岩性主要为褐色砂砾岩,杂基含量高;电性上表现为高伽马、中低电阻、中高密度的特征,核磁共振上反映基本无有效孔隙,物性差,气测上为明显异常低值,为非储层段,含油性较差,试油多为干层,压裂后为低产水层(图 1.11)。

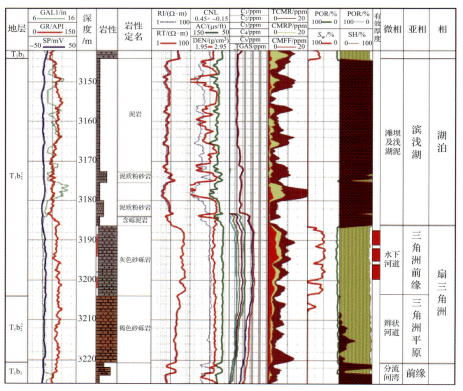

(a) 玛131井

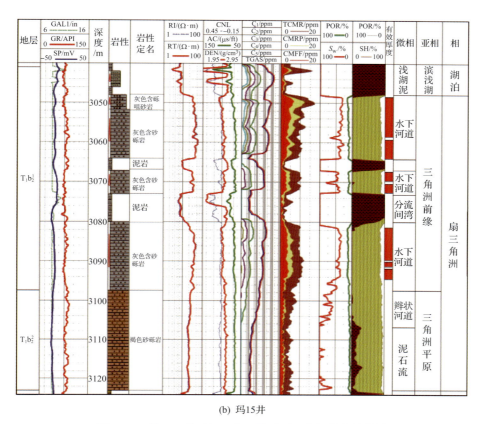

(b) 玛15井

图1.11 玛131井、玛15井三叠系百口泉组综合柱状图

1in＝2.54cm;1ft＝0.3048m

2) 湖水进退控制前缘相展布与油层发育

由于百口泉组整体为湖进砂退的沉积旋回,受湖水进退控制,前缘亚相的分布随着层位变新,逐步由盆地向老山方向退却。玛湖凹陷斜坡区百一段沉积代表了三叠系早期低位扇的沉积特征(图1.12)。前缘相控制其为主要含油层,其他地区多为水上环境的平原亚相。百二段沉积时期,随着湖侵,湖岸线逐步向老山方向靠近,前缘亚相也逐步向老山方向扩大,已扩展至斜坡区上倾方向夏72井区,对应百二段为玛131井-夏72井区的主要含油层。随着水体进一步扩大,百三段沉积时期前缘亚相已退至老山附近,其他地区以滨浅湖为主,因此百三段含油层主要分布于靠近老山附近。总之,随着湖平面上升,扇三角洲前缘亚相逐步向斜坡区上倾方向扩展,含油层逐渐变新。扇三角洲前缘亚相在垂向控制储层物性和含油性,在平面上控制着油气分布与富集,玛北斜坡区百口泉组油藏整体位于夏子街扇西翼扇三角洲前缘有利相带。

3) 前缘相与物源的远近控制油气的富集与高产

根据离物源远近,将夏子街扇体西翼前缘亚相进一步划分为玛131井区、玛15井区及夏72井区,其砂体结构与产量表现为分区发育特点。自西南至东北方向,油层发育层位依次变新、厚度增大。玛131井区远离物源,仅发育下部砂层,含油层位为百二段一砂组下部;玛15井区前缘亚相分流河道砂体发育,呈砂泥互层结构,发育两个砂层,含油层

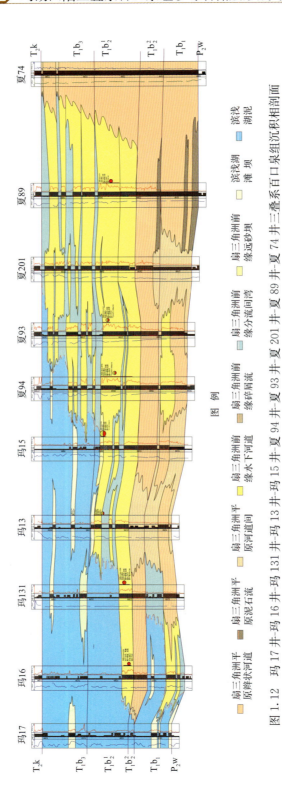

图1.12 玛17井-玛16井-玛131井-玛13井-玛15井-玛94井-夏93井-夏201井-夏89井-夏74井三叠系百口泉组沉积相剖面

位为百二段一砂组;夏 72 井区为靠近物源的前缘亚相,百二段砂体为块状、厚层状(砂夹泥),百三段发育互层状砂体,含油层为百二段一砂组与百三段。

玛北斜坡区油气产量统计表明,分布于前缘亚相中部的玛 15 井区,位于主河道间或主河道前部,产量高;位于前缘亚相前部的玛 131 井区,由于距物源远,砂砾岩厚度相对较薄,泥质含量相对较高,油气成藏条件较玛 15 井区稍差,产量稍低;夏 72 井区由于距物源近,发育较厚砂砾岩,搬运距离短、分选较差,导致储层物性较差、产量普遍较低,但通过水平井改造仍然可以获得较高产量。

4. 勘探启示与油气新发现

通过不断深化油气成藏控制因素研究,综合分析认为玛北斜坡具有良好的油源条件、油气运移和聚集的疏导条件(网毯层)与储集条件。纵向上顶底板泥岩发育,侧向上平原相致密带及扇间湖相泥岩遮挡,封闭条件良好。而且构造平缓、油质轻、边底水不活跃,为大面积成藏创造了良好聚集背景。因此,玛湖凹陷斜坡区具有他源扇控大面积成藏模式的特征,相邻扇体勘探成果丰硕,初步展现多个亿吨级高效、优质储量区块,从玛北斜坡至玛南斜坡延伸百余公里,展现出准噶尔盆地西北缘新的百里油区(图 1.13)。

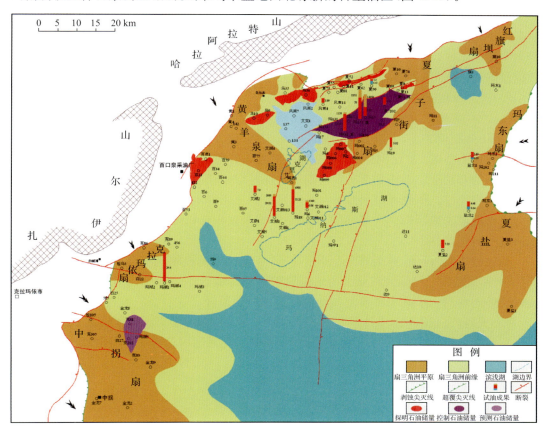

图 1.13 玛湖凹陷三叠系百口泉组勘探成果图

1）重新认识，探索邻扇，喜获大发现

自 1957 年百口泉油田发现以来，在黄羊泉扇陆续发现百 21 井、百 31 井区三叠系百口泉组油藏。后续钻探的黄 1 井、百 75 井等探井相继失利，从而认为黄羊泉地区成藏条件不利，是勘探禁区。时隔五十余年，该地区仍是断裂带百里油区的空白带。

在他源扇控大面积成藏模式的指导下，通过老井复查与构造特征研究，重新认识黄羊泉扇，发现以往选取的预探领域未取得突破，主要原因是构造与相带不匹配，未钻揭扇三角洲前缘有利相带。黄羊泉扇与夏子街扇成藏条件类似，分布范围更大，储层物性更好，是成藏条件有利区。2012 年 10 月，针对玛西斜坡黄羊泉扇北翼岩性目标群，新疆油田分公司部署了风险探井玛西 1 井，由于兼顾二叠系下乌尔禾组，位于坡折带之下的原井点移至上斜坡，虽然未钻遇有利相带，但是进一步证实了扇三角洲前缘相带为有利相带，具有控藏作用。

在地质、测井、地震"三位一体"确定相模式的基础上，通过精细刻画剖面相边界与砂体分布范围，综合确定有利储集砂体展布。对玛 6 井老井复查后认为，限于当时改造工艺，未能获得真实产能。根据精细构造解释发现，斜坡区坡折带之下砂体富集，易于形成高压，具有控砂、控藏的特征。百一段低位体系域砂体发育，普遍存在异常高压，为有利的储集砂体。因此，新疆油田分公司在黄羊泉扇南翼扇三角洲前缘相带部署玛 18 井，2013 年 7 月该井未压裂即获高压工业油流。随后按照"主攻坡下高压区、突破百一段"的思路部署了艾湖 1 井，2014 年 4 月该井获高压高产油流，从而发现了玛 18 井—艾湖 1 井区高效优质储量区块，预测含油面积 300 平方公里。

2）镜像对称，创新勘探，发现新领域

在 1993 年玛北油田发现之后，夏子街扇东翼低勘探程度区陆续钻探的玛 5 井、玛 7 井及玛 11 井相继失利，上倾方向钻探的玛东 1 井、旗 8 井等井也均不理想。新疆油田跳出地质认识的禁区，认为下倾方向发育储层物性较好的扇三角洲前缘相带，是油气大规模聚集成藏的有利区。老井复查发现前期所钻探井均位于夏子街扇体主槽平原亚相，与油气发现擦肩而过。预测再向东部平台区应发育扇三角洲前缘有利砂体，上倾方向平原亚相为致密砂砾岩遮挡带。因此，夏子街扇东翼前缘亚相有利区与西翼类似，同样具备大面积成藏的地质条件。

新疆油田在"镜像"对比勘探思路指导下，克服二维地震测网稀、品质差的资料限制，2013 年 6 月利用二维测线在夏子街扇东翼前缘相带部署了玛 19 井。该井物性、孔隙结构较扇体西翼玛 131 井相对较差，但地层压力高、油质轻、气油比高、脆性好，利于储层改造、易形成高产。2014 年 4 月，玛 19 井获高压工业油气流，证实了夏子街扇东翼发育前缘有利相带，展现出近六百平方公里有利区，揭开了夏子街扇东翼勘探的序幕。

三叠系百口泉组层序地层格架 第 2 章

2.1 三叠系百口泉组层序地层界面

Cross(1994)提出的高分辨率层序地层理论认为层序划分取决于海平面变化、构造沉降、沉积负荷、沉积通量和沉积地形等综合因素制约的基准面升降过程,一个基准面升降过程中形成沉积充填序列即为一个成因地层单元,其界面对应于基准面下降达最低时,既可位于沉积面之上(相关整合面),也可位于沉积界面之下(不整合面或冲刷面),由界面限制的旋回级次取决于地层基准面旋回周期的长短。该理论认为,地层基准面是理解地层层序成因并进行地层划分的主控因素。地层基准面不是物理面,也不是一个水平面,而是一个相对地表波状起伏的、连续的、略向盆地方向下倾的势能面。基准面在移动过程中,总是在它的最大值和最小值之间来回摆动,从一个位置开始到最大值再到最小值又回到原来位置的变化过程形成一个完整的上升和下降旋回称为基准面旋回。一个基准面的旋回是等时的,在一个基准面旋回的变化过程中保存下来的岩石为一个成因地层单元,即成因地层。因它以时间为界面,故又称为一个时间地层单元。高分辨率层序地层学基于钻井、露头、测井及地震资料划分多级次基准面旋回。而高分辨率层序地层学的核心内容为基准面旋回中由于可容纳空间及沉积物供应比率(A/S)变化在不同沉积体系下导致体积分配、相分异及沉积物沉积特征的变化。基本原理包括地层基准面原理、体积划分原理、相分异原理及旋回等时对比法则(邓宏文,1995;邓宏文等,2000)。

层序地层界面标识着地层叠加样式的改变,用于划分体系域的边界(Holbrook and Bhattacharya,2012)。层序界面的识别是层序划分与建立等时层序格架的基础,总结层序界面识别标志,对层序地层的正确划分具有重要意义。在划分层序、建立等时格架之前应首先在单井、连井和地震上识别出不同级别的层序界面(Catuneanu et al,2009;Zecchin and Catuneanu,2013)。

层序的划分是以层序界面及沉积旋回为依据的,具体反映在岩石的岩性、沉积物的颜色、沉积序列的叠置样式及测井、地震资料所反映的其他沉积和层序的特征,最后综合各种因素对地层进行划分和对比(Catuneanu et al,2011)。在进行层序划分时,应遵循以下原则(Miall,2006,2010):

1) 能反映盆地的构造特点

层序的划分应能够反映出该地区盆地隆的格局和凹的格局、盆地沉降中心和沉积中心的迁移、以及盆地的垂向演化的特点。例如盆地裂陷期、深陷期和拗陷期的特征是不同的。裂陷期盆地构造作用强,具有明显的地形高差,沉积厚度变化显著;深陷期控盆断裂持续活动,水体变深,深水沉积作用发育,泥岩厚度大且稳定;拗陷期盆地构造活动稳定,地形高差不明显,区域地层趋于稳定。

2）应具有等时性和统一性

所划分和对比的各级层序应为同一时期的沉积体，为同一期构造运动下形成的地质单元。为了确保等时性，层序划分和对比应按界面级别由大到小的顺序逐级进行对比和追踪。超层序可在全盆地范围内统一，层序应在一个凹陷内统一，准层序组单元应在统一的构造带内统一，准层序及其以下的层序单元可能仅在一种沉积体系内统一。

3）需能反映出沉积的旋回

首先选择规模最大、间断持续时间最长的层序界面进行追踪对比，在同一体系域内，沉积旋回类型及分布是基本一致的。通过对不同尺度的沉积旋回的具体划分和对比，进行目的层的高分辨率层序地层格架体系划分。但要注意的是，这里的沉积旋回强调的是他旋回（多个自旋回的组合），而非自旋回。

2.1.1 单井界面特征

目前用以进行沉积相划分和地层层序分析的测井曲线类型主要有自然电位（SP）、自然伽马（GR）、声波时差（AC）及视电阻率（主要是深侧向电阻率 RT）等。由于沉积水动力和物源与海平面升降变化和沉积环境密切相关，因而测井曲线的解释可以提供海平面变化和沉积环境方面的重要信息。进积型准层序沉积速度大于可容空间增加速度，朝盆地方向层序时代变新，呈前进型海退，且按从老到新的顺序厚度增大。SP 及 GR 测井曲线特征为较光滑状或锯齿状漏斗型进积模式。退积型准层序沉积速度小于可容空间增加速度，朝陆地方向层序时代变新，呈后退型海进，且按从老到新的顺序厚度变小。SP 及 GR 测井曲线特征为较光滑状或锯齿状钟形退积模式。加积型准层序沉积速度等于可容空间增加速度，自下而上层序时代变新，但无明显侧向移动，测井曲线以光滑或锯齿状箱型为特征。不同叠置方式的准层序组，其测井曲线不仅在垂向上具有明显特征，在横向上从陆地向盆地也具不同的变化趋势特点，这种特点在区域层序地层对比时具有十分重要的意义。海侵体系域测井曲线多由退积型准层序组成，砂体具有向上变细变深、厚度向上变小的特点。SP，GR 测井曲线为较高齿状钟形，电阻率、声波曲线较低。高水位体系域测井曲线早期高水位体系域通常为加积准层序，SP、GR 测井曲线呈箱型；晚期高水位体系域为进积准层序，SP、GR 测井曲线多呈漏斗型（图 2.1）。测井曲线本身在地质解释时有一定的多解性，故在应用测井曲线进行测井层序地层分析时，要与钻井岩心、岩屑资料密切结合，并尽可能配合地震资料，以便获得更精确可靠的结果。测井层序地层，特别是对地震剖面通过的钻井进行测井层序地层研究，对地震层序地层的分析具有桥梁作用。

起源于被动大陆边缘盆地的层序地层学原理与研究方法，同样适用于陆相盆地，而且对陆相含油气盆地的油气勘探具有重要意义。陆相层序的形成机制与演化过程受构造、气候的影响更大。陆相沉积研究中广泛应用了高分辨率层序地层学及成因层序地层学。通过对玛湖凹陷百口泉组测井资料的详细分析，识别出四种类型层序地层界面，分别为最大湖泛面、进积→退积转换面、退积→进积转换面及底冲刷面。

1）最大湖泛面（MFS）

百口泉组整体显示湖侵退积，沉积物粒度不断变细，砂体变薄，泥质含量增多。最大湖泛面通常紧邻或位于百三段（T_1b_3）顶部，此时基准面上升产生的可容纳空间增长远远

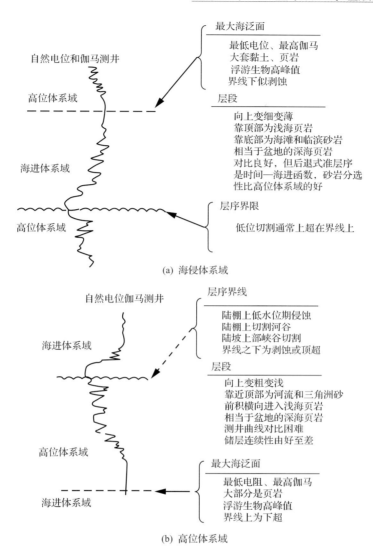

图 2.1　不同体系域的测井特征差异

大于沉积物供应,因而紧邻该界面沉积物粒度小,多以大段泥质沉积为主(图 2.2,图中GR 为自然伽马测井,RD 为深双侧向电阻率测井,下文同)。测井曲线上亦显示这一特征,代表砂体的箱型曲线厚度减薄,并且不断过渡为代表泥质的线型低起伏曲线。

2) 进积→退积转换面(Sb_2 和 Sb_3)

进积→退积转换面分别位于百一段/百二段及百二段/百三段两处分界面。砂体厚度增大,GR 值降低,RT 增高能代表基准面下降过程中形成的进积特征;反之,砂体厚度减薄,GR 值增大,RT 值降低则对应基准面上升过程中形成的退积特征。两者的转换面在研究区中亦是重要的一类层序地层界面(图 2.3)。

3) 退积→进积转换面(FS_1 和 FS_2)

退积→进积转换面对应湖泛面,即基准面上升与基准面下降的转换面。该界面识别

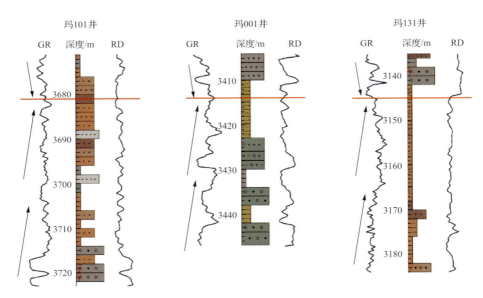

图 2.2　最大湖泛面单井测井特征图

出两处,分别位于百一段内部的 FS_1 及百二段一砂组与百二段二砂组分界面 FS_2。百一段沉积于完整的基准面上升与下降旋回,FS_1 对应该段基准面最高位置,分隔了下部的滞留沉积与上部沉积物。FS_2 上下岩层具有低阻褐色岩层向灰色高阻岩层转换的特征,界面下部砂层厚度变薄或 GR 值逐渐靠近泥岩基线,而界面之上显示 GR 值远离泥岩基线或砂体厚度逐渐变厚(图 2.4)。

4)底冲刷面(Sb_1)

作为三叠系与二叠系大型不整合面,底冲刷面多呈现为河道冲刷面,其上覆滞留沉积物粒度较粗,界面上下岩性呈突变接触,测井曲线亦显示底部突变(图 2.5)。底冲刷面的形成反应基准面突然下降至物理面(沉积物顶面)之下,使得可容纳空间为负值,之前沉积的物质被剥蚀、搬运在盆地内部发生再沉积。该底冲刷面是玛湖凹陷的区域不整合面,由完整的下降半旋回形成,而该面之上沉积的滞留沉积物则为上升半旋回时期形成。

基于对上述四类界面的识别,完成了玛湖凹陷代表井的单井层序地层学分析,分别为玛 101 井与玛 131 井(图 2.6)。百一段及百二段分别由完整的上升—下降旋回组成,而百三段则由上升半旋回组成。岩性及沉积相序变化均反映百口泉组显示向上整体湖侵的退积过程,将其划分为一个三级层序。基于玛湖凹陷的勘探实际及上述层序地层界面类型,将百口泉组划分为 4 个四级层序:百一段划分为 1 个四级层序,百二段上升下降半旋回分别划分为 2 个四级层序,百三段也划分为 1 个四级层序。百一段四级层序的底部边界与三级层序界面(即区域不整合面或沉积间断面)重合,在岩性上常表现为大型河道冲刷面、岩性突变面,测井曲线上则通常为突变接触,表现为箱形或钟形曲线的底部。而其余四级层序界面则显示地层的进积叠加方式与退积叠加方式间的转换面。

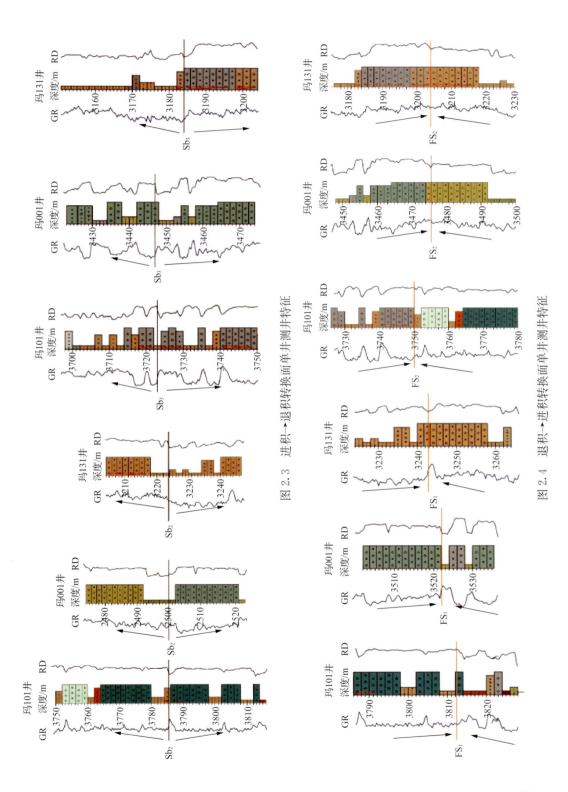

图 2.3 进积→退积转换面单井测井特征

图 2.4 退积→进积转换面单井测井特征

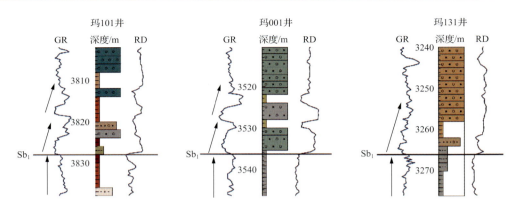

图 2.5　底冲刷面单井测井特征

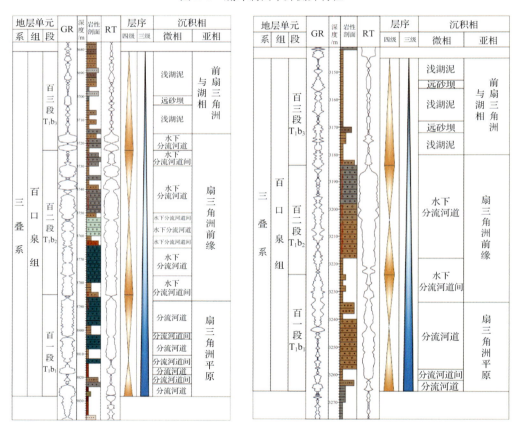

图 2.6　玛 101 井(左)及玛 131 井(右)百口泉组单井层序地层柱状图

　　在单井层序地层划分基础之上,选取了两条相交的连井剖面进行层序地层划分对比。4 类层序地层界面的识别依据及旋回的划分方案很好地适用于玛湖凹陷区块。由百口泉底部到顶部,基准面整体显示上升过程,局部显示下降,分别位于层序界限 Sb$_2$ 与湖泛面 FS$_1$ 之间及层序界限 Sb$_3$ 与湖泛面 FS$_2$ 之间。最大湖泛面所处基准面位置最高,层序界线 Sb$_1$ 基准面位置最低(图 2.7 和图 2.8)。

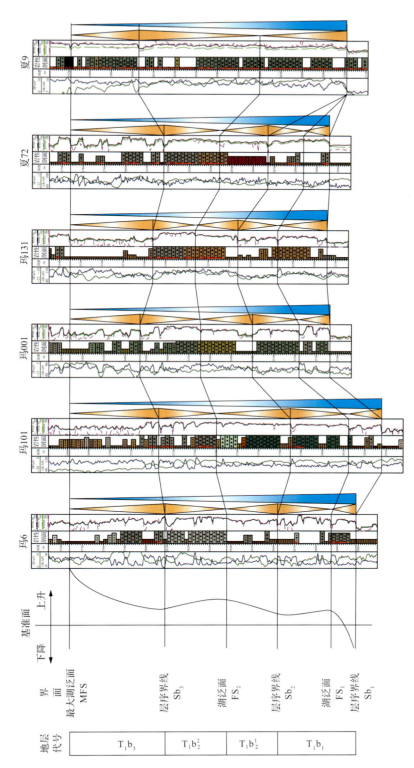

图 2.7　玛 6 井-玛 101 井-玛 001 井-玛 131 井-夏 72 井-夏 9 井百口泉组层序地层对比图

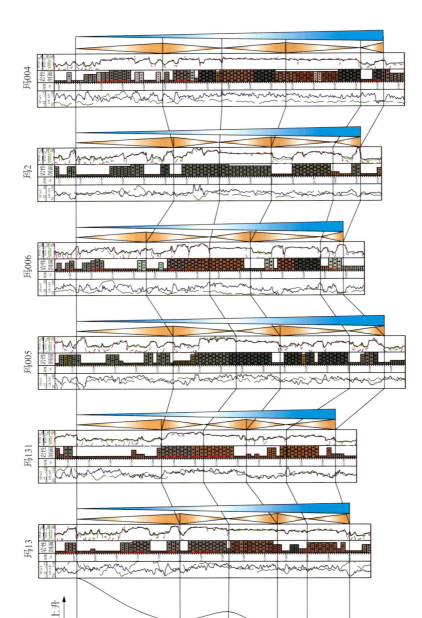

图 2.8 玛 13 井-玛 131 井-玛 005 井-玛 006 井-玛 2 井-玛 004 井百口泉组层序地层对比图

2.1.2　地震界面特征

寻找各种界面在地震上的典型识别特征,有助于地震层序格架的建立。

沉积地层的形成过程有 4 种,即沉积作用、侵蚀作用、沉积物过路冲刷作用和沉积物欠补偿形成的饥饿性沉积乃至无沉积作用。每种沉积作用在地震剖面上都具有一定的反射特征,通过地震同相轴的平行或近于平行、同相轴之间的相交接触关系(削截、上超、下超、顶超)就可以识别出相应的界面。

准噶尔盆地于三叠纪由前陆盆地演化为陆内拗陷盆地,三叠系与二叠系地层呈不整合接触,选取此不整合面作为三叠系百口泉组底部层序边界(图 2.9)。而选取百口泉组与克拉玛依组界面作为三叠系百口泉组顶部层序边界。通过地震剖面追踪识别出百口泉组内部同相轴接触关系,包括削截、沟谷切割上超及下超等(图 2.10)。

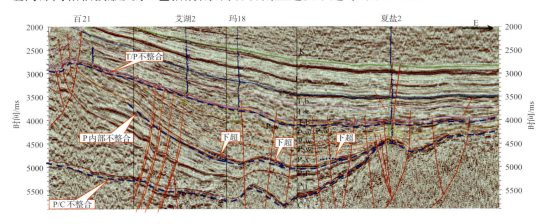

图 2.9　三叠系与二叠系区域不整合地震界面特征

2.2　三叠系百口泉组层序地层格架

综合利用地震、测井、岩心观察资料,在低频旋回中(巨旋回、超长期旋回、长期旋回)以构造运动的控制作用为主线,优选不整合面或与之对应的整合面作为层序边界,在高频旋回(中期旋回)中优选湖泛面作为等时对比的标志层,通过对研究区百口泉组各级旋回的梳理及反复对比,建立了玛湖凹陷百口泉组高分辨率层序地层格架的基础。

依据玛湖凹陷百口泉组测井、录井、岩心观察及地震资料,在地震剖面及钻井剖面的层序界面的识别和追踪对比的基础上,通过对该区三叠系百口泉组层序旋回的分析和梳理,建立了高分辨率层序地层格架。将研究区百口泉组划分为 1 个三级层序,并细分为 4 个四级层序,分别对应百口泉组的百一段、百二段一砂组、百二段二砂组及百三段(表 2.1)。百一段由一个完整的上升与下降旋回组成,百二段一砂组由上升半旋回组成,百二段二砂组由下降半旋回组成,而百三段也是由上升半旋回组成。

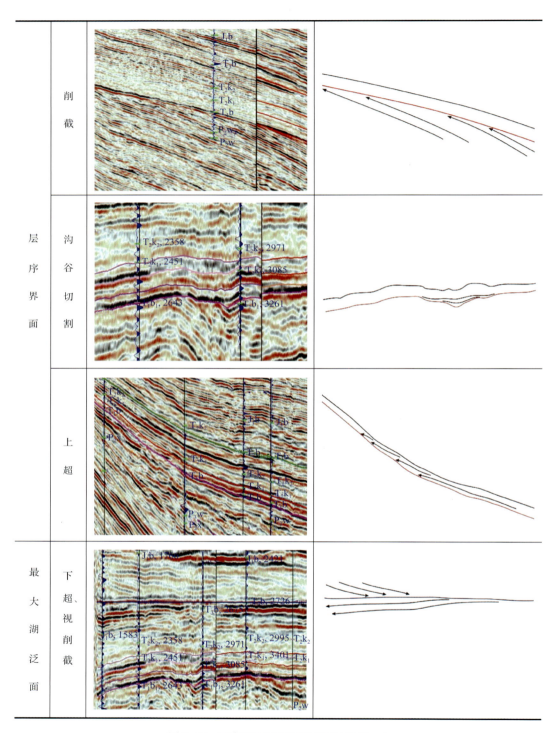

图 2.10　层序界面地震反射特征(单位:m)

表 2.1　玛湖凹陷三叠系百口泉组层序划分

地层系统					构造演化	沉积环境	层序级别		层序地层界面
系	统	组	段	符号			三级	四级	
三叠系	下统	百口泉组	百三段	T_1b_3	拗陷湖盆	冲积扇-扇三角洲-湖相			MFS Sb₃
			百二段二砂组	$T_1b_2^2$					FS₂
			百二段一砂组	$T_1b_2^1$					Sb₂
			百一段	T_1b_1					FS₁
									Sb₁

　　整个百口泉组沉积时期,基准面整体是逐渐上升的过程,沉积物供给速率也逐渐减小。三级层序旋回整体显示为湖侵退积的层序旋回。沉积相发育主要由底部扇三角洲平原相不断向上过渡为前缘相及湖相。构造推覆作用下,逆冲断层的上盘沉积物被剥蚀搬运为盆地提供物源,这些沉积物或随流水搬运介质或直接依靠重力作用在湖盆边缘发生再沉积作用。由于地形高差大,地形坡度大,沉积物供给充足,延伸距离较远。在逆冲断层的上盘百一段地层发生剥蚀,部分地区缺失百一段地层。通过上述综合分析,可建立玛湖凹陷三叠系百口泉组层序充填模式(图 2.11)。

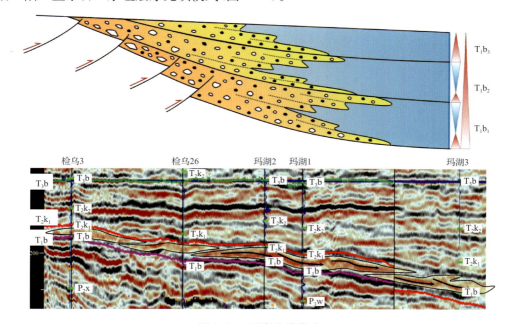

图 2.11　层序充填模式

2.3　三叠系百口泉组层序地层划分及对比

　　综合考虑研究区包括:①地层岩性剖面中的冲刷现象和上覆滞留沉积;②岩相或相组

合在垂向剖面上的转换位置;③砂泥岩厚度的旋回性变化;④测井相类型及接触关系的基础上,并以此为依据识别研究区各级层序界面(图2.12)。鲜本忠等(2008)认为准噶尔盆地西北缘三叠系发育1个二级层序和5个三级层序,其中下三叠统百口泉组为1个三级层序,其底界为二级层序界面。二级层序以规模较大的不整合面为界,在地震剖面中表现为上超、削蚀等反射结构特征,研究区百口泉组呈典型不整合直接覆盖于上二叠统上乌尔禾组之上,在地震剖面上表现为强振幅、连续反射,可在整个研究区内追踪对比。三级层序界面主要由湖平面变化及与之伴生的沉积物供应速率变化所致,地震剖面上不整合特征不明显,主要依据钻井和露头的岩相突变和测井突变响应来识别(鲜本忠等,2008)。研究区百口泉组以厚层块状砂砾岩沉积为主,随着地层的沉积为一向上粒度变细的正旋回沉积序列,单层砂砾岩厚度变薄、泥岩含量增加,缺乏水退沉积响应。由于湖侵规模、湖平面升降的特征及构造位置的差异,一个三级层序可以由湖侵(transgressive system tract)和湖退(regressive system tract)两个完整的旋回体系域构成,而研究区百口泉组缺乏水退沉积响应特征,只发育湖侵体系域,缺失湖退体系域。玛湖凹陷百口泉组整体为湖侵退积的层序旋回。

在地震剖面上百一段波阻抗特征呈现强振幅反射波谷,岩性以厚层灰褐色、杂色砂砾岩为主,夹薄层泥岩。测井曲线低伽马、高电阻,以齿化钟形+厚层箱形为主;百二段波阻抗特征呈现中—强振幅反射波峰,分布稳定,在玛北地区可连续追踪对比。岩性以厚层灰色、深灰色块状砂砾岩为主,泥岩夹层厚度较小,测井曲线为低伽马、高电阻厚层弱齿化箱形,表明百二段物源供给充足,沉积过程稳定(马永平等,2015);百三段波阻抗特征呈现弱振幅反射,波谷波峰相互叠置展布。岩性以灰色、绿灰色厚层泥岩为主,夹薄层砂砾岩、含砾细砂岩等,测井曲线以齿化线性或者钟形为主,发生大规模的水进(图2.12)。

由于百口泉组地层厚度较薄,且受地震分辨率的影响,难以通过井震结合详细了解研究区层序旋回变化趋势,只有通过多条连井层序地层的对比分析,才可反映该区百口泉组层序地层发育特征及变化趋势。本书列举6条层序地层对比剖面(图2.13),其特征描述如下。

(1)金龙2井-克81井-玛湖1井-玛9井-百65井-艾湖2井连井层序地层对比。

从该层序地层对比剖面可以看出,百口泉组整体显示湖侵退积特征,由底到顶沉积相演化过程为冲积扇→扇三角洲平原→扇三角洲前缘→前扇三角洲→湖相。玛9井位于湖盆中心,在百二段一砂组开始出现湖相沉积,并随着百口泉组不断沉积湖相开始向盆地边缘扩张(图2.14)。

(2)玛003井-玛13井-夏72井-夏9井连井层序地层对比。

该连井剖面发育扇三角洲平原,扇三角洲前缘及湖相沉积。近湖盆中心的玛003井于百二段二砂组开始形成湖相沉积,并且不断向玛13井(盆地边缘)方向推进(图2.15)。

(3)玛湖1井-玛9井-艾湖5井-玛18井-玛009井-玛006井连井层序地层对比。

该连井剖面中发育扇三角洲平原、扇三角洲前缘、前扇三角洲及湖相沉积。从该地层对比剖面可以看出,百口泉组的湖侵特征体现在相序中代表盆地中心的沉积相特征不断向陆推进,沿玛湖1井至玛006井方向。随着百口泉组不断沉积,玛湖1井及玛9井开始

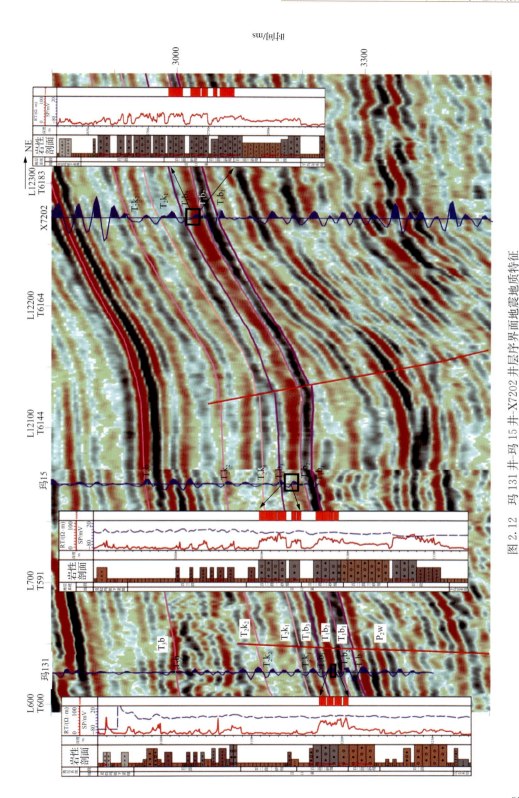

图 2.12 玛 131 井-玛 15 井-X7202 井层序界面地震地质特征

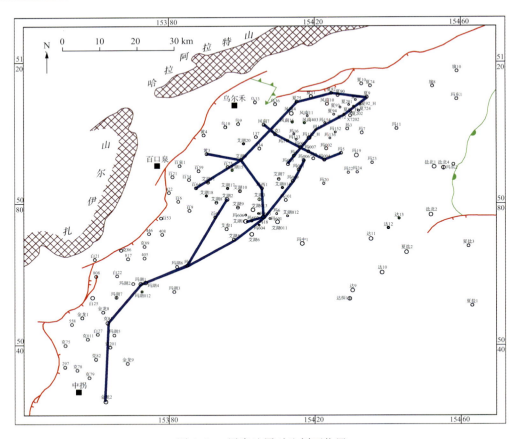

图 2.13　层序地层对比剖面位置

出现湖相。由百一段底部至百三段顶部，具有粒度逐渐变细，泥质含量增高，砂体变薄等特征，在录井及测井曲线上均有显示，反映了百口泉组整体水进的沉积特征(图 2.16)。

（4）百 64 井-艾湖 4 井-夏 75 井-夏 82 井-夏 9 井连井层序地层对比。

该连井剖面仅发育扇三角洲平原和扇三角洲前缘沉积。百 64 井、夏 9 井及艾湖 4 井靠近盆地边缘缺失百一段地层。而艾湖 4 井及夏 9 井因更靠近物源方向，显示以扇三角洲平原沉积为主。百一段底部至百三段顶部，亦显示粒度变细，泥质含量增高，砂体变薄等特征，反映了百口泉组为整体水进的沉积(图 2.17)。

（5）风南 7 井-艾克 1 井-玛 005 井-玛 004 井-玛 5 井连井层序地层对比。

该连井剖面发育扇三角洲平原、扇三角洲前缘及湖相沉积。从百一段至百三段，湖盆扩张，湖相沉积从艾克 1 井逐渐向风南 7 井及玛 5 井方向推进。砂体减薄，粒度变细，泥质含量增多，体现水进退积的沉积特征(图 2.18)。

（6）黄 3 井-艾湖 4 井-玛西 1 井-玛 18 井-艾湖 1 井连井层序地层对比。

该连井剖面发育扇三角洲平原与三角洲前缘两个亚相，扇三角洲前缘从艾湖 1 井逐渐向黄 3 井(盆地边缘)推进，相序上显示水进退积的特征。其中处于盆地边缘的黄 3 井与艾湖 4 井缺失百一段地层(图 2.19)。

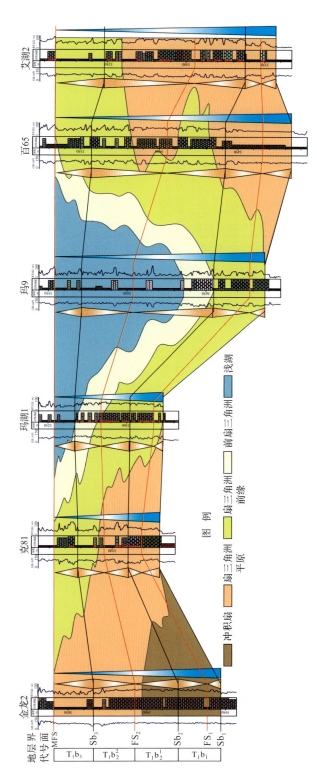

图 2.14　金龙 2 井-克 81 井-玛湖 1 井-玛 9 井-百 65 井-艾湖 2 井连井层序地层对比图

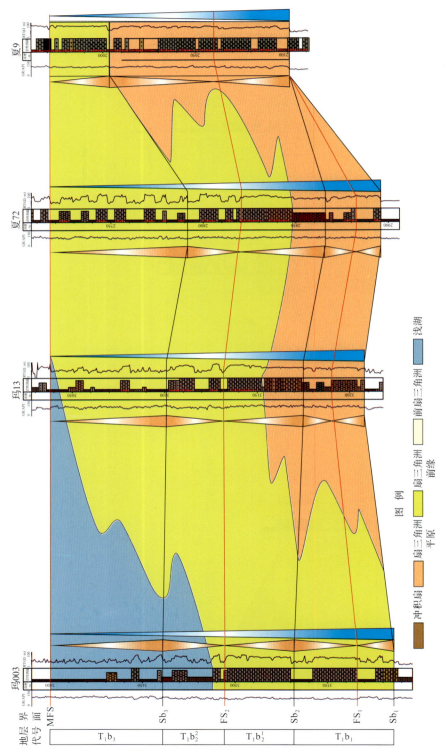

图 2.15　玛 003 井-玛 13 井-夏 72 井-夏 9 井连井层序地层对比图

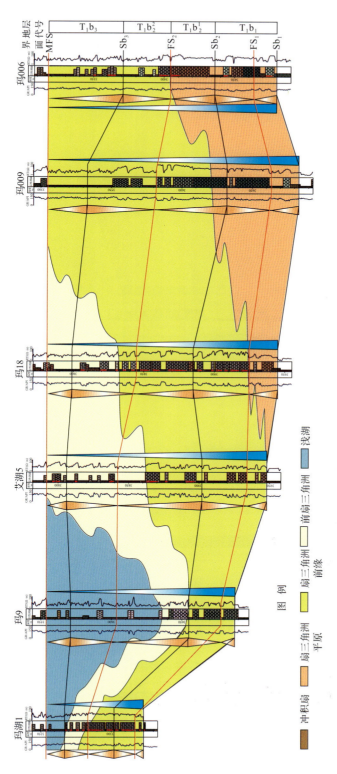

图 2.16　玛湖 1 井-玛 9 井-艾湖 5-玛 18 井-玛 009 井-玛 006 井连井层序地层对比图

图　例

冲积扇　　扇三角洲
平原

扇三角洲　　前扇三角洲
前缘

浅湖

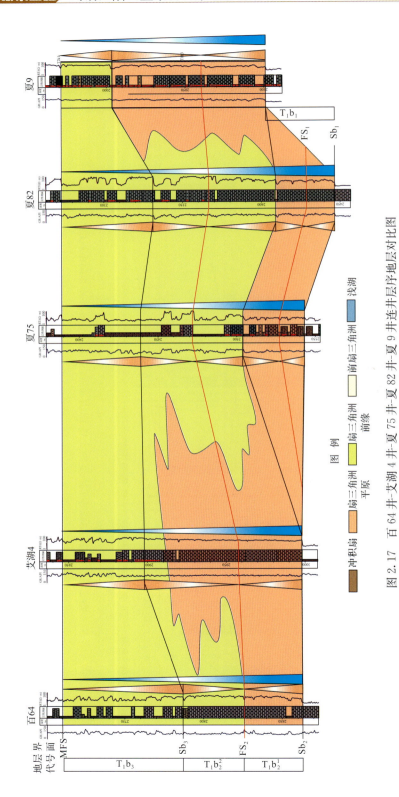

图 2.17 百 64 井-艾湖 4 井-夏 75 井-夏 82 井-夏 9 井连井层序地层对比图

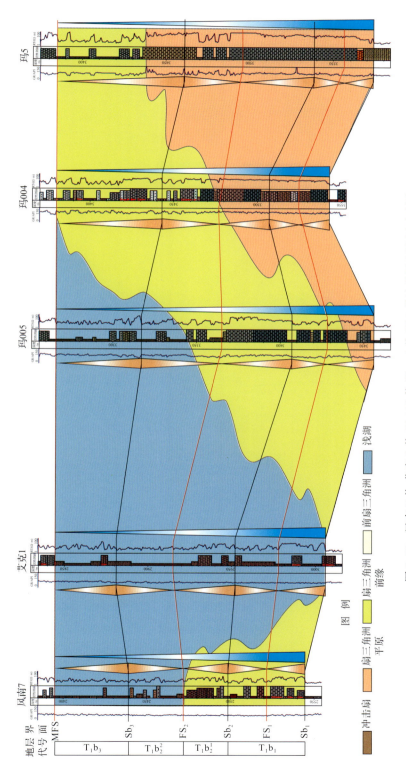

图 2.18　风南 7 井-艾克 1 井-玛 005 井-玛 004 井-玛 5 井连井层序地层对比图

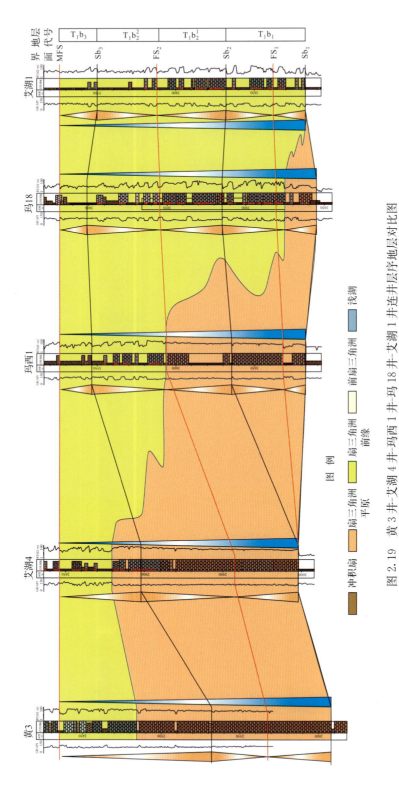

图 2.19　黄 3 井-艾湖 4 井-玛西 1 井-玛 18 井-艾湖 1 井连井层序地层对比图

通过对研究区内 6 条连井层序地层剖面对比分析,由百口泉组底部到顶部、盆地中心向盆地边缘,岩石粒度变细、沉积体系向盆地边缘迁移,进一步论证了玛湖凹陷百口泉组整体呈现为湖侵退积的水进旋回,与地震剖面同相轴反射特征一致。本书提出将玛湖凹陷百口泉组划分为一个三级层序(为一个上升半旋回),并将百一段划分为 1 个四级层序,百二段上升和下降半旋回分别划分为 1 个四级层序,百三段也划分为一个四级层序。通过上述内容,说明该层序划分方案合理可行。

沉积背景及沉积模式 第3章

3.1 古地理面貌及沉积背景

准噶尔盆地构造格局雏形形成于晚古生代,盆地从晚古生代—中新生代构造演化经历了晚海西期前陆盆地发育阶段(晚石炭世—二叠纪)、振荡型内陆拗陷盆地发育阶段(三叠纪—白垩纪)及类前陆型陆相盆地发育阶段(早古近纪—第四纪)三个阶段,为多期构造运动造成的性质各异的盆地叠合所形成的大型复合叠加盆地。

准噶尔盆地西北缘呈北东向展布,北起德伦山,南至艾比湖,东至夏子街,西至奎屯,位于扎伊尔山与哈拉阿拉特山东南侧盆山过渡区。准噶尔盆地西北缘发育呈 NE-SW 向弧形展布的大型冲断构造带,以 NWW 向的黄羊泉和红山嘴断裂为界,自北而南依次为乌-夏断裂带、克-百断裂带与红-车断裂带(蔡忠贤等,2000;何登发等,2004b;陈发景等,2005;况军和齐雪峰,2006;管树巍等;2008;孟家峰等,2009;曲国胜等,2009;瞿建华等,2013)。从成因机制上讲,三个断裂带存在差异:在晚石炭世—二叠纪构造应力主要是NW-SE 方向(徐芹芹等,2009;何登发等,2004b),克-百断裂带发生大规模冲断推覆,乌-夏断裂带遭受扭压;相反,三叠纪晚期南北向的挤压应力使乌-夏断裂带强烈的逆冲推覆,而克-百断裂带遭受压扭,其水平断距与垂直断距相差不大,旁侧断裂具雁列展布特征。红-车断裂带始终为压扭性质,垂直隆升作用较强,以发育高角度(50°～70°)近南北向冲断层为主。由于不同时期构造应力挤压、冲断方向的变化,断裂活动的差异性与分段性造成了准噶尔盆地西北缘油气富集与分布的差异性。

根据准噶尔西北缘构造变形和叠加样式,纵向可上下分层,下构造层为构造运动比较活跃的古生界地层;上构造层为构造相对较弱的中—新生界地层,地层分布稳定,不整合超覆于下层构造层(隋风贵,2015)。因此,准噶尔盆地到下三叠统百口泉组沉积期,构造冲断活动趋于减弱,由于晚海西(主要是IV-V期)构造运动的抬升、逆冲形成的边缘隆起上沉积了厚度大、规模大、连续性好的粗碎屑沉积(邹妞妞等,2015b)。

准噶尔盆地西北缘这种复杂多变的构造活动造就了玛湖凹陷三叠系沉积期的古地貌特征,总体上表现为凹陷边缘为沟谷相间的地貌,易发育扇三角洲沉积,向凹陷中心坡度降低,发育缓坡型扇三角洲为主的沉积(唐勇等,2014)。本书从以下几个方面对三叠纪百口泉组沉积期玛湖凹陷的古地貌及沉积背景进行分析,以阐明该区百口泉组的沉积背景和沉积体系。

3.1.1 古构造分析

准噶尔西北缘典型的构造特征是发育北东-南西向弧形展布的大型冲断构造带,其形成于晚石炭—早二叠纪,结束于三叠纪末期。主要经历了海西期、印支期、燕山期构造运动,形成了形态多样的构造样式与组合。海西晚期的盆地周缘碰撞造山活动使得西北缘地区发生强烈挤压推覆作用,产生大范围平行于山系呈北东向分布的低角度冲断推覆断裂,此时的断裂多具有逆冲掩覆性质,各地区地层不同程度的抬升剥蚀形成各时期不整合。印支期运动使得形成于二叠系的断裂得到继承性发展,同时伴随左行扭动,构造运动性质从单一挤压推覆渐变为压扭性质。三叠纪百口泉组断裂带推覆作用逐渐减弱,断裂形态逐渐稳定并最终定型。

受海西-印支期构造运动影响,乌-夏、克-百断裂带发展为具有同生长性质的大型叠瓦逆掩断裂带,发育多级断裂系统,切断石炭系、二叠系、三叠系地层。玛湖凹陷西环带山前逆冲断裂主要沿北东向呈弧形、S形、直线形展布,主干断裂周围常发育次一级断裂并相互交接叠加,各级断裂自西向东依次首尾接连,平面上具有斜交式、平行式、交切式等组合类型。一级断裂有克拉玛依断裂、南白碱滩断裂、乌兰林格断裂、夏红北断裂、夏59井断裂、大侏罗沟断裂;二级断裂有百-乌断裂、夏21井断裂、夏10井断裂、乌南断裂及夏红南断裂。断裂带构造活动强烈,推覆距离较远,平面上单条断裂延伸距离长且水平断距大,断裂冲断距离最大达到20km,并沿平行于山前方向密集分布(图3.1和图3.2)。

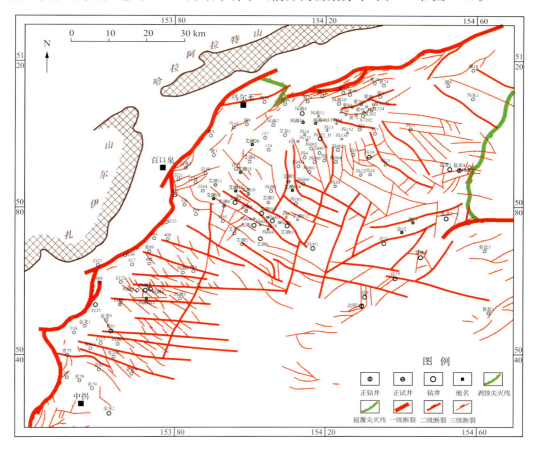

图3.1　准噶尔盆地西北缘玛湖凹陷西环带断裂平面分布图

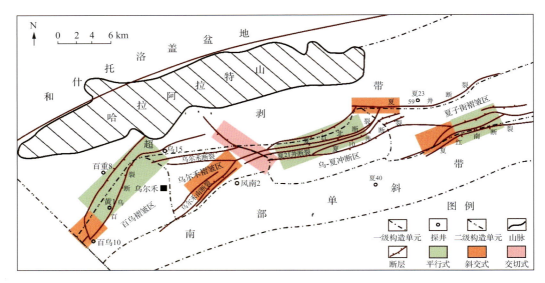

图 3.2　乌-夏断裂带三叠系断裂平面展布样式及组合(据冯建伟等,2008 修改)

对玛北地区而言,该区主要处于乌-夏断裂带和玛湖凹陷西北斜坡区,由于三叠系受印支早、晚两期构造运动影响,风城和夏子街两个地区先后抬升,造成目标区发育两组不同方向断裂,一组北东向,另一组为北西向,两组断裂呈互相切割状形成多个断块,圈闭总面积 137.6 km²。其中乌-夏褶皱冲断区内数条断裂呈平行式组合分布,两端的乌尔禾、夏子街褶皱区内断裂呈斜交式组合分布(图 3.1 和图 3.2)。玛湖凹陷斜坡区玛 13 井和玛 005 井被菱形切割,次级小断裂呈斜交式组合,具有明显的断裂分割性(图 3.3)。从百口泉组时间切片看(图 3.4),夏子街鼻凸构造特征明显,发育北东向与北西向两组断裂。

玛北地区三叠系百口泉整体为一单斜构造,从夏井 9—玛 2 井方向,地层呈陡—缓—陡—缓形态(图 3.3,图 3.4,图 3.5),说明玛北地区三叠系存在明显的多级坡折带(slope break),其对层序地层结构、沉积相的展布,以及非构造圈闭的形成具有重要的控制作用。赵玉光等(1993)在研究准噶尔前陆盆地晚期(T—J)层序地层时提出克-乌断裂带在三叠纪—侏罗纪早中期形成的断裂坡折带对沉积相带的展布具有重要作用;王英民等(2002)认为准噶尔盆地侏罗系的层序地层、沉积体系及非构造圈闭的发育受多级坡折带的控制,在不同构造坡折域形成不同的水系和沉积体系;刘豪等(2004)分析了准噶尔盆地西北缘多级坡折带对非构造圈闭的控制作用,及其对储层和油气封堵聚集的影响;耳闯等(2008)研究了准噶尔盆地克-百地区中二叠统坡折带的展布规律及其对层序及沉积的控制作用;瞿建华等(2015)提出玛北夏子街地区发育 5 种坡折带控砂模式,并对整个研究区扇体坡折带控砂模式机理进行详述。

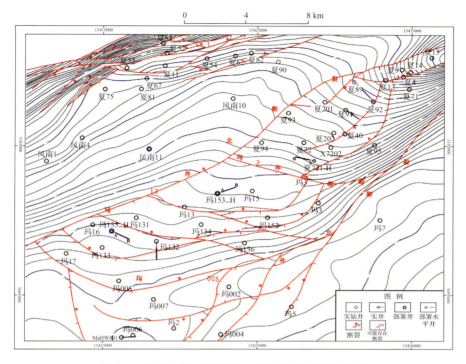

图 3.3 玛北地区三叠系百口泉组 $T_1b_2^2$ 顶界构造图

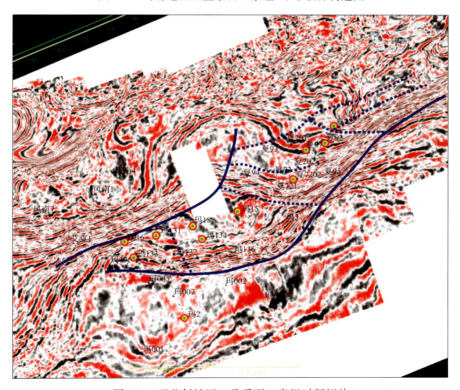

图 3.4 玛北斜坡区三叠系百口泉组时间切片

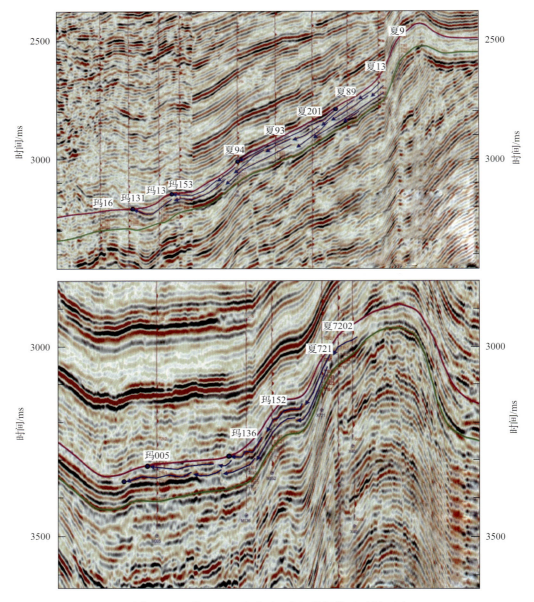

图 3.5 玛北地区三叠系百口泉组坡折带地震剖面图

　　玛北地区可划分三级坡折带(图 3.6)。纵向上,一级坡折带以北部乌尔禾断裂和夏红断裂为主导;二级坡折带以玛 131 井附近断裂和东北段夏 9 井附近断裂为主;三级坡折带以研究区南部的玛 007 井-玛 002 井-玛 7 井附近断裂为主。纵向一二级坡折带之间存在两条横向坡折;纵向二三级坡折带之间的两条横向坡折倾向相同,呈阶梯状,夏 71 井附近坡折作为横向一级,玛 15 井附近坡折作为横向二级(瞿建华等,2015)。一级坡折带位于盆缘位置,范围较广,走向与断裂带展布方向基本一致,为 NE-SW 向,一级坡折带的形成是盆缘断阶带和盆缘断阶带派生的逆冲断层活动的结果。由于乌-夏断裂带从二叠到三叠系一直处于活动状态并切穿三叠系地层,特别是夏红北断裂及其控制下的夏 10 井断层、夏 21 井断层等逆掩断层,对三叠系地层的沉积具有重要影响。二级坡折带主要为断裂坡折带和挠曲坡折带,玛北地区西南段及中段多为挠曲坡折带,东北段发育断裂坡折,主要位于玛 16 井-夏 93 井-夏 9 井一线(图 3.6)。三级坡折带已靠近玛湖凹陷,主要是由于在深部构造活动的背景下,在盆地内部发育的次一级断裂活动产生了差异沉降形成的坡折带。由于多级坡折带的存在,导致可容空间的变化,上覆地层沉积之后,坡折带之下易形成优势砂体,沉积基准面旋回变化控制着陆相层序地层的形成与演化,所以玛北地区坡折带的发育对沉积相和沉积砂体的展布具有重要的控制作用。

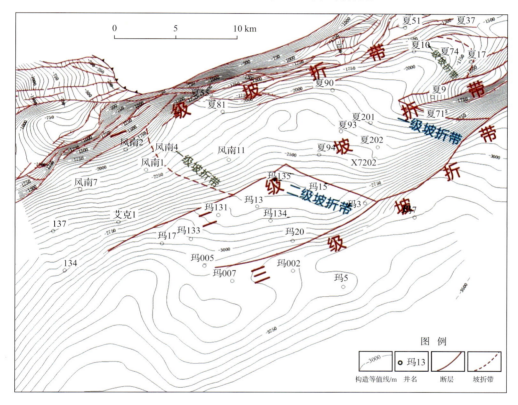

图 3.6　准噶尔西北缘玛北地区百口泉组坡折带平面分布示意图

3.1.2　古地貌分析

　　古地貌对沉积层序、沉积体系类型及其展布有重要的控制作用。古地貌分析有利于古水流体系、物源方向及沉积相的识别,一般用地层残余厚度图、地层恢复厚度图及三维模拟可视化图来分析沉积时的古地貌单元。

　　根据玛湖凹陷百口泉组残余厚度图可知(图 3.7),靠近盆地边缘物源方向夏子街地区夏 74 井-玛 7 井-玛 004 井一线和玛湖凹陷南部与盆 1 井西凹陷厚度较大,地层厚度整体南厚北薄。百口泉沉积期,玛湖凹陷有两个沉积中心,一是玛湖凹陷北部的沉积中心,接受夏子街的物源与玛东北部的物源;另一沉积中心在玛湖凹陷东南部,接受黄羊泉、克拉玛依和夏盐物源,而玛湖凹陷斜坡区西北缘及东缘是河道沟槽,为主要的砂体输送通道。

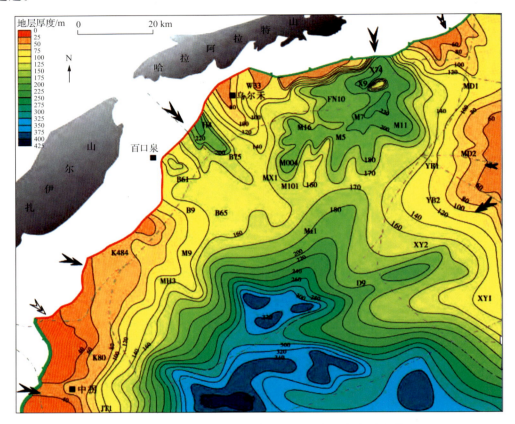

图 3.7　准噶尔盆地玛湖凹陷百口泉组残留厚度图(据邹志文等,2015)

　　玛北地区百口泉组沉积时期为一主体东南倾斜的平缓单斜构造,地层倾角为 1°～4°(唐勇等,2014)。根据玛北地区百二段地层恢复厚度图可知(图 3.8),地层厚度较大的地方是沉积中心,分布于夏 74 井-夏 71 井-夏 95 井-玛 7 井-玛 152 井-玛 005 井一线,主要为夏子街物源区,这与玛湖凹陷百口泉组残余厚度图的分析结果一致。说明夏子街地区在百口泉组是主要的沉积区,地层厚度大,是古水流主要的流经方向。

　　玛北地区百口泉组古地貌三维可视化图显示(图 3.9),百口泉组沉积期水下由东北向西南发育面积比较大、坡度缓的两大坡折带,玛北地区由西向东起为低势谷地,这些古地貌影响着扇体的展布和相带的分布。鼻状凸起背景下发育的低缓沟槽控制着牵引流水系的展布,北东向物源区沟谷为主要的砂体运载通道,坡折平台区是主要的沉积砂体卸载区,东西向次级断裂控制着扇体的朵体分布,使沉积体具平面上的分带、垂向上叠加、继承性较强的特点。位于 2 个坡折带之间的井(玛 131 井、玛 15 井、玛 132 井等)往往是高产井区,说明研究区断裂坡折带具有明显的控砂作用,决定了入盆砂体的平面展布。这与研究区古构造断裂坡折带特征高度吻合,也说明三叠纪初构造运动减弱,盆地进入大型拗陷湖盆阶段,开始长期稳定的沉积。

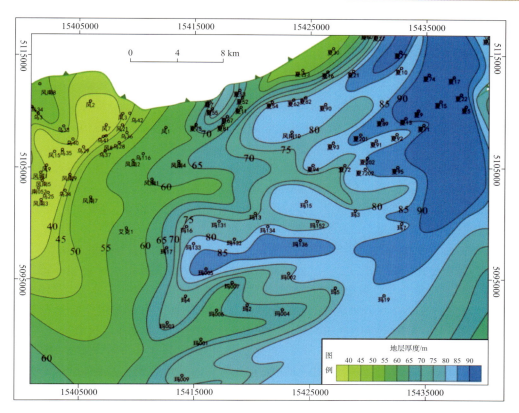

图 3.8 玛北地区三叠系百口泉组二段地层恢复厚度图

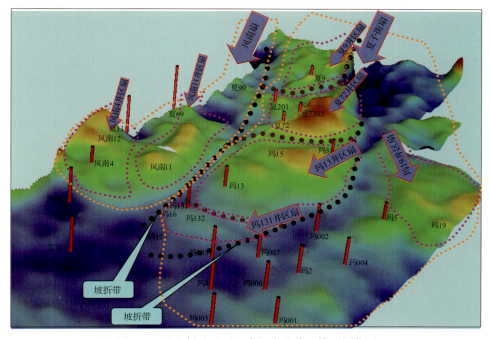

图 3.9 玛北斜坡区百口泉组古地貌三维可视化图

3.1.3 物源分析

物源分析是古地理重建、古环境与古气候恢复、大地构造背景及盆山耦合研究不可或缺的内容和方法,通过分析源区母岩组合和物源方向来确定物源类型和特征(张春生等,2000;赵红格和刘池洋,2003;徐亚军等,2007;Xu et al,2007)。物源分析方法主要包括传统的岩石学方法、重矿物方法、元素地球化学方法及黏土矿物学方法等传统的物源分析方法。近年来,广大学者使用磁性矿物学方法(Mark and Andrew,2004)、矿物颗粒微形貌分析(Cardona et al,2005)等物源分析新方法。本书通过传统的重矿物方法对研究区的物源方向和沉积环境特征进行探讨。一般用碎屑岩的重矿物组合、ATi(磷灰石/电气石)-RZi(TiO$_2$矿物/锆石)-MTi(独居石/锆石)-CTj(铬尖晶石/锆石)等重矿物特征指数、锆石-电气石-金红石指数(ZTR指数)等来指示物源(Morton et al,2005)。重矿物组合及其分布特征与物源区的母岩类型、沉积物的搬运距离及方向有着直接的联系。

根据陆源重矿物在风化、搬运过程中的稳定程度可划分为稳定重矿物和不稳定重矿物。玛湖凹陷三叠系百口泉组碎屑岩中出现的陆源重矿物有21种(表3.1),总体上以不稳定重矿物为主,反映搬运距离短,近源堆积的特征。根据重砂矿物组合特征及稳定系数,玛湖凹陷百口泉组不同的区块出现不同的重砂矿物组合,结合古地貌特征,玛湖凹陷从西南到东北存在中拐、克拉玛依、黄羊泉、夏子街、玛东及夏盐6个分支物源(图3.10),物源分别来自西北部和北部的老山。其中,中拐物源的重矿物组合以绿帘石-钛铁矿-褐铁矿为主;克拉玛依物源的重矿物组合以锆石-钛铁矿-白钛矿-尖晶石为主;黄羊泉物源的重矿物组合以钛铁矿-褐铁矿-绿帘石-白钛矿为主;夏子街物源的重矿物组合以绿帘石-钛铁矿-白钛矿-褐铁矿为主,与中拐物源的重矿物组合相似;玛东物源的重矿物组合以绿帘石-白钛矿-锆石为主;夏盐物源的重矿物组合以白钛矿-褐铁矿-锆石为主。重矿物的形成环境研究表明,钛铁矿可产于各类火山岩岩体中,在基性岩及酸性岩中分布较广,在变质岩中亦有分布;绿帘石主要分布于变质岩及与热液活动有关的火山岩中;锆石主要分布于酸性火山岩中。从上述六个物源的重矿物组成来看,它们的物源区母岩性质存在一定的差异,但总体上以中基性、酸性火山岩为主,变质岩和沉积岩为辅。

表 3.1 玛湖凹陷三叠系百口泉组重矿物种类表

重矿物类型	主要重矿物	次要重矿物
稳定重矿物	白钛矿、锆石、石榴石、褐铁矿、电气石	榍石、尖晶石、十字石、板钛矿、锐钛矿、刚玉、金红石
不稳定重矿物	钛铁矿、绿帘石、普通辉石、磁铁矿	黑云母、普通角闪石、阳起石、黝帘石、褐帘石

根据构造分段性、断裂切割及古地貌特征,通过对玛北地区百口泉组重矿物组合进行分区块统计表明(图3.11):玛北地区百口泉组重矿物组合类型为绿帘石-钛铁矿-褐铁矿-锆石,其中不稳定重矿物绿帘石的含量很高,近物源的夏72井区(图3.9)绿帘石的含量为41.45%,远物源的玛13井区绿帘石含量为38.87%,更远物源的玛131井区含量为33.38%,反映整体近源快速沉积环境。平面上,沿着夏72井区-玛13井区-玛131井区一线,不稳定重矿物含量递减,稳定重矿物含量递增,表明玛北地区整体物源走向沿东北夏

子街地区到玛湖凹陷斜坡区的玛 13 井区-玛 15 井区-玛 131 井区一线（孟祥超等，2015）。玛北地区重矿物分析结果和断裂坡折带及古地貌特征高度一致，这说明研究区古水流方向为北东方向，沉积砂体在夏子街鼻凸顺河道沉积。

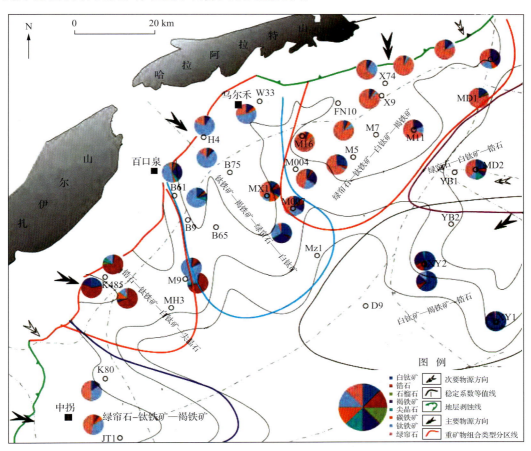

图 3.10　准噶尔盆地玛湖凹陷三叠系百口泉组重矿物分布图（据邹志文等，2015）

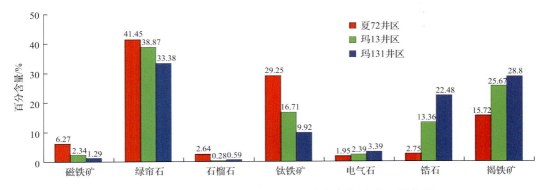

图 3.11　玛北地区百口泉组主要重矿物含量分布直方图（据孟祥超等，2015）

3.1.4　古流向分析

古水流方向研究对于确定物源、预测有利储集体分布范围、提高油气采收率等意义重大(李潮流和李谦,2008)。一般通过野外露头、重矿物分析、多井对比、微电阻率扫描成像测井(FMI)及地层倾角测井等方法判别古流水的方向。其中 FMI 图像可以直观的显现岩心的沉积构造、层理产状等信息,从而可判断分析古流向。地层倾角测井在单井点处对古流向也有相当高的测量精度。本书在研究区地层对比的基础上,选取较大井段范围内的 FMI 和地层倾角测井对地层产状和地层倾角进行统计,取优势方向作为古水流方向。

通过重矿物分析已知玛北地区百口泉组物源来自盆地西北缘老山,物源方向为北东向。通过玛北地区百口泉组地层倾角测井蓝模式矢量的方向(图 3.12)为主导,FMI 成像测井资料为辅,做出古流向玫瑰花图(图 3.13),绘制研究区古流向展布平面图(图 3.14),综合识别了百口泉组古水流方向。结果表明百口泉组沉积时,玛北斜坡区夏 72 井区-玛13 井区-玛 131 井区古水流主要来自北东向,风南 11 井区-风南 4 井区分布较局限,古水流主要来自北西向。黄羊泉地区玛 6 井区-玛 18 井区的古水流主要来自北西向。

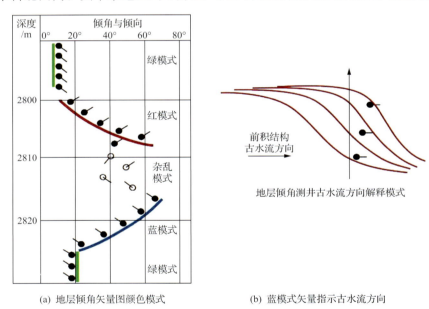

(a) 地层倾角矢量图颜色模式　　　　(b) 蓝模式矢量指示古水流方向

图 3.12　地层倾角测井识别古水流方向原理示意图

3.1.5　古气候分析

早二叠世佳木河期—风城期,古气候为半干旱-半湿润气候;中二叠世夏子街期,古气候为炎热、干旱-半干旱气候,以红色泥岩、砂砾岩沉积为主;中二叠世下乌尔禾期,古气候为半干旱-半湿润气候;晚二叠世上乌尔禾期,古气候为半湿润气候。早三叠世百口泉期,沉积物主要呈红色基调,并含有丰富而新鲜的正长石、基性斜长石及黑云母等不稳定矿物,陆地上植被也很贫乏,表明当时为干旱-半干旱气候,属于亚热带干旱气候(张继庆等,1992;

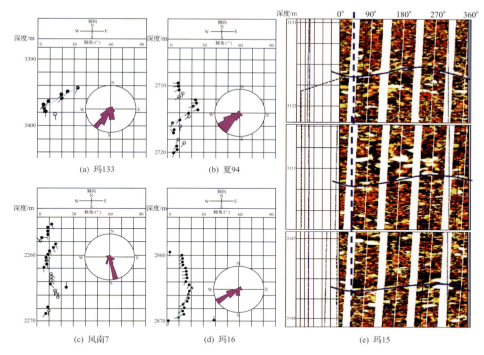

图 3.13　玛北地区典型井地层倾角、FMI 叠瓦砾石识别古水流方向特征(据孟祥超等,2015)

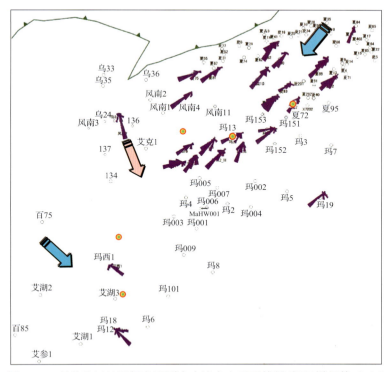

图 3.14　玛北地区地层倾角识别古水流方向平面特征(据孟祥超等,2015)

天蓝色箭头代表主要古流向,桃黄色箭头代表次要古流向

鲜本忠等,2008);中三叠世下克拉玛依期,古气候为半干旱气候;中三叠世上克拉玛依期,古气候由半干旱转化为半潮湿气候;晚三叠世白碱滩期,古气候由半潮湿转化为潮湿气候。中、晚三叠世,属于亚热带-温带气候,气候略偏干旱;早期伴有杂色沉积物,气候较干旱炎热,到晚期渐转温湿,形成含煤沉积。由此可见,准噶尔盆地西北缘二叠纪—三叠纪时气候由湿热-半干旱-干旱-潮湿的周期性变化。唐勇等(2014)对研究区的泥岩样品的姥植比、$Fe^{2+}/(Fe^{2+}+Fe^{3+})$来判别沉积环境,认为研究区百口泉组地层为弱氧化-弱还原的浅水环境。因此,早三叠世百口泉组,研究区处于半干旱气候条件下发育的大型浅水拗陷湖盆沉积环境。

3.1.6 扇体分布规律及演化

准噶尔盆地西北缘扇体的发育和分布受不同时期不同构造断裂活动的控制,扇体的发育不仅与构造冲断活动同期发育,而且不同时期扇体的迁移与断裂活动的差异性密切相关(孟家峰等,2009;雷振宇等,2005a;蔚远江等,2005;匡立春等,2005)。在早二叠世-晚二叠世,扇体表现出明显的迁移性,扇体面积不断扩大,从盆缘向盆地沉积中心推进(图3.15)。在三叠纪,盆地开始由前陆盆地向陆内拗陷盆地过渡,开始接受广泛的沉积,由于三叠纪不同构造带的沉积差异,扇体在不同构造带明显不同。其中乌-夏断裂带的冲断推覆活动最强烈,活动延续时间最长,形成的扇体规模最大;其次为克-乌断裂带,波动性的冲断推覆作用较明显;车拐地区的冲断推覆活动性最弱,形成零星的扇体(何登发等,2004b;雷振宇等,2005a;蔚远江等,2005;孟家峰等,2009)。

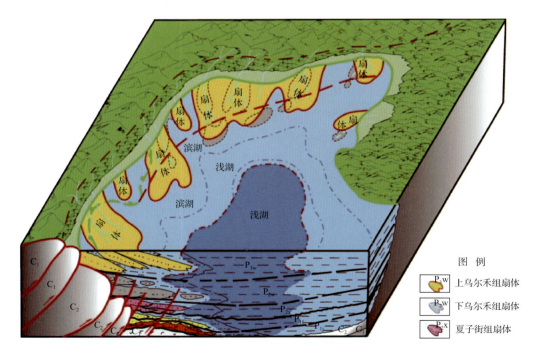

图3.15 准噶尔西北缘玛湖凹陷二叠系扇体迁移模式

从平面分布和叠置关系看,玛湖凹陷三叠系扇体叠置程度较好,扇体具有总体退覆式叠置迁移特点,即:由早三叠世百口泉至晚三叠世白碱滩期,扇体总体上由盆内至盆缘退缩,扇体规模逐渐变小,从西南到东北玛湖凹陷三叠系百口泉组依次发育中拐扇、克拉玛依扇、黄羊泉扇、夏子街扇、夏盐扇5大扇群(图3.16和图3.17),各扇体特征分述如下。

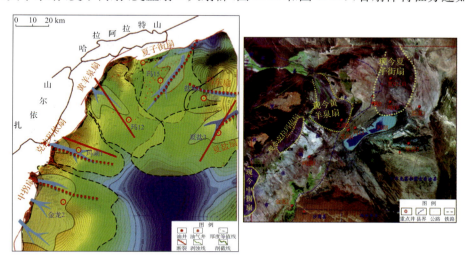

图 3.16　准噶尔西北缘玛湖凹陷扇体分布位置及现今地理位置

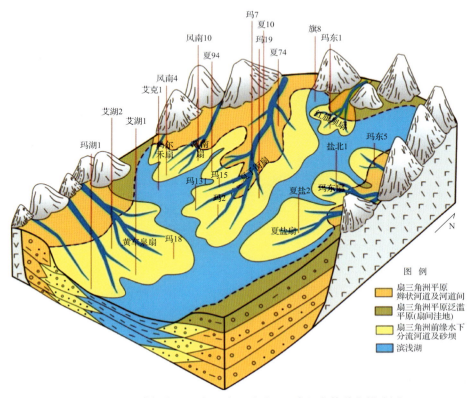

图 3.17　准噶尔盆地玛湖凹陷三叠系百口泉组扇体分布模式图

（1）夏子街扇体：扇体展布面积1370km²，扇体坡度为3.3°（图3.18），可细分为夏子街主扇与风南扇体分支扇体，两个扇体均呈南北向展布，其间为扇间洼地（图3.9）。风南扇主要沿夏77井-夏21井-夏90井-风南10井一线进入湖盆，包括风南11井区和风南4井区；夏子街主扇沿夏74井-夏15井-玛7井-玛19井进入湖盆，出现多级坡折控制的扇体，包括夏9井区，夏72井区、玛13井区、玛131井区，其中在玛3井处又分出玛19井扇体，这一系列的扇体组成了夏子街扇群。夏子街扇体核心在夏10井附近，与向西夏11井、向东夏19井小扇体相连成扇裙。扇体北部于风南10井-夏9井-夏71井-夏73井以北南延伸到玛7井-玛5井一线，东部延伸到玛11井一带。风南扇体延伸至风南4井一带，向西延伸至玛17井-玛003井一线，向南延伸至玛101井与黄羊泉扇体交汇，向东与玛东扇体在凹陷北部中心交汇。

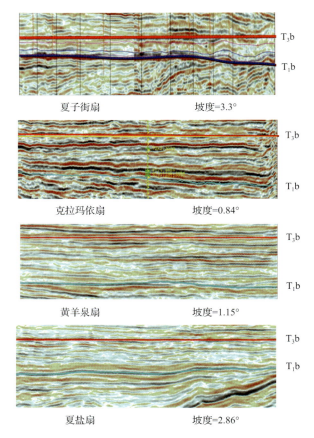

图3.18 玛湖凹陷扇体坡度地震解释图（剖面位置见图3.16）

（2）黄羊泉扇体：北起乌尔禾、南至艾参1井方向，黄羊泉扇主体位于黄4井-黄3井-百75井-玛西1井一带，坡度1.15°（图3.18），扇体规模较大，呈北西向展布，东至艾克1井区的扇间浅湖，南部与克拉玛依扇体在玛9井处交汇，进入了玛湖凹陷的腹部地区，可能与东部玛东夏盐扇体在凹陷中心交汇。夏子街和黄羊泉两个扇体均大致呈南北向展布，其间的风南地区至艾克1井区为为扇间洼地，向南地区为两扇体的交汇区。

（3）克拉玛依扇体：形成于克-百推覆带之前，无大型的断裂物源通道，沉积物通过小沟槽搬运至湖盆内，扇体规模较小，坡度为 0.89°（图 3.18）。西起车排子，东到庄 2 井或更远，扇体的主水流方向为克 77 井-克 80 井一线的北西-南东向，该扇体北部有一小分支物源——克拉玛依物源，主要为克 81 井至克 80 井地区。主要分布于金龙 9 井至金探 1 井以西的中拐凸起、斜坡地区及玛湖凹陷西南部。

（4）中拐扇体：表现为分别由西向东和由北向南 2 支主要水流入湖汇合而成的冲积扇-扇三角洲沉积体系。扇体坡度上缓（1°）下陡（3°）。核心在拐 202 井附近，向东推进至沙 1 井区，扇体长为 30～40km，分布面积约 600km²，规模较大，一直延伸到玛湖凹陷以南的中心地带。

（5）玛东-夏盐扇体：形成于玛湖凹陷东斜坡区的陆梁隆起边缘，物源通道是早期断裂形成的沟槽，物源供应相对不足，地层厚度薄，单砂体厚度小，但扇体的分布范围较大，扇体坡度也为上缓（约 1°）下陡（2.85°）（图 3.18），主体分布在夏盐 3 井-夏盐 1 井-达 9 井一带，与西部物源扇体相比，岩性粒细，其中砂砾岩所占的比例及分布明显小于西部物源扇体。主要分布于达 9 井以北、盐 001 井以西、夏盐 1 井以东地区，南部至达巴松凸起，西部入玛湖凹陷中心与黄羊泉扇体、夏子街扇体交汇。

玛北地区地处规模最大的夏子街扇，与西侧黄羊泉扇群和东侧夏盐扇群相邻。其中夏子街扇体和黄羊泉扇体在风 3 井至风南 3 井一带始终存在扇间洼地，在玛湖凹陷腹部有复合叠置的现象，在玛 6 井南附近两支扇体会合；此外夏子街扇分支向东入湖，与玛东 2 井的次要物源复合而形成了平面上朵状体，与夏盐 2 井区扇体之间始终存在扇间洼地。玛湖凹陷百口泉组整体是在湖侵背景下，多级坡折控制形成多期扇体，整体呈向北东物源方向退积的沉积序列。根据玛北地区三叠系百口泉组的构造背景、物源供给、古地貌及沉积特征可知研究区发育典型的多级坡折控制的大型浅水退积型扇三角洲沉积体系。其中退积型扇三角洲是在盆地可容纳空间增长速率大于沉积物供给速率的背景下发育的，总体显示为一个湖泊逐渐扩张、沉积体系逐渐向盆地边缘退积的沉积过程。在垂向上一般表现为向上变细，或者是由多个扇三角洲体系单元垂向叠加构成的一种逐渐向上萎缩的垂向序列（赵俊青等，2004；辛艳朋等，2007）。可见研究区百口泉组发育典型的退积型扇三角洲。

综上所述，根据古构造、古地貌、物源供给及古气候等沉积背景条件分析，可以确定环玛湖斜坡区三叠系百口泉组形成于湖侵背景下多级坡折控制的退积型浅水扇三角洲沉积。

3.2　大型浅水扇三角洲发育的沉积物理模拟实验

沉积物理模拟实验通过对沉积背景的分析，明确地质历史时期沉积背景特点，构建出沉积的原型模型，通过对沉积过程的再现，为认清沉积体系的成因过程和控制因素提供了一种有力的手段（曹耀华等，1990）。沉积模拟最初是基于小规模的水槽，对河床的底形进行观察研究（Bridge，1981；Keevil et al，2006），而后逐渐应用于不同的沉积体系的成因过程分析中（Cazanacli et al，2002；Kyle et al，2013；Pierre and Garcia，2014）。目前国外主要针对单一地质因素进行的研究较多（Baas et al，2004；Fedele and Garcia，2009；Kane et al，2010），而国内则更多地针对特定的盆地进行模拟，为砂体预测和储层内部结构分析提供直接的指导（赖志云和周维，1994；马晋文等，2012）。本书也做了沉积水槽模拟实验，旨在探讨大型缓坡扇三角洲发育的地质因素和沉积动力学过程，查明扇体成因机制及扇体内部不同成因的沉积体之间的相互关系，为分析砂砾岩体的分布特征和成因模式、构建扇三角洲沉积模式、预测砂砾岩体的发育和内部结构提供参考，为油气勘探提供模式指导。

3.2.1 模拟目标与模拟方案

1. 模拟目标

本次模拟的目标在于弄清大型扇三角洲的叠覆机制。不同于传统的发育于盆地陡坡的坡度较陡、水体较深、体系较小的扇三角洲沉积体系，玛湖凹陷三叠系百口泉组的扇三角洲是一种坡度相对较缓、水体相对较浅、面积较大沉积体系。这种体系不像传统扇三角洲一样由近源的大量沉积直接推入深凹陷中而形成扇，而是由高山的沉积物经过较长距离的搬运后，进入到邻近的浅水湖盆而形成的一种扇体。该扇体也不同于一般的辫状河三角洲或辫状三角洲，因而在朵体中发育有大量的泥石流沉积，其沉积构成更趋向于扇三角洲的牵引流与重力流机制共同作用下的沉积特征。对该区的扇三角洲解剖表明，扇体一般延伸可达数十公里，面积达上千平方千米，如夏盐扇、克拉玛依扇、盐北扇、黄羊泉扇等的规模，这与传统的扇三角洲具有明显的差别。这种大规模的扇体是如何形成的，扇上的重力流（泥石流）是如何搬运的，扇内部的结构与传统的扇三角洲有何不同，应该采用哪种模式来描述和预测扇体的特征，这都成为目前摆在地质学家和勘探家面前的任务，也成为扩大勘探成果，实现勘探目标转换为产量的关键。

2. 模拟思路

模拟实验以验证为主，通过设计相应的实验，验证对沉积过程和机制的推测，从而构建起沉积模式。在实验前，针对本区的沉积体解剖的成果，获取沉积的基本参数，按照相关的参数，设计实验基本条件，包括地形、水位、沉积物构成、水量等参数，以最大限度逼近沉积原始条件，从而再现沉积的过程。通过沉积过程和沉积结果的对照分析，明确控制沉积的因素，为构建沉积模式提供理论指导。

3. 实验设备

模拟实验在长江大学"中石油湖盆沉积模拟实验装置"上完成（图3.19）。该实验装置长16m，宽6m，深0.8m，距地平面高2.2m，湖盆前部设进（出）水口1个，两侧各设进（出）水口2个，用于模拟复合沉积体系，尾部设出（进）水口1个。整个湖盆采用混凝土浇铸，以保证不渗不漏，并能够保证实验过程不受天气变化的影响并有利于采光。湖盆四周设环形水道。实验水槽主要由活动底板及控制系统、检测桥驱动定位系统、流速流量测量系统、实验过程视频采集与分析系统和计算机制图分析系统等构成。实验中针对不同的情况，可对实验过程进行个性化的设计和监测。

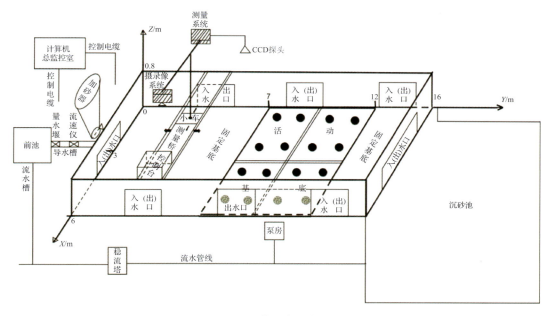

图 3.19 沉积模拟实验装置平面图

4. 实验方案

模拟中为了实现高能水流作用,对原进水装置进行了改造,将出水口由水槽提升到水槽之上约 90cm 的位置,同时设计了斜坡水道,将模拟水流由水道连接到沉积底形上(图 3.20)。同时为了实现高密度流体,在进水口设置了搅拌器,能形成具有较大沉积物含量的流体。

图 3.20 模拟实验底形形态

研究中针对主要沉积机制,在全面分析的基础上提取出主要的地质因素,进行概念化简化后再进行了实验方案的设计。

模拟实验主要解决大面积砂体的叠覆机制问题,基于本区的研究认识,前人认为湖平面、地形(坡度)、能量等成为大面积扇体形成的主要机制。本实验主要通过对坡折、湖平面、流量的控制,再现沉积过程。该区发育有 6 个大型扇三角洲体系,为更好的突出扇体的发育过程,研究中以单一扇三角洲朵体为对象进行模拟,而不是对整个湖盆沉积进行模拟。不同于前人针对盆地模拟的思路,本书旨在机制分析,而不进行盆地内沉积分布的整体预测,因而通过对各扇体的特征的分析,提取出不同扇体的共性特点,设置模拟条件进行模拟,而不是对多个扇体系进行统一的模拟,以突出单一因素的控制作用,更清晰地明确不同因素的控制作用。当然由于只考虑单个扇而不能模拟不同扇体间的相互作用,而且扇体条件与单一扇都有所不同,不能够根据模拟结果对单一扇体的具体展布进行预测。结合区沉积的地质特点,模拟条件设置如下。

（1）模拟底形。

设计 4 个坡度的分段底形,分别代表不同时期的沉积坡度特征。底形采用平板式底形,即在垂直于流向剖面上,没有地貌的变化,而顺流各剖面设置不同的地形坡度(图 3.20),不同的地形坡度特征如表 3.2 所示。

表 3.2　沉积模拟底形特征

斜坡位置	坡度/(°)	长度/m	宽度/m	对应起始沉积层位	对应高程/cm	起始位置/m
底　部	0	6	6	T_1b_1	8	$Y=9.5$
近底部	3	1	6	T_1b_1	13	$Y=8.5$
中　部	5	1	4	T_1b_2	21.7	$Y=7.5$
近通道	8	1	4	T_1b_3	35.7	$Y=6.5$
通　道	17	2.95	0.3	沉积物路过通道	82	$Y=4.6$

（2）水动力过程设计。

考虑沉积过程的特点,采用两个流量进行模拟实验,一是洪水期的重力流,二是平水期的牵引流。洪水期的重力流流量约为 2.3L/s(流速约为 1.86m/s),流体中混入大量的泥砂等沉积物,含量大约为 30%,主要由分选较差的砂级颗粒组成,含有少量的砾石和泥级成分,其中泥的含量小于 10%,砾含量不大于 5%。平水期流量较小,流量约为 0.8L/s(流速约为 1.0m/s)。砂洪水期一期放水总量为 195.5L,持续时间为 1′25″;平水期持续时间为 30′,放水量约 24L。平水期流水为清水,不加泥砂。洪水期提供所有的沉积物,而平水期则主要对洪水期所形成的沉积物进行改造(图 3.21)。

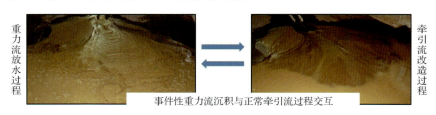

(a) 重力流机制下,主要发生沉积作用　　　(b) 牵引流作用下的改造过程

图 3.21　不同沉积机制下的沉积过程及其响应特点

（3）湖平面波动设计。

基于玛湖凹陷整体的沉积特征，设计了三期主要的湖平面波动。初期湖平面处于较低位置，大致对应于 T_1b_1 期的沉积，其后湖平面又有两次较明显的上升，分别对应于 T_1b_2 和 T_1b_3 沉积期的湖平面。模拟实验中针对此将湖平面总体设计为上升，其中在初期湖平面高程为 15.6cm，大致在位置 $Y=9.5$m，对应于第一期的沉积。其后上升到 24cm，湖岸线大致在 $Y=7.5$m，沉积第二期沉积物。最后湖平面上升到 27cm，湖岸线大致在 $Y=6.8$m，沉积第三期沉积物。

3.2.2　大型浅水扇三角洲模拟结果

1. 平面沉积形态特征

从整体上看，沉积大致可以分为两个区域，一是最靠近湖中心区域是泥质沉积，其厚度较小，明显小于朵体的沉积；二是近岸的朵体沉积区，明显看出其由三期朵体叠置而成。三期朵体叠置形成一个整体的退积样式，每期朵体外缘形成不规则的形态，不同部位其外部形态差别也较大，每一个突出的部位对应一个小型的朵体，而不同朵体之间的界限难于区分和确定，但从扇体表面上可较清晰地看到相应朵体形成时的沟道运输通（图 3.22）。

图 3.22　沉积模拟后沉积体平面展布特征
三期沉积明显可辨，逐步退积在沉积斜坡之上，注意中间一期的沉积体现为两个次级旋回

不同时期的扇表面形态不同。下部扇体表面相对起伏较大，而最上部的扇体的表面最为平整。最下部的沉积朵体表面被后期的泥质沉积所覆盖，形成一层稳定的泥质沉积，基本上覆盖了整个扇体的表面。第二期扇体表面泥岩发育较差，仅在部分区域有泥岩覆盖，大部分区域直接是砂质沉积。第三期朵体其表面基本上为砂质沉积，没有发现有泥岩的覆盖现象。

三期扇前缘都具有较大的沉积坡度，其坡度近于沉积休止角。前缘的坡面上看其沉积物主要是粗粒沉积，以砂、砾为主，其沉积明显较扇面上的沉积物总体粒度粗。由于坡度较陡，扇前缘的这一斜坡区分布范围非常窄小，可能表明其前缘相带相发育时相对较窄。不同朵体之间的朵间部位，由于没有砂砾岩的堆积，与朵体之间显示出较大的沉积厚度差异,这些部位可能后期会被其他的朵体所充填,也可能后期废弃后被泥质所充填,前者可能会形成不同时期朵体在侧向上相互叠置形成更大的复合朵体,后者则可能因泥岩的封堵而形成局部的渗透隔挡。

砾石分布变化较大,不同扇体有所差别。在扇体的前缘可清晰地看到砾岩相对较为集中分布,而在扇体的表面,砾石的分布变化较大。从其排列情况看,总体上具有平行于扇轴线、放射状分布的特点,特别是在最后一期扇体上和第二期扇面上更为明显。最下部的扇体上,扇面多被泥质所覆盖,因而砾石的分布形态不太清晰,但在其前缘部位较为清晰、集中,局部的负向地貌前端终止位置(槽道末端)也相对较为发育,而在扇面上分布零散,主要发育于正地貌单元之上,在负向地貌上也有零散发育。中部扇体的砾石较为发育,特别是其上部的次级扇体的左侧,基本上铺满整个扇表面,而且可清楚地看出其分布于扇中的槽道或河道的侧面部位,呈放射性垂直于扇面展布。上部扇由于扇面较为平坦,其砾石分布散于扇表面之上,呈"漂浮状";根部砾石相对较少,零星分布;而在靠扇的中部和前缘部位,砾石相对较多,呈放射状展布。

扇面上具有明显的河道的流线特征,但是河道的规模均较小,深度不大,宽度也不是很大。但相对于单个扇体来说,有的扇面上河道的宽度较大,其宽度可能达到扇体最终表面的三分之一以上。从河道体看,具有明显的分流体系的扇体较少,特别是下部的复合扇体中大部分单个扇体只发育单一河道。然而在上部的两个扇体中,则可看到较清楚的分流体系,如第二期扇复合体的左侧,发育有一大型的分流体系。而上部的扇体上,河道形态不是很清晰,但表面上的砾石看,应发育有由小规模的分流河道组成的分流体系。从朵体规模看,单一河道形成的朵体规模相对较小,而具有分流体系的扇体规模相对较大。

扇前局部可发育小型的次生浊积扇体。如在第三期扇体的中部,发育的两个浊积扇形态非常清晰。特别是左侧的扇体,尽管规模较小,但外部形态完整,清晰可辨,呈现出"鸭梨"形,根部较窄小,向外缘部位变宽,长/宽比约为3。其在中部右侧的浊积体,则由于后期水流的改造而破坏,形貌不是很完整(图3.22)。

2. 剖面沉积特征

由于不同时期采用不同颜色的砂体进行模拟,整个剖面上三期沉积界面清晰可辨。从垂直岸线的剖面形态上看,三期沉积依次上超于沉积底形上,形成了一套明显上超层序。每期内部由不同时期的朵体相互叠置而成复合朵体。第一期沉积是下部的黄色砂砾沉积,其沉积体发育相对较小,厚度相对较为均匀,其厚度中心在本套沉积的中部,最厚处达7cm。在沉积的中部位置,可见一层较薄的泥质段,将沉积的靠湖部分分为上下两部分,其中泥质层下部的沉积较上部的粗,但在泥质向岸尖灭的部位,上部粒度又呈现出明显的加粗的特征(图3.23)。

第二期沉积由两个次亚期构成,其中下部亚期所用的沉积物为颜色偏黑的沉积物,而上部则用的是颜色偏黄的砂砾质沉积物。相对第一期沉积,本期沉积的内部结构差异相对较小,特别是在其近岸部分,多表现出均质的特点,这或许是砂砾本身差别较小,抑或是沉积堆积较快的原因。在下部旋回的靠湖侧,可看出其具有多期叠置的内部结构但没有

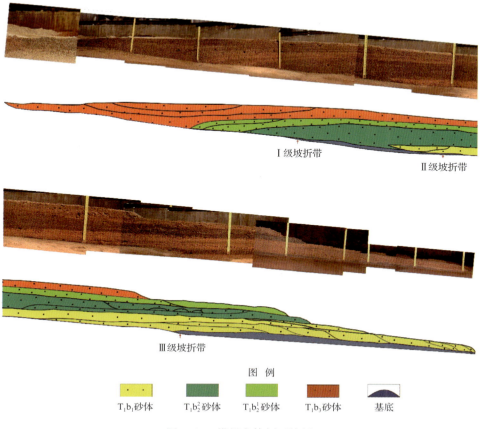

图 3.23　模拟扇体剖面特征

其中三期朵体的向岸退积过程，及其沉积部位和沉积中心的迁移

清晰的前积结构特征。在上部次旋回内部近湖方向，有明显的前积结构和层次结构特征，基本上体现为从岸向湖由层次结构转换为前积的特征，这种结构出现了两次，可能是湖平面下降时造成岸线迁移后沉积迁移的结果。而在更靠近岸的方向，上部次旋回内部更多的是体现现为层次结构，层间发育有暗色的稳定泥质隔层。内部可大致分为两期沉积，颜色相对较浅的沉积物尤其发育。

第三期沉积特征沉积也采用了暗色的砂、砾作为沉积物，整体上旋回内部结构较为模糊，基本上在近岸方向呈现出均一的结构，特别是其上超于基底的部分，而随着沉积体向湖方向延伸，则逐渐展现出层次状的结构特征，在其末端有约 30cm 宽的沉积呈现出进程结构（图 3.23）。

3.2.3　结果讨论

1. 关于大型扇三角洲朵体的内部结构

总体上的层状结构特征明显。这一结构在垂向上、平面上都有清晰的反映。在平面上表现为不同时期沉积终止部位的上超，体现了不同扇体的发育区间的差异，同时不同的扇体由于其前缘的终止部位与下扇体存在明显的厚度差异,因而能够清楚地区分不同时期扇体的发育区间和叠置区间。然而在复合扇体的内部,常形成砂砾连片,单一扇的边界难以确定,单个扇体难以区分,导致复合扇内部结构区分极为困难。而单个扇的内部结构,一般也有两种类型,一种是具有明显的分流体系的扇体,而另一种则是由单一河道形成的扇体。尽管两者都有发育,但发育的位置和条件不同。前者多发育于较高的湖平面位置,此时河道相对较浅,分流体系内各河道均有水流,将原沉积改造形成较大规模的扇体;而后者则发育于较低的湖平面位置,经过长期的河流的改造,原来的高水位期的分流体系中大多河道已被废弃,只有个别河道是活动河道,且活动河道相对较宽、较深,使得水流集中,仅在河道前缘形成朵体,此类朵体相对较小。

造成其这一结构的原因与其形成过程紧密相关。不同时期的复合扇体发育和叠置可能主要受控于湖平面的位置。当湖平面上升或下降时,总会使得沉积堆积的主体部位迁移,进而使沉积扇体的发育位置变迁,而连续的湖平面的波动,最终将形成具有不同分布区间的扇体在垂向上的相互叠置。而复合扇内部则由不同时期的洪水所形成的扇体构成,这些扇体本身由砂、砾、泥混合的重流机制所携带,不同时期其构成差别不是很大,因而其堆积的沉积物差别也较小,故而在扇面上尽管可看到不同时期扇体的发育,但其边界并不是很清楚。而在前缘,其堆积的主要是河流所改造后形成的较为纯净的砂、砾岩,不同扇体间的界限也难于识别。只有当扇上有明显的槽道废弃,被后期的重力流或其他沉积所充填,才能较好地区分不同期的沉积,但这区分的是垂向上的叠置,而非平面上的扇体边界。

平面上看到扇前缘和平原很难区分,而且不同扇体之间也难以区分,整个扇体似一均质的堆积体,这说明不同的扇之间在成分和构成上差异并不明显,因而试图通过相带分析或区分不同朵体进行扇的进一步解剖难度很大。然而值得注意的是,扇的不同部位其沉积类型存在差异,扇平原部位主要由重力流直接堆积而成,其重力槽道中后期的水流改造可形成局部的河流沉积;而扇缘部位最主要的是河道改造之后所形成的前积体,包括部分次生的重力流沉积,这部分沉积与平原沉积应有明显的差异,是可以区分的(图 3.22)。因而要进行扇内部结构的细分,可能还是要从重力流的分布角度考虑。

2. 关于大型扇三角洲的控制因素

现代层序地层学认为,控制沉积物的是可容空间与沉积物供给之间的相互关系(A/S),在 A/S 不同的情况下,可形成不同的沉积层序特征。随着 A/S 的增大,沉积物可容空间向岸迁移,形成向上变细的沉积层序;而在 A/S 减小的过程中,沉积可容空间减小造成沉积物的向湖推进,形成向上变粗或水体变浅的沉积层序。

实验中扇三角洲沉积场所主要有两个位置,一是处于扇体中部的重力流沉积和相关的漫流沉积,二是前缘部位经河道改造所形成的砂砾岩沉积。前者随着重力流能量的变化在扇表面的不同位置发生迁移、沉积,而后者则随河流堆积于河口部位。主要体现在以下几个方面。

（1）湖平面的位置大致决定了层序中扇前缘沉积的中心位置。

实验模拟表明，在沉积过程中，前缘位置沉积物的迁移决定了扇体的分布面积及向前推进的位置。尽管在平原上也有大量的沉积物的堆积，但其沉积的数量及其位置对前缘的沉积不产生直接影响。河流流经此部位时主要是改造其沉积物的内部构成，并将一部分的沉积物搬运到前缘堆积，而河道本身的沉积作用不占主导地位。由于前缘的位置受控于湖平面的波动，或处于湖平面附近，随着湖平面的波动，岸线发生迁移，从而导致沉积前缘发生迁移，造成了扇前缘沉积主体部位的变化。

当湖平面下降时，岸线向湖心迁移，在原来的前缘部位，由于可容空间的大量减少，沉积物难以堆积或快速堆满剩余可容空间，沉积物不断向湖方向迁移，使扇体前移形成新的扇体，造成整个扇复合体的前移，不断向湖方向下超。同时湖平面的下降，使河流的下切作用增强，河道变深、变窄，可能会对洪水期重力流的搬运产生一定的影响（图 3.24）。

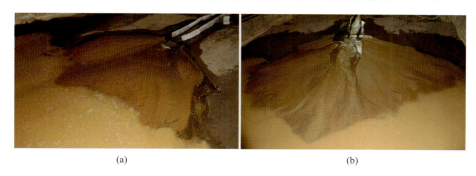

(a)　　　　　　　　　　　　　　　(b)

图 3.24　湖平面下降时的大型扇三角洲沉积响应特征

当湖平面上升时，岸线向岸方向迁移，在原来不具有可容空间的部位产生新的可容空间，沉积物得以在更靠近物源的方向堆积，从而造成沉积的退积。从水动力学上看，由于湖平面的上涨，导致入湖岸线的后退，水流进入湖泊的位置后退，而在后退之后岸线部位，湖泊水体的顶托使前缘部位沉积物直接在入湖部位沉积下来，而不是顺着原定的河道向前进一步推进，从而使沉积的中心向岸迁移（图 3.25）。

(a)　　　　　　　　　　　　　　　(b)

图 3.25　湖平面上升时的大型扇三角洲沉积响应特征

当湖平面相对稳定时，岸线基本保持不变，总体可容空间的变化受控于沉积物的堆积。在原来的扇前缘部位沉积物堆积后，原来的可容空间消失，造成沉积物的堆积向湖方向缓慢迁移。在扇体向湖延伸较远时，扇体突出于湖底之上，在扇体周边会形成更大的可容空间和更有利于沉积物堆积的条件，当洪水或水流增大时可能会冲决原来的河道或扇的边缘而在原扇体边缘发育新的扇体。同时在扇体的近物源方向，由于长期的流水改造和上部沉积物的填充，也可能会因沉积物的堆积而导致河道的淤塞改道，使原扇体停止发育，在远离前期扇体的岸线其他部位形成新的扇体，使整个扇体横向扩展（图3.26）。

(a)   (b)

图3.26 湖平面相对稳定时大型扇三角洲沉积响应特征

玛湖凹陷扇三角洲的发育与湖平面的波动有明显的关系。研究表明，从百一段到百三段，湖平面发生了两次阶段性的上升，使得湖岸线明显后退，而在岸线后退后，沉积物随之呈现出一种退积的样式。模拟实验中设置了两次大的湖进过程，从百一段到百二段，湖平面高程上升，从而使沉积扇体的前缘后退了0.7m；从百二段到百三段，湖平面从0.24m上升到0.27m，沉积物的前缘后退了0.5m。正是这种阶段性的湖平面波动，造成不同时期的朵体相互叠置，形成目前的朵体分布样式（图3.27）

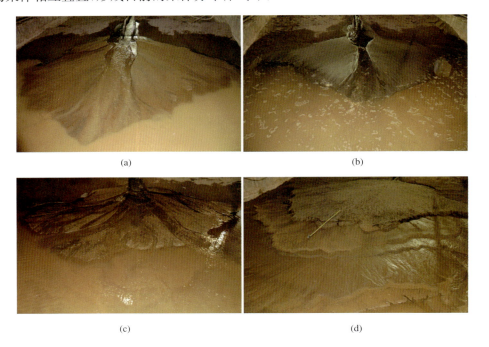

(a)   (b)
(c)   (d)

图　例
①Time1-朵体
②Time2-朵体
③Time3-朵体

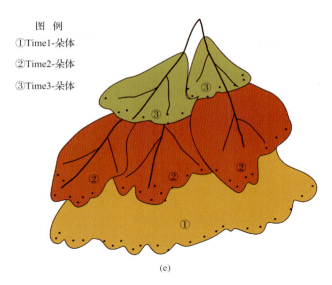

(e)

图 3.27　湖平面阶段上升使得朵体错位叠置,形成大面积的扇体系的发育
(a)、(b)、(c)、(d)表示湖平面逐渐上升,平原面积逐渐减小,河流带来的沉积物可在较大范围内沉积,
三角洲退积,期次性明显

(2) 坡度或沉积物的能量是控制沉积物发育的另一个重要因素。

随着沉积能量的增大,沉积物具有更大的动能,可被搬运到更远的位置,从而有效扩大沉积体的分布范围。实验中,通过模拟中设置不同的沉积物源高程,观察沉积物的堆积具有明显的差别。当供源的高程较小时,携带沉积物的重力流能量较小,沉积物一出谷口便堆积下来,形成近源的重力流沉积。随着供源位置的提升,水流的初始能量增大,洪水流速增大,重力流堆积的部位向湖方向有明显的推进,其沉积重心也向湖方向迁移。同时随着水流能量的增大,重力流的前部在沉积前也有一定的侵蚀能力,对原始的沟槽有一定的改造作用,这使重力流沉积体的体积更庞大,造成重力流的分布更广泛。同时值得注意的是,随着供源高程的增大,平水期河流的侵蚀能力也加强,这使原来的重力流槽道更深、更局限,使得重力流在搬运过程中不易越出槽道而堆积,从而使得重力流的搬运更远(图 3.28)。

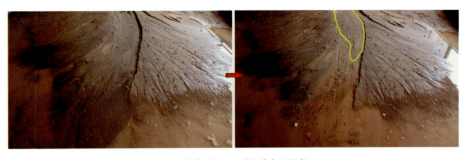

(a) 初始高程0.65m时的重力流堆积

(b) 初始高程0.94m时的重力流的堆积

图 3.28　不同初始高程下重力流堆积的差异

模拟中发现当供源的水流初始高程较低时,重力流往往易于越出槽道,在整个扇面上或围绕槽道形成扇形的重力流沉积,而当其供源初始高程较大时,重力流堆积多局限在河槽内部,形成受限的长条形的重力流沉积。沉积结果直接影响扇体内部不同部位的结构特点及其储层物性,对成藏和开发都有影响(表 3.3)。

表 3.3　不同的初始高程下重力流分布差异

初始高程	河道宽度 D/cm	X/cm	Y/cm	Z/cm	H/cm
$H_2=94.5$cm,$Q=$1355.75cm³/s,浓度＝20.3%(3桶泥＋8桶砂),水深$h=7.1$cm	28	3.1	8	12.5	14.5
	31	3.1	8.5	14	16.2
	40	3.1	9	14.5	16.1
	47	3.2	9.5	15.5	16.1
	60	3.3	10	11.6	11.7
	93	3.5	10.5	10.7	10.8
	130	3.6	11	9.5	9.7
$H_1=65$cm,$Q=$1355.75cm³/s,浓度＝20.3%(3桶泥＋8桶砂),水深$h=7.1$cm	42	3.1	8	11.9	17.8
	40	3.1	8.5	13.8	17.6
	50	3.1	9	14.5	16.4
	67	3.1	9.5	11.5	11.6
	76	3.3	10	11.5	11.3
	97	3.5	10.5	10.5	10.2
	140	3.8	11	10.5	10.2

注:X、Y、Z 为测量位置;H 为新增厚度。

同时在模拟过程中也发现,当流体以很大的速度从陡坡冲下到达坡折部位时,常会出现一种倒卷的现象,即水流直接冲蚀前期地层,形成明显的冲坑,同时由于流体下冲造成的前期地层形成一个明显的向前突出的陡坎。在陡坎部位,水流受其影响而产生回旋,使沉积物在此部位大量堆积(图 3.29)。这种现象还不曾被报道,其形成机制或许类似于河床中的逆向砂丘,但不同的是由于整体流量较大,可能在水流中只有部分砂、砾受回旋作用沉积在冲坑之前,而大量的沉积物则超过冲坑堆积于陡坎之后。而且由于陡坎消耗了大量的能量,使得其搬运距离大大减小,不能形成更远的重力流堆积。实验中没有进一步观察不同的坡度和坡度差异对造成这种水流回旋的影响,但观察到随着水流能量的增大,这种回旋作用更为明显。这种回旋作用是否也预示着高山陡坡扇平原的根部可能一直是重力流堆积的优选部位尚未可知。

图 3.29　水流的回旋作用及回旋作用下的重力流堆积

　　沉积物可被搬运到湖岸线附近堆积,甚至可以在湖水中向前推进一段距离后而堆积。同时,不同的能量下重力槽道的发育并不相同。在高能下重力槽道可进一步改造,在远端形成重力流沉积,而在低能情况下,重力沟道很快被堵塞,造成沉积物的就近堆积。

　　玛湖凹陷三叠纪时,西部隆升强烈,造成高山地貌,沉积物从高山顶上向下搬运,数百米的高程造成了巨大的势能,从而形成了沉积的巨大能量。这使沉积物有可能被推进到较远的部位。从已解剖的情况看重力流不仅在扇三角洲平原发育,而且在前缘部位也有发育,这主要与沉积时的重大高程差有关。模拟实验中随着高程的变化,槽道中的沉积的变化非常明显。

　　(3)坡折对沉积物堆积重心有较明显的影响。

　　坡折对沉积物重心的影响体现在不同的坡折部位形成了不同的可容空间或可容空间的变化。从实验来看,在不同的坡折部位,其沉积的特征有所变化(图 3.22),但是变化并不是很明显。实验中设计了三个坡折,即百一段沉积中的坡折、百二段中的坡折和由高山下来到盆地的坡折。在最下部的坡折部位前后沉积物并没有明显的变化,这或许与坡折上下底开的角度差别较小有关。而在上面的另外两个坡折部位,沉积物产生较明显的沉积中心,这可能与坡折有关,也可能无关。同时下部坡折前后沉积物的堆积形态没有明显的变化,而在上部的坡折后面沉积物出现了下部层序加厚的现象,这可能是坡折造成的结果,也可能是由于沉积时湖岸线变化造成的结果。从整个沉积上看,无论是在坡折部位或其附近,或是斜坡上,其沉积的总体厚度变化不明显,也没有明显沉积特征的差异。这或许是本实验中所设计的坡折带过于窄小,不同坡折带之间的差异不足以表现出来的原因。

　　在不同的坡降部位观察到底形的保存情况有所差异,这可能预示着不同地区的坡降对沉积物的堆积有所影响。在湖区的坡度极小的地区,沉积底形上的松散沉积物得以保留,说明在此部位流体的侵蚀作用较弱。而从其沉积结构看,此处的沉积前积结构清晰,主要是前缘的堆积,沉积体呈现出明显的进积特征。而在第二个坡折部位,也有明显的底形保留的情况,说明在此处流体的剥蚀能力也较弱。相对应地在其他部位,沉积体中并没有明显的底形保留下来,说明其已被流体冲蚀改造。从下部的第一旋回特征看,剥蚀部位前后沉积体的内部结构特征差别明显,在底形未被保留区,沉积体体现出一种较清晰的层状结构,而在保留区基本上是一种前积结构,这种结构的差异表明沉积方式产生了变化,这也是可容空间变化的一种表现。在近岸方向的层状结构中,可能主要以重力流的堆积为主,也可能是重力流之后被流水改造而成的河流相沉积。这一地区重力流或河流作用过程中,由于可容空间相对较小,对原来的底形产生了明显的侵蚀作用。而在保留较好底形的近湖部位,是可容空间快速增加区,充足的可容空间使沉积物现能够快速堆积,随着堆积的进一步发展,可容空间向湖迁移,造成沉积物的不断前积。

深入考察此转换点,不难发现在坡折点向陆方向,其与下伏的基底呈现出侵蚀作用。将这一坡折转换位置与沉积时的湖平面对比,可以看出在此处岸线大致与其前积的位置相一致,其岸线上、下的沉积不同。而在更近湖岸的第二个底形保留区,发现其沉积近岸线的沉积直接叠覆在底形上,而不仅仅是如第一旋回中的前积沉积叠覆在底形上,说明此处尽管是水流的冲蚀区,但也有充足的空间保存沉积物,说明坡折在沉积物的堆积中还是具有重要作用的。事实上通过对其结构的考察发现,在坡折部位常常出现一种局部的高地,从而造成坡折部位为后期沉积发育提供了很好的可容空间。如在第二旋回第一期的沉积时,在第二坡折部位(图3.22)靠湖方向沉积,形成一个正向地貌,在其前形成一种低地,而此期后续的沉积则在坡折部位处形成了较厚的堆积。同样此期的堆积,在所形成的正地貌在其近岸侧形成负地形,使第二旋回的第二期沉积形成较厚沉积,而这种堆积可能是后期第三层沉积厚度集中的原因。当然这种坡折造成的局部正地形及其近岸方向的负地形,是由于坡折本身所形成还是与湖岸线具有一定的关系,还需要进一步的考察,但后期沉积重力处于前期更近湖堆积所造成的正向地貌和负向地貌组合,则是实验中一种常见现象。

玛湖凹陷的几个重要的扇体都有多级坡折,在实际扇体的解剖中,也观察不同扇体的沉积受坡折的影响,主要是不同坡折部位形成了不同的扇体堆积中心,从而形成了面积更为广阔的扇体,这与我们观察到的坡折前后的沉现现象和地貌相一致。

(4)重力流构成对沉积的影响。

沉积物构成对沉积物堆积具有重要影响。实验中固定起始高程(0.65m)、流量(1355.75cm³/s)和湖平面(水深7.1cm),改变泥沙配比浓度时,不同沉积物浓度(设置43.10%、23.28%、14.24%和5.17% 4个浓度)下沉积物搬运距离明显不同。当浓度最大时,搬运距离约2.1m。沉积物体现为沟槽内快速堆积,阻塞河道,形成近源沉积,而且沉积物分选较差,显粗细混合堆积特征。随着浓度减小,沉积物搬运距离增加,当沉积物浓度降至5.17%时,搬运距离达到3.6m,由于所携带沉积物较少,沉积物堆积可持续到平原的前端(图3.30)。

(a)　　　　　　　　　　　　　(b)

图 3.30　不同流量下沉积物的搬运和堆积

3.3　扇三角洲沉积微相-岩相模式

　　扇三角洲沉积环境由于含有丰富的生油母岩、有孔隙发育的储层、良好的地层及构造圈闭条件,成为油气储集的重要场所,这已为大量的勘探开发实践所证实。准噶尔盆地西北缘玛湖凹陷三叠纪沉积期是以湖泊为沉积中心的陆相沉积盆地,陆相湖盆往往四面环山,多条河流水系从四周山区汇向盆地沉降中心,多物源、多沉积体系、相带呈环带状展布是湖盆沉积的一个基本特征。由于受古构造、古水系、物源等地质条件的控制,周期性的湖侵使垂向沉积的各个三角洲单元(研究区以砂砾岩为主)之间直接沉积了湖相泥岩,构成砂砾岩很发育的粗碎屑岩与湖相泥岩的间互层(湖相泥岩往往成为烃源岩、区域或局部盖层)。在凹陷的不同部位,其沉积特征和储集性能均具明显差异。本书从骨架相构成、层理类型、垂向层系、沉积层序、内部相带发育状况及岩相模式和测井曲线规律等方面阐述了玛湖凹陷三叠纪沉积期扇三角洲的沉积特征,通过对扇三角洲沉积微相(岩性相)特征及划分方案的研究,建立了研究区扇三角洲沉积微相-岩相模式。该模式不仅对研究区复杂多变的扇三角洲沉积微相的划分具有较好的指导作用,并为精细刻画玛湖凹陷扇三角洲各沉积微相岩性特征及空间展布提供了依据,也为玛湖凹陷百口泉组有利砂砾岩储层分布的准确预测奠定了基础。

3.3.1　沉积机制及粒度特征

　　玛湖凹陷斜坡区三叠系百口泉组中砾岩和砂砾岩非常发育,岩心观察表明在砾岩中见常见砾石定向排列,且具有一定的分选性和磨圆度,体现了牵引流搬运作用。同时,也可见到部分砾岩中砾石分选很差,呈多级颗粒支撑,并含有较多的泥质杂基,反映了重力流的搬运过程。说明百口泉组砾岩具有牵引流与重力流的共同成因的特点。定向排列的砾石多出现于扇三角洲平原辫状水道与扇三角洲前缘辫状分支水道中,而分选差、杂基含量高、多级砾石杂乱堆积(支撑)的砾岩多发于扇三角洲平原碎屑水道沉积。

　　通过对研究区百口泉组碎屑岩平均粒度与孔隙度关系分析表明,细粒岩和中粗粒砂岩的平均孔隙度明显好于中粗砾岩和细砂岩(图 3.31),可见碎屑岩沉积时的水动力状况对沉积物的粒度和原始孔隙度具有很大的影响,碎屑岩的粒度是反映水动力状况和沉积环境的标尺,也是细致划分沉积相的基础。由于碎屑岩的平均粒径是由其沉积时的水动力强度决定的,而标准偏差则反映了碎屑岩沉积时水动力条件的稳定性,因此通过对碎屑岩平均粒径(Φ)×标准偏差(σ)与其孔隙度关系的分析,可确定出砂砾岩搬运机制。通过对玛北地区百口泉组碎屑岩平均粒径(Φ)×标准偏差(σ)与其孔隙度关系的分析,可确定出该区碎屑岩沉积期发育了牵引流和重力流双重搬运机制(图 3.32)。

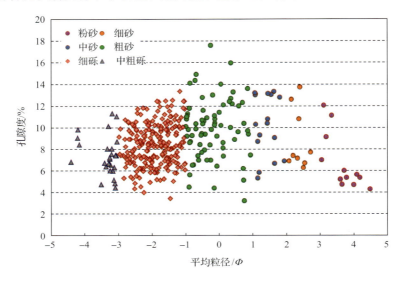

图 3.31　玛北地区百口泉组砂砾岩平均粒径与孔隙度关系

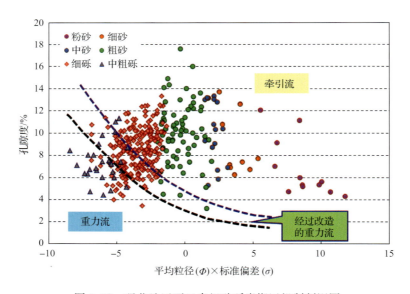

图 3.32　玛北地区百口泉组砂砾岩搬运机制判识图

　　玛北地区百口泉组主要存在 3 种类型的粒度概率累积曲线:①一段式[图 3.33(a)]:说明岩石粒级分布广,斜率小,分选差,截点不明显,属典型的强水动力条件下重力流的沉积;②三段式[图 3.33(b)和图 3.33(c)]:曲线具有跳跃、滚动和悬浮三段式,分选性中等,具有牵引流的典型特征,为扇三角洲平原辫状河道和扇三角洲前缘分流河道和远砂坝等的河道沉积,水动力持续稳定;③二段式[图 3.33(d)和图 3.33(e)和图 3.33(f)]:具明显的河道沉积特点,以跳跃总体为主,含量为 50%~70%,粒度分布范围在 0.5Φ~4Φ,斜率为 60°~65°,分选中等,跳跃和悬浮总体的截点变化较大,悬浮总体含量较少,有时可高达约 30%,沉积物在牵引流作用下主要以跳跃的方式搬运,反映了较强和中等水动力条件下的河道沉积。

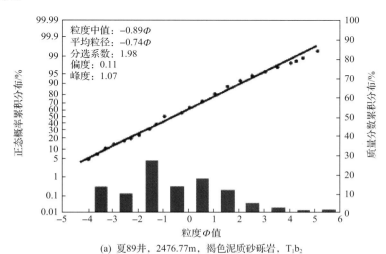

(a) 夏89井,2476.77m,褐色泥质砂砾岩,T_1b_2

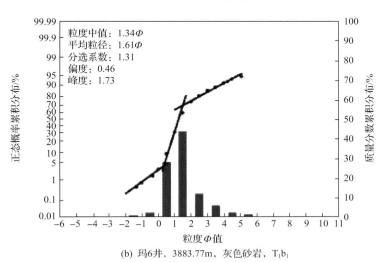

(b) 玛6井,3883.77m,灰色砂岩,T_1b_1

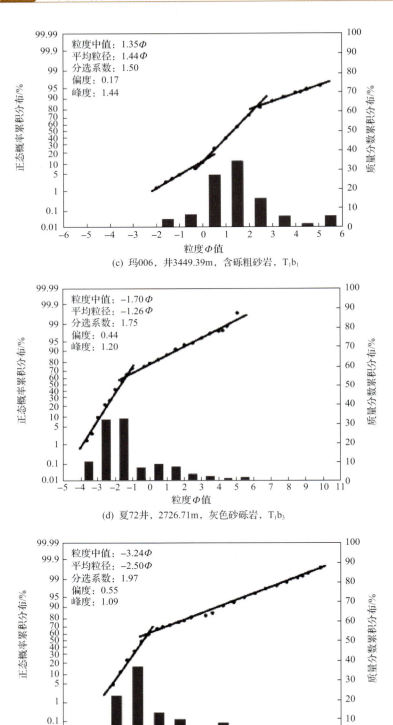

(c) 玛006，井3449.39m，含砾粗砂岩，T_1b_1

(d) 夏72井，2726.71m，灰色砂砾岩，T_1b_3

(e) 玛131井，3190.46m，灰色砂砾岩，T_1b_1

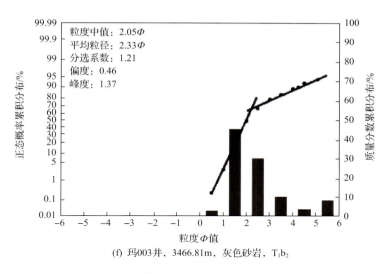

(f) 玛003井，3466.81m，灰色砂岩，T_1b_2

图 3.33　玛北地区百口泉组扇三角洲沉积物粒度概率累积曲线特征

　　玛北地区百口泉组发育牵引流和重力流成因的砾岩或砂砾岩沉积。其中牵引流沉积的特征是：砂砾岩中发育大型交错层理、板状层理、波状层理、平行层理及底冲刷面等沉积构造；大部分砂砾岩泥质含量、粒度、分选及孔喉结构具有典型牵引流河道砂体特征。研究区沉积期古地形较平缓，水系分布广泛，发育多级坡折，虽然古气候较为干旱，但具备大规模牵引流发育的条件。重力流发育的特征为：岩心中可见大小不等砾石的混杂堆积、分选和磨圆差、泥质含量高的厚层块状的砂砾岩，砂砾岩和砾岩常呈基底式胶结；由于受古坡折的影响，雨季或洪水期，干旱期风化剥蚀的大量的碎屑物随着水流快速混杂堆积，甚至出现巨大的砾石漂浮于砂级颗粒和基质中，为典型的重力流沉积特点。

3.3.2　沉积微相和岩性相的划分

　　前人认为，岩性相通常是指特定的水动力条件或能量下形成的岩石单元（于兴河等，1997），是砂体最基本的构成单元，由特定的结构、构造所限定的岩石单位，具有特定的成因意义（辛仁臣等，1997）。并依据岩性、颜色、粒度、沉积构造特征等划分了岩性相，如块状砾岩相、洪水层理砂砾岩相系列（于兴河等，1997），块状层理砂砾岩相、槽状交错层理含砾砂岩相系列（辛仁臣等，1997），混杂堆积砾岩相（见漂砾）、不明显平行层理砾岩相（单新等，2014），块状砂砾岩相、槽状交错层理细砾岩-中粗砂岩相（印森林等，2014）等。玛湖凹陷三叠系百口泉组主要发育扇三角洲沉积，包括扇三角洲平原亚相（简称平原亚相）、扇三角洲前缘亚相（简称前缘亚相）、前扇三角洲亚相。其中，平原亚相主要发育辫状河道、辫状河道间沉积微相；前缘亚相主要发育水下分流河道、水下分流河道间、河口坝-远砂坝等沉积微相（邹妞妞等，2015b；张顺存等，2015c）；在平原和前缘的局部地区发育泥石流沉积（玛北地区扇三角洲是突发性洪流与常态水流交替作用的结果，洪水期以重力流或泥石流沉积为主，稳定期以牵引流沉积为主，故具有泥石流沉积、辫状河道充填和水下分流河道沉积等多种成因类型的岩性相）。在同一种沉积微相中，往往发育不同的岩石类型。因此本书在岩性相的划分中,主要强调了岩性和沉积微相之间的配置关系,同时考虑了沉积物的粒度、颜色、沉积构造、沉积微相、沉积物经历的成岩作用等特征,将研究区三叠系百口泉组各类岩性划分为 11 种岩性相,并将主要岩性相的特征进行了总结,它们发育于研究区主要的 3 种沉积亚相中。其中平原亚相发育 3 种岩性相:水上泥石流砾岩相、辫状河道砂砾岩相、平原河道间砂泥岩相;前缘亚相发育 6 种岩性相:水下主河道砾岩相、水下河道砂砾岩相、水下河道间砂泥岩相、水下泥石流砂砾岩相、水下河道末端砂岩相、河口坝-远砂坝砂岩相;前扇三角洲亚相发育 2 种岩性相:前扇三角洲粉砂岩相、前扇三角洲泥岩相(邹妞妞等,2015b;张顺存等,2015c)。

1)扇三角洲平原水上泥石流砾岩相

扇三角洲平原水上泥石流砾岩相(图 3.34)是扇三角洲的水上部分,其结构和构造具有冲积扇的沉积特征,有洪水期重力流和泥石流的沉积特征。其最重要的标志是共生的砾岩、砂砾岩及泥岩多为氧化色(如褐色、棕色及杂色)。该相发育冲刷充填构造、高角度斜层理及砾岩呈楔状的厚层块状构造。(砂)砾岩在垂向上以块状韵律层叠置为特征,底部见冲刷构造。平原水上泥石流砾岩相的粒度较粗,沉积物无规律排列、分选性差,粒度概率曲线为悬浮一段式,具有密度流沉积性质,反映了动荡环境中能量不稳定的重力流特点。岩石杂基含量高,电性特征曲线特征为高幅箱型,也反映当时的沉积能量较高。从压汞曲线可知,排驱压力较高,孔喉半径很小,退汞压力较差。孔渗相对较好,这说明泥石流沉积具有大小混杂,快速沉积,砾石的磨圆分选不一,具备发育成储集岩的条件(图 3.34,图中岩相模式列的曲线代表 RT 曲线模式,下文同)。

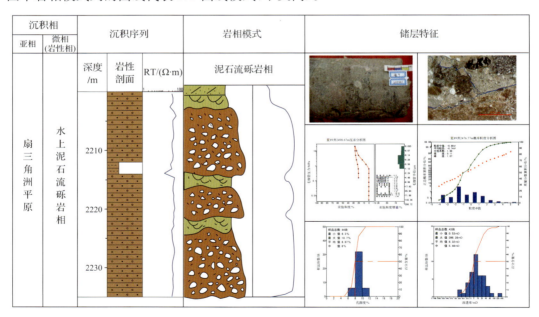

图 3.34　扇三角洲平原水上泥石流砾岩相沉积特征

2)扇三角洲平原辫状河道砂砾岩相

扇三角洲平原辫状河道砂砾岩相(图 3.35)主要由褐色、杂色砂砾岩、砂质砾岩和砾状砂岩所构成。砾石成分复杂,大小不等,杂乱分布,呈次圆状-次棱角,分选差。砾岩多为碎屑支撑,砾石间多为混合杂基充填,发育透镜状砂体斜层理、槽状交错层理、块状构造、递变层理及高角度斜层理。此外,辫状河道砂砾岩中发育冲刷面,反映洪水的频繁冲刷和充填过程。在水体能量最强处,细杂基被冲刷掉,往往形成同级颗粒支撑的砾岩。在测井曲线上表现为正旋回特征,单个旋回为齿化或弱齿化的箱形,曲线组合形态为多个箱形的垂向叠加。其粒度分布表现为粒级分布广、斜率小、截点不明显等特征,粒度概率曲线主要为斜率较小的二段式。压汞曲线可以看出该相属于中细孔细喉,退汞效率相对较好,孔喉半径部分大于 $4\mu m$。孔隙度和渗透率较高,可见扇三角洲平原辫状河道砂砾岩具备良好的储集性能,可成为研究区较为有利的储集岩相。

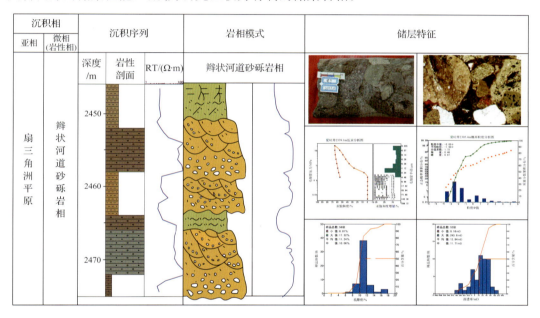

图 3.35　扇三角洲平原辫状河道砂砾岩相沉积特征

3) 扇三角洲平原河道间砂泥岩相

扇三角洲平原河道间砂泥岩相(图 3.36)是洪水溢出辫状河道后在河道侧缘沉积而成。岩性主要为褐色、棕褐色、杂色泥岩夹泥质粉砂岩及粉砂岩,夹层的砂砾质沉积多是洪水季节河床漫溢沉积的结果,常为黏土夹层或薄透镜状。此套沉积在垂向上和平面上夹于辫状河道之间,杂基含量多,分选中等,平行层理、层系多呈透镜状和楔状;其粒度曲线为不典型的两段式,粒度截点较低,反应粒度较细。在测井曲线响应上表现为较薄层的低幅齿化箱型,反应水流冲刷弱,水动力条件不强,沉积物以细粒为主。压汞曲线退汞效率极差,孔喉属于微孔,孔渗条件也较差,几乎不具备储集性能。

4) 扇三角洲前缘水下主河道砾岩相

扇三角洲前缘水下主河道砾岩相(图 3.37)是扇三角洲的水下部分,该亚相是扇三角洲沉积的主体,也是砂体最发育部位,处于水下,分布范围最大。沉积物主要为灰绿、杂色砾岩、砂砾岩和粗砂岩,分选较差、磨圆较好,呈次圆状-次棱角,以颗粒支撑为主,厚层状砂砾岩体中可见大型槽状交错层、斜层理。其电阻曲线主要为齿状钟形＋箱形的复合型。粒度概率曲线具有典型的牵引流沉积特征，为典型的两段式，分选系数为 1.75,可见分选较差。从压汞曲线可看出退汞效率较好,属于中孔细喉,孔隙度较好,渗透率变化较大,说明该岩相储层空间变化较大,非均质性较强。

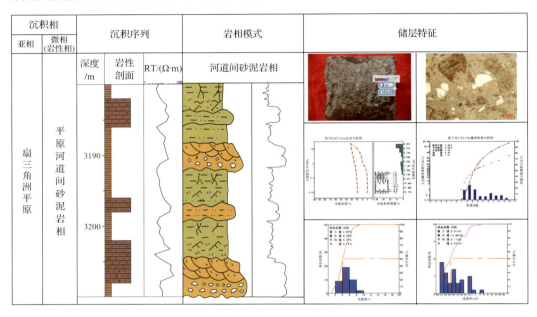

图 3.36　扇三角洲平原河道间砂泥岩相沉积特征

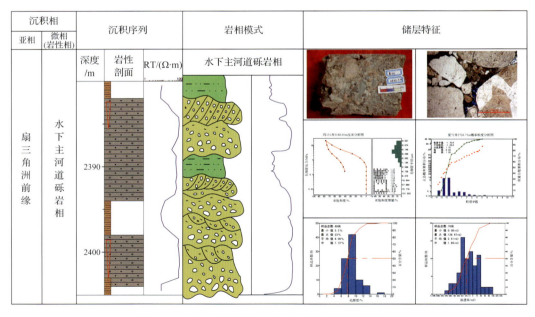

图 3.37　扇三角洲前缘水下主河道砾岩相沉积特征

5）扇三角洲前缘水下河道砂砾岩相

　　扇三角洲前缘水下河道砂砾岩相（图 3.38）随着平原亚相辫状河道向湖推进，河道变宽变浅，分叉增多，形成水下分流河道，并随着水流能量的减弱常发生淤塞而改道，故该相沉积物中纵横向不均一性强，分选不好。沉积物主要为灰色、灰绿色砾状砂岩、含砾砂岩和砂岩，砾岩量少，以颗粒支撑为主，磨圆较好，中层砂砾岩发育大型槽状交错层理，局部见砾石定向排列及小型冲刷面和滞留砾石、泥砾。其粒度概率曲线为典型的两段式，具明显的河道沉积特点，且斜率较低，反映分选不好。其电阻曲线主要为高幅齿状钟形，也可因水道退缩成钟形叠在箱形之上的复合型。从压汞曲线和孔渗直方图可以看出扇三角洲前缘水下河道砂砾岩相是优质的储集岩相，退汞效率高，孔喉半径均值较高，孔隙度和渗透率都达到良好的储层级别。

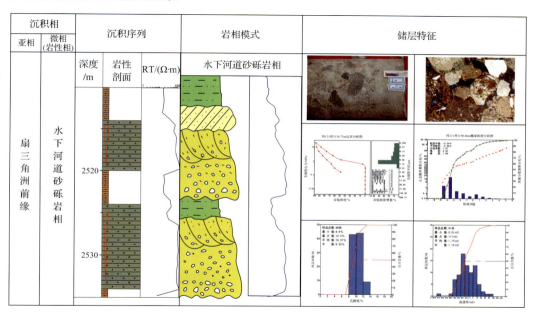

图 3.38　扇三角洲前缘水下河道砂砾岩相沉积特征

6）扇三角洲前缘水下河道间砂泥岩相

　　扇三角洲前缘水下河道间砂泥岩相（图 3.39）由于河道间缺乏稳定的泥岩沉积，主要是灰绿色至灰色块状或具水平层理的砂质、粉砂质泥岩夹薄层或透镜状砂岩。在垂向相序上介于水下分流河道之间，由于水下分流河道的冲刷力强，改道频繁，一旦发生改道，这些沉积物被冲刷变薄，甚至全部被冲刷掉。其粒度概率曲线为悬浮一段式，粒度中值为3.63Φ，分选系数为 2.65，说明分选较好。电阻率曲线多为齿状、指状或齿化指状。从压汞曲线和孔渗条件看，扇三角洲前缘水下河道间砂泥岩相不具备储集性能，物性条件极差。

7）扇三角洲前缘水下泥石流砂砾岩相

　　扇三角洲前缘水下泥石流砂砾岩相（图 3.40）主要由灰色、灰绿色的砾岩、砂砾岩、砂岩、泥岩混合沉积，中层-厚层粒序层理颗粒支撑，杂基含量高，分选相对较差，磨圆中等，粒度概率曲线为宽缓上供式，曲线呈略向上凸的弧形，跳跃总体和悬浮总体缓慢过渡而无明显转折点,颗粒全在悬浮体中,粒度区间为$-5\Phi \sim 5\Phi$,变化范围大,物质混杂,水体密度大,有明显重力流的特征。测井曲线为中幅箱形+钟形的复合型。从压汞曲线可知,孔喉半径相对较小,退汞效率较差。孔渗相对较好,这说明水下泥石流砂砾岩沉积物具有一定的储集性能,在油气勘探中可作为增储的选择。

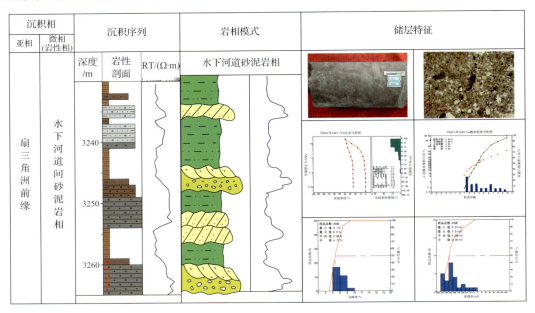

图 3.39 扇三角洲前缘水下河道间砂泥岩相沉积特征

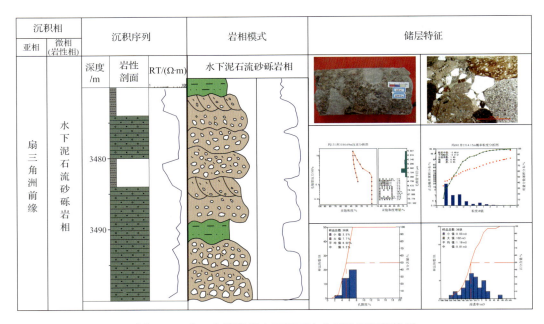

图 3.40 扇三角洲前缘水下泥石流砂砾岩相沉积特征

8）扇三角洲前缘水下河道末端砂岩相

扇三角洲前缘水下河道末端砂岩相（图3.41）是扇三角洲水下分流河道末端的细粒沉积，主要由灰色中粗砂岩组成，其中也常夹有含砾砂岩，中层砂岩中见小型槽状和板状层理，分选性好，磨圆度较好，具正韵律。测井曲线为中幅钟形＋指状。粒度概率曲线为一跳一悬加过渡式，反映了平水期水流进入湖盆后能量降低的水动力特征。压汞曲线排驱压力较低，退汞效率较好。孔渗条件较好，说明河道末端砂经过了稳定的水动力条件冲刷，沉积物经过充分的淘洗，杂基含量低，是良好的储集岩。

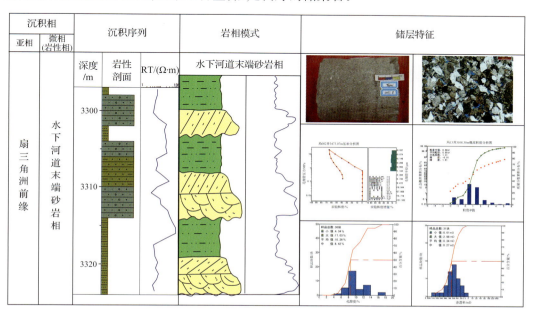

图3.41 扇三角洲前缘水下河道末端砂岩相沉积特征

9）扇三角洲前缘河口坝-远砂坝砂岩相

扇三角洲前缘河口坝-远砂坝砂岩相（图3.42）是水下分流河道向盆地方向的延伸。沉积物粒度变细，由油浸中细砂岩、粉砂岩或含油斑的含砾细砂岩组成；岩心可见清晰的交错层理和板状层理，冲刷面少见，上部常见波状交错层理和波状层理。岩石杂基含量低，分选性好、磨圆度较好，在岩性剖面及电性上均表现为由下向上变粗的反韵律旋回。粒度概率曲线为典型的三段式，斜率较高，说明分选好，具有明显的牵引流特征。电阻率曲线为中幅齿化的漏斗型，反映河道冲刷作用减弱。压汞曲线可以看出属于中孔中喉，退汞效率高，平均孔喉半径较大。孔隙度和渗透率达到优质储层级别，是该区较为有利的储集岩相，并且由于研究区三叠纪沉积期西北缘为退积的沉积序列，波浪作用较弱，因此该砂体在研究区较为发育，是勘探的目的储集岩相。

10）前扇三角洲粉砂岩相

前扇三角洲粉砂岩相（图3.43）位于扇三角洲前缘亚相的前方。它是扇三角洲体系中分布最广、沉积最厚的地区。前扇三角洲沉积主要为泥岩和粉砂质泥岩，颜色较深。沉积物中的沉积构造不发育，见沙纹层理和水平层理。粉砂岩的磨圆和分选都较好，粒度概率曲线为典型的两段式,且跳跃成分斜率较高,说明分选较好,持续稳定的水动力条件。其电阻率测井曲线为中幅齿化指状。压汞曲线中可看出孔喉较差,排驱压力很高,退汞效率差,孔渗条件也较差,很难成为储集岩。若扇三角洲前缘沉积速度快,可形成滑塌成因的浊积砂砾岩体包裹在前扇三角洲或深水盆地泥质沉积中。

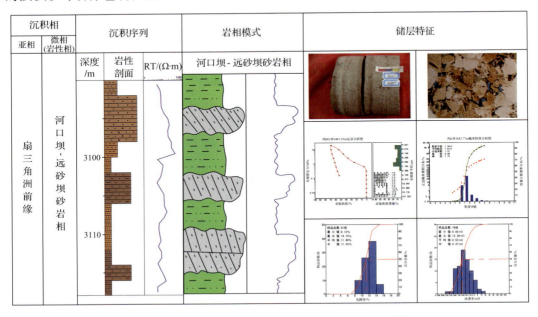

图 3.42　扇三角洲前缘河口坝-远砂坝砂岩相沉积特征

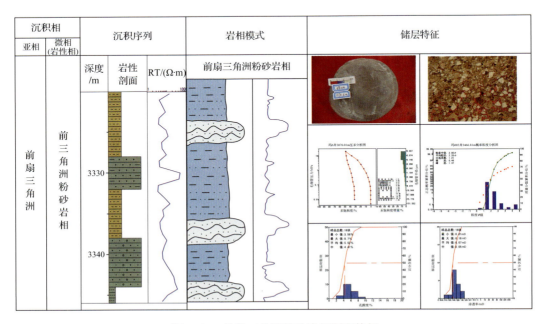

图 3.43　前扇三角洲粉砂岩相沉积特征

11）前扇三角洲泥岩相

前扇三角洲泥岩相（图 3.44）位于扇三角洲的最前缘并与湖泊相过渡。岩性为灰色泥岩夹薄层泥质粉砂岩和细砂岩互层，具水平层理。粒度细、分选好、黏土含量高，粒度概率曲线为两段式，说明前扇三角洲水动力条件较为稳定。电阻率曲线呈指状或齿状。压汞曲线可以看出前扇三角洲泥岩相根本不具有储集性能，但其在适当的沉积背景下可作为良好的生油岩层和盖层。

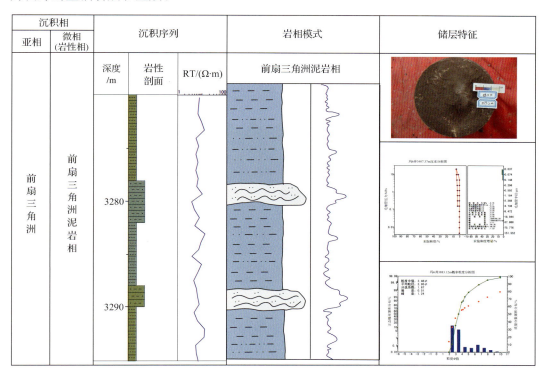

图 3.44　前扇三角洲泥岩相沉积特征

3.3.3　扇三角洲沉积微相-岩相模式的建立

在对上述 11 种岩性相分析的基础上，结合研究区的构造背景、沉积环境、储层岩石类型及特征，选取了一条典型剖面，对剖面上单井的沉积结构构造、沉积序列进行了研究，结合剖面上各井的实际录井及测井资料，绘制了剖面上各个井的沉积充填样式及沉积序列，并在此基础上，绘制了该剖面的联井沉积相-岩性相剖面图（图 3.45 和图 3.46）。该剖面从夏 74 井到玛 133 井呈北东-南西向，沉积环境由扇三角洲平原为主过渡到扇三角洲前缘及滨浅湖。其中百一段主要是平原辫状河道的褐色砂砾岩沉积，向上粒度略有变细，中间夹有薄层的平原辫状河道间砂泥岩沉积；百二段下部在剖面北端的夏 74 井、夏 13 井、夏 72 井见有平原泥石流砾岩沉积，剖面上部主要是前缘水下分流河道砂砾岩沉积夹极薄层的前缘水下分流河道间砂泥岩沉积，沿剖面由东北到西南，粒度变细，出现含砾砂岩沉积物，剖面北端的夏 74 井仍然以平原辫状河道砂砾岩沉积为主；百三段由东北到西南，由下到上,依次出现平原辫状河道砂砾岩夹薄层平原辫状河道间砂泥岩沉积物、前缘水下分流河道砂砾岩与前缘水下分流河道间砂泥岩互层沉积物物、滨浅湖砂泥岩和粉砂岩夹薄层河口坝-远砂坝细砂岩和粉砂岩沉积物。

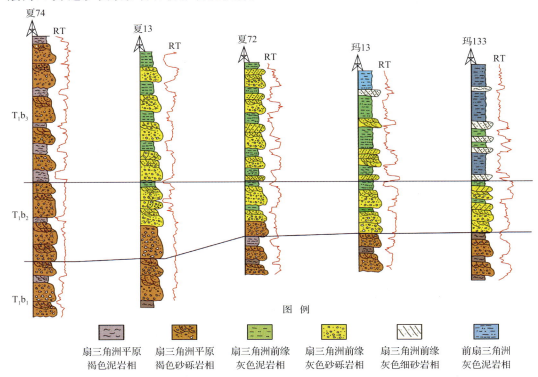

图 3.45 百口泉组扇三角洲沉积序列及岩相组合对比剖面图

综合上述剖面沉积相特征,在对上述 11 种岩性相分析的基础上,结合研究区的构造背景、沉积环境,建立了能够反应该区沉积微相、岩性相相匹配的沉积相综合模式图(图 3.47),该模式重点强调了以下几个方面的特点。

(1)模式中未体现冲积扇的特点,由于该区冲积扇范围较小,钻遇井不多,与其相关的油气藏也基本未发现。因而本模式仅将该区最主要的储层发育相带——扇三角洲相进行了细分,以期为该区的扇三角洲沉积微相及岩性展布刻画提供依据。

(2)将岩性相与沉积微相紧密结合并进行匹配。该区储层岩石类型复杂,同样的沉积微相下发育不同的岩石类型组合,同样的岩石类型(在录井、测井资料中不易区分)发育于不同的沉积微相中,且不同沉积微相、不同岩石组合的储集性能差别较大,造成该区优质储层预测的主要困难。该模式对解决此问题进行了探讨,为该区优质储层预测提供了理论依据。

(3)突出湖岸线的重要性。湖岸线是扇三角洲平原亚相与扇三角洲前缘亚相的分界线,研究区平原辫状河道砂砾岩、前缘水下分流河道砂砾岩、前缘水下分流河道末端砂岩都非常发育,这些砂砾岩均经过不同程度的水体淘洗,是目前三叠系百口泉组最有利的储集体,但其储集性能有所差异(张顺存等,2009,2015a;史基安等,2010;邹妞妞等,2015b)。

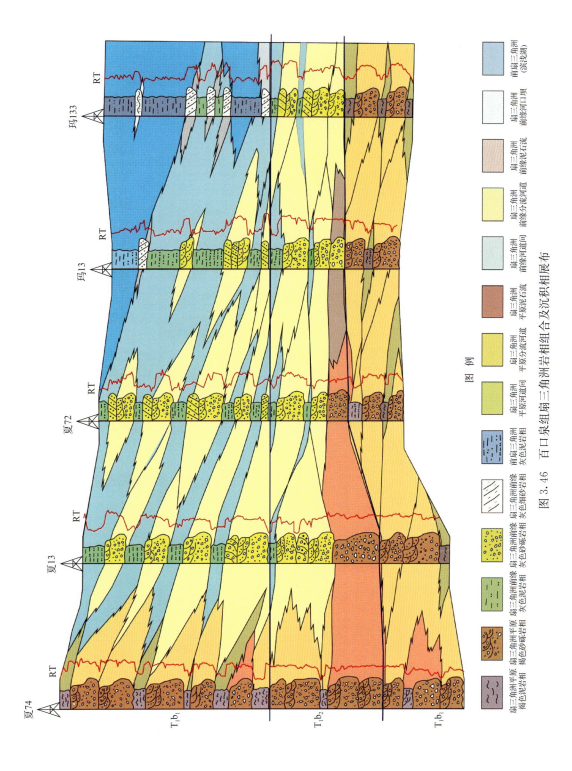

图 3.46 百口泉组扇三角洲岩相组合及沉积相展布

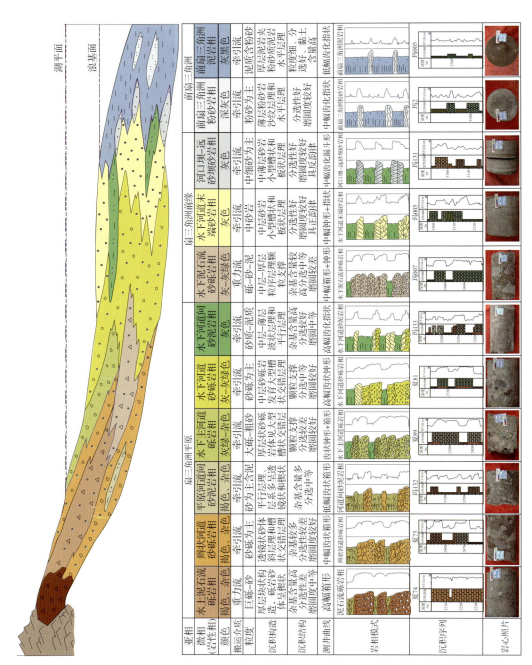

图3.47 玛湖凹陷三叠系百口泉组扇三角洲沉积沉积序列及沉积微相-岩相模式

3.4　扇三角洲沉积体系及砂砾岩沉积特征

　　玛湖凹陷三叠系百口泉组主要发育扇三角洲沉积体系,并以扇三角洲平原、扇三角洲前缘、前扇三角洲亚相沉积为主。其中扇三角洲平原主要以褐色砾岩、褐色砂砾岩沉积为主,扇三角洲主要以灰色砂砾岩、灰色砾岩、灰色砂岩沉积为主,前扇三角洲主要以灰色粉砂岩、灰色泥岩沉积为主(张顺存等,2014;邹妞妞等,2015b)。不同亚相发育的沉积物的颜色、粒度、磨圆、分选等特征均存在差异。

3.4.1　砂砾岩沉积特征

　　玛湖凹陷百口泉组三叠系主要发育扇三角洲沉积,其中百一段以扇三角洲平原沉积为主,砂砾岩和砾岩往往发育板状、槽状交错层理,河道间砂泥岩往往发育波状层理;百二段下部与百一段相似,但河道间砂泥岩不发育,百二段上部以扇三角洲前缘沉积为主,砂砾岩和砾岩主要发育板状交错层理,河道间沉积物不发育;百三段主要发育扇三角洲前缘沉积,水下分流河道砂砾岩与水下分流河道间砂泥岩互层发育,前者以板状交错层理发育为特征,后者主要发育波状层理。纵向上,表现为水体逐渐加深的沉积特征(图 3.48)。

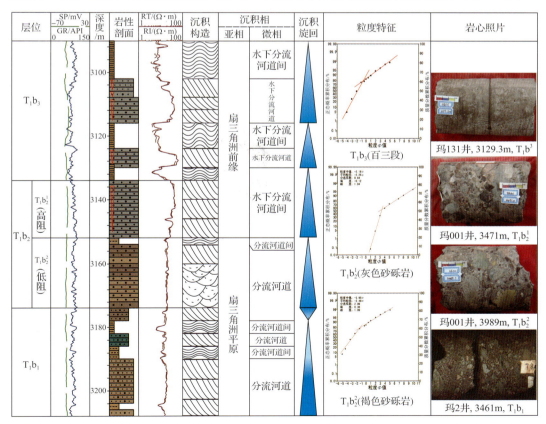

图 3.48　玛北地区三叠系百口泉组综合柱状图

　　岩心观察结果表明,百口泉组岩性大致由砂砾岩相、砂岩相、粉砂岩相和泥岩相组成,岩性从百一段到百三段逐渐变细,颜色从水上氧化色逐渐过渡到水下还原色。岩心的沉积构造特征随岩性的不同而变化,其中砾岩和砂砾岩中发育大型槽状、板状交错层理、递变层理、底冲刷构造,局部发育较强水动力条件下快速混杂堆积的厚层块状层理;含砾粗砂岩和砂岩以板状和波状交错层理为主,为较稳定的水动力环境;细粉砂岩和泥质粉砂岩以波状交错层理和变形层理为主,并可见块状层理、递变层理、平行层理和小型槽状交错层理;泥岩中常见块状层理和水平层理(图3.49)。同时,砂砾岩中砾石的粒径变化较大,

(a) 夏9井, 2077.0m, T_1b_1, 褐色砂砾岩

(b) 玛001井, 3471.0m, T_1b_1, 灰色砂砾岩

(c) 玛131井, 3189.93m, T_1b_2, 灰褐色砂砾岩

(d) 夏94井, 2922.6 m, T_1b_1, 杂色泥质砂砾岩

(e) 玛152井, 3164.5m, T_1b_2, 含砾砂岩, 发育槽状层理

(f) 夏75井, 2414.6m, T_1b_2, 褐色含砾粗砂岩

(g) 玛2井, 3134.0m, T_1b_2, 灰色粗砂岩

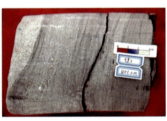

(h) 玛2井, 3153.0m, T_1b_2, 灰色中细砂岩, 发育波状层理

(i) 玛152井, 3159.3m, T_1b_2, 灰中细砂岩, 槽状交错层理

(j) 玛001井, 3134.0m, T_1b_2, 灰色细砂岩, 发育板状交错层理

(k) 玛152井, 3109.7m, T_1b_3, 灰色细粉砂岩, 波纹层理

(l) 玛134井, 3177.2m, T_1b_3, 灰褐色泥岩, 水平层理

图 3.49　玛北地区三叠系百口泉组典型岩心宏观照片

粒径范围为 0.5～20mm,最大可达 100mm;砾石的分选性和磨圆度在不同的岩石中差别较大,中砾与中粗砾磨圆最好,呈次圆状至次棱角状,而细砾岩的分选相对较好,中粗砾岩分选较差,所占比例大;填隙物以泥质和钙质胶结物为主,泥质杂基含量变化较大,胶结类型主要为压嵌式和孔隙式胶结;支撑结构以颗粒支撑为主,常见同级颗粒支撑、多级颗粒支撑、砂质颗粒支撑、砾石质颗粒支撑,偶见杂基支撑,反映强水动力的洪流携带沉积物的快速沉积(图 3.49)。

  1142 块样品统计分析显示,百口泉组岩石类型主要包括灰色和褐色砂砾岩(占69.5%)[图 3.50(a),图 3.50(b),图 3.50(e),图 3.50(g)]、砂质不等粒砾岩(占 4.9%)[图 3.50(c),图 3.50(f)]不等粒砾岩(占 4.2%)[图 3.50(i)]、含砾砂岩(占 3.7%)[图

  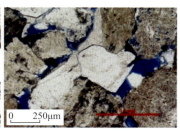

(a) 玛131井，3361.59m，T₁b，褐色砂砾岩，次圆状-次棱角状，泥质杂基含量中等

(b) 玛16井，3221.6m，T₁b，灰色砂砾岩，次圆状-次棱角状，泥质杂基含量低，发育粒间孔，钙质胶结

(c) 夏93井，2703.2m，T₁b₃，砂质砾岩，粒内溶孔、微裂缝，铸体薄片

(d) 玛13井，3107.64m，T₁b₃，含砾不等粒砂岩，粒间孔、粒间溶孔，铸体薄片

(e) 玛009井，3613.65m，T₁b₂，砂砾岩，压嵌式胶结，粒间发育伊-蒙混层，铸体薄片

(f) 玛152井，3245.70m，T₁b₂，砂质砾岩，砾石为火山岩岩屑，受压变形明显，岩石薄片

(g) 玛005井，3451.68m，T₁b，砂砾岩，颗粒呈压嵌胶结，绿泥石黏土膜和高岭石发育，岩石薄片

(h) 玛133，3136.6m，T₁b，灰色细砂岩，次圆状-次棱角状，泥质杂基含量少，发育粒间溶孔、粒内孔，钙质胶结

(i) 玛16井，3214.1m，T₁b₂，含砾砂岩粒间高岭石与绿泥石共生特征

图 3.50 玛北地区三叠系百口泉组岩石微观特征

3.50(i)]、含砾不等粒砂岩(占 3.0%)及细砂岩[图 3.50(h)]等,砂砾岩等粗粒碎屑岩含量约占 84%,细粒碎屑岩含量很少,总共约占 16%。根据岩石薄片鉴定表明,砾石成分以凝灰岩为主(占 25.0%),霏细岩(占 17.1%)、砂岩(占 15.9%)和流纹岩(占 12.5%)次之,此外见少量花岗岩、变泥岩和石英岩;砂质成分以凝灰岩为主(占 23.24%),其次为石英(占 7.63%)和长石(占 7.42%),发育少量霏细岩、安山岩、花岗岩和千枚岩等不稳定火山碎屑。杂基以高岭石、泥质为主,平均百分含量约 2.88%,胶结物含量较低,主要为方解石和方沸石,以泥质、钙质胶结为主,黏土矿物以伊蒙混层较多[图 3.50(e)],大部分已向伊利石转化,平均体积百分含量为 50.4%,次为绿泥石(占 33.4%)和高岭石(占 22.7%)[图 3.50(g)和图 3.50(i)],伊利石含量相对较低(占 9.6%)。

在岩心观察、薄片鉴定的基础上,结合研究区沉积模式的研究,从多个方面总结不同岩性相的特征(图 3.51),包括颜色、粒度、分选性、磨圆度、支撑类型、搬运机制、沉积构造等方面,为该区沉积微相、岩性相、沉积相、沉积体系的研究奠定了基础。同时,结合沉积模式、测井特征的研究,总结了不同沉积微相的测井特征(图 3.52),研究区砂砾岩储层与常规碎屑岩储层相比非均质性强,其自然电位(SP)呈负异常、平直响应,自然伽马(GR)在砂砾岩段与泥岩段的特征相近。这二者难以区分砂砾岩和泥岩,而电阻率曲线(RT)受岩石骨架影响小,形态和幅值能准确反映岩性,因此用在总结不同沉积微相的沉积特征是,运用 RT 作为划分砂砾岩类型的依据(图 3.52)。

3.4.2　扇三角洲沉积体系特征

扇三角洲的发育主要取决于以下几点:沉积物的上游存在可靠的扇积物,下游发育有湖(海)相的泥岩;扇积物和湖(海)相泥岩交互成层;湖(海)相泥岩中可见被扇积物冲刷或破坏的现象;扇积物的砂砾岩中见有被湖(海)水改造(筛选、淘洗)的现象。扇三角洲的发育条件及玛湖凹陷三叠系百口泉组碎屑岩的沉积特征的研究表明,该区三叠系百口泉组广泛发育了扇三角洲相沉积。

根据该区扇三角洲沉积的特点,结合前述沉积微相和岩性相的讨论,认为研究区扇三角洲沉积具有以下特点。

(1)上游(近物源区)发育冲积扇相粗碎屑沉积,中部主要为扇三角洲平原相带的砾岩、砂砾岩(分流河道微相)和泥岩、粉砂岩(水下分流河道间微相)。在本研究区,冲积扇扇缘亚相水动力条件强,发育的砾岩和砂砾岩经过较好的淘洗作用,在条件适宜的情况下往往可以形成较好的储层(主要是砂砾岩储层)。中部扇三角洲平原分流河道微相的砂砾岩也可成为较好的储层。

(2)扇三角洲前缘亚相主要发育水下分流河道微相砂砾岩(主要为灰色、灰绿色砂砾岩、砾岩、不等粒小砾岩、含砾粗砂岩、含砾不等粒砂岩等)和水下分流河道间的砂泥岩(主要为粉砂质泥岩和泥质粉砂岩),其中水下分流河道砂砾岩是研究区最好的储层,水下分流河道主河道砾岩属于较好储层。

(3)在水下分流河道相外围(扇三角洲外前缘)发育有薄层的以砂岩或粗粉砂岩为主的河口坝、远砂坝微相砂体,这是湖侵过程中湖水改造扇三角洲前缘砂级沉积物形成的薄层片状砂体沉积,也属于研究区最好的储层类型。在扇三角洲前缘末端,还发育有大量的

岩心相	颜色	粒度	分选	磨圆	支撑类型	搬运机制	沉积构造	岩心照片	岩石薄片	典型沉积构造	沉积相组合
砂砾岩相	褐色、棕褐色、杂褐色	砂砾为主，偶见巨砾-砂	较差，杂基含量变化大	中等，棱角-次棱角状	杂基支撑，多级颗粒支撑	牵引流、重力流	槽状交错层理，厚层块状构造，砂砾呈楔状，常见冲刷面，偶见叠瓦状砾石	 夏9井, 2077.0m, T₁b₁	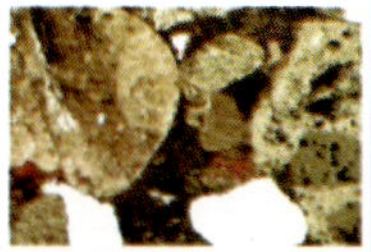 玛97井, 3437.01m, T₁b, (一)×50	玛132井, T₁b₁, 块状构造	扇三角洲平原辫状河道为主，分流河道间为辅
砂砾岩相	灰绿-杂色、灰-灰绿色、灰色	砂砾为主，偶见大砾-粗砂	中等，杂基含量变化大	较好，次圆-次棱角状	颗粒支撑	牵引流、重力流	厚中层砂砾岩体，板状、槽状交错层理	 夏93井, 2730.7m, T₁b₂	 玛133井, 3380.0m, T₁b, (一)×50	 玛001井, T₁b₂, 块状构造	扇三角洲前缘分流河道为主，分流河道间为辅
砂岩相	褐色、杂色	含砾砂岩相中砂岩含泥	较差，杂基含量多	中等	多级颗粒支撑	牵引流	薄层状发育于砂砾岩体中，层系呈透镜状和楔状，板状交错层理	 夏75井, 2414.6m, T₁b₂	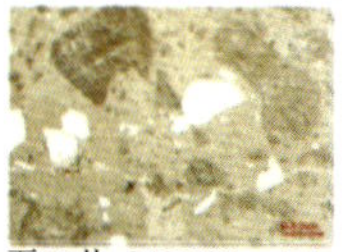 夏75井, 2495.82m, T₁b₂	 玛152井, T₁b₂, 槽状交错层理	扇三角洲平原辫状河道
砂岩相	灰色、灰绿-杂色	含砾砂岩相中砂岩	中等-好	较好，次圆-次棱角状	同级颗粒支撑	牵引流	厚中层砂岩，板状、槽状交错层理，粒序层理	 玛001井, 3451.8m, T₁b₂	玛006井, 3404.27m, T₁b₂	 玛001井, T₁b₂, 板状交错层理	扇三角洲前缘分流河道、河口坝
粉砂岩相	灰-深灰色为主，褐色-杂色少见	细粉砂岩相泥质砂岩	中等-好，杂基含量多	中等	颗粒支撑	牵引流	波纹层理，水平层理	 玛134井, 3175.6m, T₁b₂	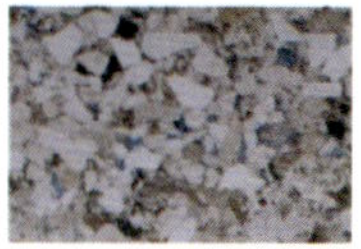 玛003井, 3465.78m, T₁b, (一)×100	 玛152井, T₁b₂, 波纹层理	扇三角洲平原分流河道间、三角洲前缘远砂坝、前扇三角洲
泥岩相	灰-灰黑色为主，褐色-杂色少见	泥岩、粉砂质泥	好，黏土含量少	无	杂基支撑	牵引流	水平层理	 玛134井, 3177.2m, T₁b₂	玛006井, 3510.6m, T₁b₂	 玛134井, T₁b₂, 水平层理	扇三角洲平原分流河道间、前扇三角洲

图 3.51　玛北地区百口泉组典型岩相分类特征

沉积亚相	沉积相(微相)类型	岩性特征	RT/(Ω·m) 1——150	RT形态	RT幅度	录井	岩芯照片	典型井
冲积扇	冲积扇	大套砾岩、少量砂砾岩	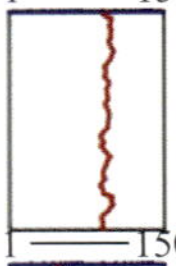	齿化钟形	中高幅			夏74 夏89
扇三角洲平原	扇三角洲平原分流河道	厚层灰色砾岩、砂砾岩	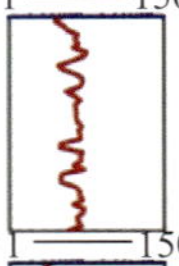	齿化箱形	中高幅	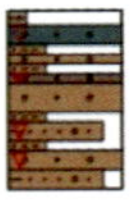		夏93 夏9 夏89 夏13 夏82 夏54
	扇三角洲平原分流河道间	中厚层褐色砂砾岩	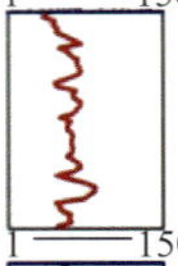	齿化漏斗形	中幅	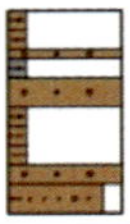		夏75 夏54 夏81 夏62 夏82
扇三角洲前缘	扇三角洲前缘水下分流河道	中厚层灰色砂砾岩、少量灰色中粗砂岩	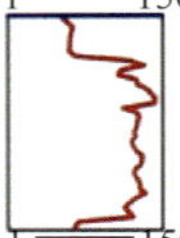	块状箱形、钟形	高幅	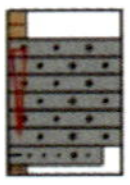		玛2 玛132 玛134 玛13 夏72 夏202
	扇三角洲前缘水下分流河道间	褐色中粗砂岩及粉砂岩、少量褐色砂砾岩		齿化箱形、漏斗形	中高幅	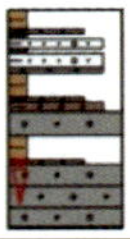		玛3 玛13 玛131 玛133 玛15
	扇三角洲前缘河口坝	薄层灰色中粗砂岩、粉细砂岩	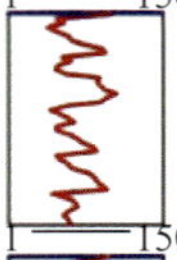	指状	中低幅	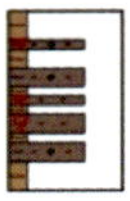		玛16 玛006
前扇三角洲及滨浅湖	前扇三角洲及滨浅湖	泥岩及粉砂质泥岩为主		线状	低幅	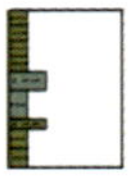		玛15 玛006 风南4 玛003

图 3.52 玛北地区百口泉组扇三角洲沉积物测井响应特征

灰色砂岩,这类砂岩的粒度较河口坝、远砂坝略细,由于受到湖水淘洗作用不彻底,往往成为研究区较好储层。

(4)扇三角洲平原水平分流河道间泥岩、扇三角洲前缘水下分流河道间泥岩、前扇三角洲泥岩、浅湖泥岩都是是良好的区域盖层。

综合上述讨论,本书对研究区涉及的主要沉积体系及其沉积特征进行了总结,主要包括冲积扇沉积体系和扇三角洲沉积体系(虽然冲积扇在研究区发育很少,但考虑到研究区沉积物特征及沉积体系的完整性,仍对其进行了简单论述)。

1. 冲积扇沉积体系及沉积特征

冲积扇是山麓风化、剥蚀的产物被山区季节性水流带走,当水流流出山口,地形坡度急剧变缓而在山脚下沉积形成的沉积体系。冲积扇基本上是一种由爆发型流量控制的沉积作用过程,是一种瞬时的、突发的沉积时间记录,它以最短的沉积时期、最大的流量和最大的可变性为特征。根据其所发育时的气候特点,可分为干旱型冲积扇、湿润型冲积扇以及介于两者之间的过渡类型冲积扇。其主要沉积特征是:沉积物具有明显的氧化色,有机质含量低;主要由砾、砂、泥组成,粒度分布范围宽,分选差,杂基含量高,成分成熟度低和结构成熟度低。碎屑多为火山岩及变质岩及早期的沉积岩,含有较多的新鲜长石,反映氧化条件下的快速堆积与快速埋藏;沉积序列不含湖相化石,也不见湖相夹层,表明沉积区远离湖泊;沉积类型有泥石流、片流、辫状河及筛积四类,以前三类为主,第四类较少,除此之外,扇根近源端发育少量的坠积、坡积等碎屑重力流沉积物;总体形态常呈扇状,成层性较差,从上游至下游依次发育扇根、扇中和扇缘三个亚相;从扇根到扇缘的演化过程中,重力流沉积物所占的比例逐渐减小,以辫状河沉积体系为代表的牵引流沉积比例逐渐扩大。

准噶尔盆地西北缘地区的冲积扇垂向沉积序列大都为一个"扇复合体"或"复合扇"的沉积序列,是多期扇沉积作用的结果,每个扇可进一步分为扇根、扇中和扇缘亚相。各个亚相可以划分为若干微相,扇根亚相分为主槽、侧缘槽、槽间滩和漫洪带微相;扇中亚相分为辫流线、辫流砂岛和漫流带;扇端亚相分为辫状水道、席状片流、扇间滩和扇间洼地微相(张纪易,1985;牟泽辉等,1992;曹宏等,1999;雷振宇等,2005a;张顺存,2009;史基安等,2010)。

1) 扇根亚相

扇根亚相分布于冲积扇体根部,顶端伸入山谷,沉积坡度角大,常发育有单一或2~3个直而深的主河道。沉积物由泥质砾岩、砂质砾岩、砂砾岩、含砾粗砂岩及砂质泥岩组成,亦可见角砾岩。沉积物粒度粗,砂岩厚度同地层厚度比值高。分选和磨圆差,显杂基支撑结构和碎屑支撑结构,呈杂乱块状堆积,单层厚度大,可见多个洪积砂砾岩透镜体叠置而形成的巨厚层堆积,主要为重力流和辫流线砾质河道沉积,在平面上呈向扇根收缩状。

在物性方面,电测曲线为厚层、块状高电阻率,自然伽马呈低值。西北缘玛北地区三叠系百口泉地层主要分布于玛湖凹陷北斜坡靠近凹陷位置,因距物源区较远,扇根亚相沉积在本研究区内不发育。

2) 扇中亚相

扇中亚相位于冲积扇的中部,构成冲积扇的主体。扇中亚相沉积厚度大,主体部分是辫状河道沉积,由于扇中具有相对高的坡度,扇中辫状河道发育一定强度的堤岸,阻止了片流的发育,其粒度分布具有明显的河流搬运沉积的特征。玛北地区的沉积发育扇中亚相(本质上与扇三角洲平原亚相是同一地质体的不同分类归属),与扇根相比砂/砾值较大,岩性以砂岩、砾状砂岩为主,杂基含量高,碎屑颗粒多为棱角状,或表现为蚕食的风化边,基本没有经过磨圆,侵蚀下切和冲刷沉积构造发育。厚层泥岩中可见不规则水平纹层,在剖面上砂、砾岩呈透镜状叠置,具有大型板状交错层理,块状层理及正、反粒序层理。电性特征呈中-高阻指状互层,自然伽马为中、低值指状层,其SP曲线为钟形、箱形-钟形,反映扇中沉积细粒沉积物不发育。扇中亚相在研究区非常少见,仅在该区东北角部分井中出现。

3) 扇端亚相

扇端亚相出现于冲积扇的下部至外缘,地形稍平缓些,沉积坡度角减小,扇中的辫状河道流经此处时,堤岸强度减小,河道摆动性较强,发育横向连续性较好的河道沉积物。

扇端主要为辫状水道及席状片流沉积,以中、粗砾岩夹粗砂岩、部分粉砂岩,以及少量以红色、棕红色及紫红色为主的泥岩。砂岩百分含量很低,一般小于50%,多呈薄层,厚度1～3m,顺层分布或斜交穿插,为成岩阶段的产物。其中粉砂岩、黏土岩显示块状层理、水平层理和变形构造,以及干裂、雨痕等暴露构造。一般电性特征呈现低齿状,自然伽马值相对扇中亚相高。研究区三叠系百口泉组发育一定范围的扇端亚相,整体上发育为辫状河道沉积,沉积微相为心滩,垂向相序较规则,百口泉组与顶底之间均有较大的岩性差异,这种辫状河道砂体厚度不大但是分布很稳定,其原因是低弯度河道的高床沙载荷,低的堤岸强度和高的河道活动性形成辫状河道的高摆动特性,导致地层记录主要为具有各种规模交错层理的透镜状上凹的砂体,并且发育侧向加积沉积,缺乏河道边缘细粒相。该亚相在研究区东北部有发育,从百一段到百三段,分布范围逐渐缩小,扇缘亚相席状片流中发育的砂砾岩、砾岩等在合适的条件下可以成为较优质储层。

2. 扇三角洲积体系及沉积特征

扇三角洲是成因类型名词,不是指形状似扇形的扇状三角洲,而是三角洲的一种特殊类型。扇三角洲是推进至稳定水体中的冲积扇,一般发育于构造活动较强烈的地区,具有明显的陆上、过渡区和水下沉积部分的特征。

环玛湖三叠系百口泉组发育大范围的扇三角洲相沉积,根据扇三角洲的沉积环境特征,可将其划分成扇三角洲平原、扇三角洲前缘和前扇三角洲三个亚相,各亚相的主要特征如下所述。

1) 扇三角洲平原亚相

扇三角洲平原亚相为扇三角洲陆上部分与冲积扇相连的地带,很难与冲积扇相的扇中或扇缘相区别,称为扇三角洲平原。多表现为近源的砾质辫状河沉积,水流和沉积物以重力流沉积为特征,没有曲流河段。主要岩性是砂岩和砾岩互层,砾石层具有不明显的平行层理或交错层理,分选差,具砂质基质,砂/砾值向下增加。高度的河道化、持续深切的水流和良好的侧向连续性是该亚相典型的特征。相对于一般的冲积扇扇体来说,这部分沉积受湖盆水体的影响较明显,主要有以下几个方面的特征。

首先,扇三角洲平原一般很少发育大面积的片流沉积,这是由于其多半是扇体在近源位置就入湖盆,平原部分有着较高的坡度;其次,扇三角洲平原部分的发育范围很大程度上受控于湖盆滨线的位置,而不是像冲积扇那样扇体发育较自由;再次,扇三角洲平原部分的沉积受大气水旋回的影响,一般不会太干旱;最后,扇三角洲平原主要发育几条明显的辫状水道,随着湖平面的变化,这些水道及所导致的沉积建造将发生比较明显的变化。

扇三角洲平原亚相主要由分流河道、水下分流河道间、漫滩沼泽等微相组成,漫滩沼泽微相主要发育于潮湿气候条件下。在研究区,扇三角洲平原亚相除了发育分流河道、水下分流河道间沉积物外,还可以见到泥石流沉积物,前者主要是砂砾岩及砂岩、泥岩,后者主要是砾岩。一般来说,分流河道微相是扇三角洲平原亚相的格架部分,形成扇三角洲的大量泥沙都是通过它们搬运至河口处沉积下来的,通常分流河道沉积具有一般河道沉积的特征,即以砂质沉积为主。但在研究区,由于形成扇三角洲的水体大而相对稳定,其分流河道具有类似辫状河道的特征,沉积物主要为砂砾岩,还有部分细砾岩、小砾岩和含砾粗砂岩。水下分流河道间微相主要是分流河道中间的凹陷地区,当扇三角洲向前推进时,在分流河道间形成一系列尖端指向陆地的楔形泥质沉积体,因此分流河道间微相的岩性以泥岩为主,含少量透镜状粉砂岩和细砂岩。砂砾质沉积多是洪水季节河床漫溢沉积的结果,常为黏土夹层或薄透镜状。漫滩微相沉积物的粒度较细,主要为粉砂、泥质粉砂及粉砂质泥,分选较差,常含泥砾、植物根茎等残留沉积物,其颜色以棕红色或褐色为主。研究区发育的水上泥石流沉积主要是在洪水期发育,沉积物表现为沙泥混杂,大小不一,但总体上属于分选极差、磨圆极差的砾岩。扇三角洲平原亚相在研究区非常发育,如仅在玛北地区,百一段沉积期,研究区内从东北、北部向西南部,约一半的范围内都属于扇三角洲平原沉积。从百一段到百三段,研究区扇三角洲平原沉积的范围逐步缩小,至百三段沉积期,研究区扇三角洲平原的沉积范围已经大大萎缩(详细讨论见第 4 章)。

2)扇三角洲前缘亚相

扇三角洲前缘(也称为过渡带)以较陡的前积相为特征,与扇三角洲平原的本质区别是牵引流构造很发育,常见大、中型的交错层理,向下方渐变为前扇三角洲沉积,以不规则分布的泥、砂和砾石的透镜状层为特点。扇三角洲前缘亚相主要沉积于滨湖带,是扇三角洲最活跃的沉积中心。从河流带来的砂、泥沉积物,一离开河口就迅速堆积在这里。由于受到河流、波浪的反复作用,砂泥经冲刷、簸扬和再分布,形成分选较好、质较纯的砂质和分选好的沉积物的集中带。这种砂体或细砾岩可构成良好的储集层。岩性以浅灰色砂砾岩、砂质砾岩为主,夹少量泥质粉砂岩和粉砂质泥岩,常见波痕,发育大型前积层理、小型楔状层理,以及波状层理、滑塌变形构造等,并含植物及有机物的化石碎片。扇三角洲前缘亚相是高能沉积环境的产物,具有分选性良好、泥质含量低的沉积特征。岩性是浅灰色、灰绿色粉砂岩、细砂岩和砾质砂岩、砂砾岩,发育有交错层理和透镜状层理。通常扇三角洲前缘亚相可分为水下分流河道、水下分流河间、河口坝和席状砂四个微相。该亚相在研究区广泛发育,优质储层都发育于该亚相中,在百一段沉积期,扇三角洲前缘沉积在研究区的范围达到最大,从百一段到百三段,随着湖水面积扩大,扇三角洲前缘沉积的范围有所缩小,沉积物厚度也有所减薄,详见第四章讨论。

3)前扇三角洲亚相

前扇三角洲位于扇三角洲前缘亚相的最前方,它是扇三角洲体系中分布最广、沉积最厚的地区。由于前扇三角洲的暗色泥质沉积物富含有机质,且其沉积速度和埋藏速度较快,故有利于有机质转化为油气,可作为良好的生油层。前扇三角洲沉积主要为泥岩和粉砂质泥岩,颜色较深。沉积物中的沉积构造不发育,有时见水平层理。若扇三角洲前缘沉积速度快,可形成滑塌成因的浊积砂砾岩体包裹在前扇三角洲或深水盆地泥质沉积中。

此外,三叠系百口泉组沉积期,研究还发育大范围的(滨)浅湖沉积,其沉积特征与前扇三角洲泥岩差别不明显,由于埋藏较深,在研究区未见钻井取心。在后面将前扇三角洲和(滨)浅湖亚相合并在一起进行讨论。

沉积相特征及其空间展布 第4章

4.1 沉积序列及单井相特征

沉积序列往往反应沉积物在垂向上的变化特征,玛湖凹陷三叠系百口泉组主要发育扇三角洲沉积,不同的层段沉积序列存在差异。在沉积微相和岩性相研究的基础上,结合沉积模式、岩心观察、薄片鉴定、测井及录井资料分析结果,建立了三叠系百口泉组扇三角洲在不同层段的沉积模式及沉积序列模式。在此基础上,对典型单井的沉积相进行了研究。

4.1.1 沉积序列特征

1. 百一段沉积序列特征

百一段沉积期,主要以扇三角洲平原为主,靠近玛湖凹陷斜坡区的区域发育扇三角洲前缘亚相,其总体为向上变细的正旋回沉积。扇三角洲平原辫状河道粗粒的厚层块状褐色砂砾岩底部冲刷构造发育,发育厚层板状或者大型槽状交错层理,砂砾岩体呈透镜状展布,平原河道间细粒的粉砂岩和泥岩等相对较薄,呈透镜状和楔状夹于平原辫状河道砂体之间,发育波纹层理和水平层理(图4.1和图4.2)。

2. 百二段沉积序列特征

百二段沉积期是沉积相由扇三角洲平原向扇三角洲前缘过渡的时期,可分为两个砂层组。其中下部的百二段二砂组沉积期,沉积格局基本继承了百一段沉积期的特征,该时期已发生湖侵,研究区的扇三角洲平原相沉积有所变小,而扇三角洲前缘沉积面积迅速扩大,此时湖平面急速上升,物源充足,水流较强。在研究区一级坡折带和二级坡折带发育重力流成因的平原水上泥石流和前缘水下泥石流沉积,坡折平台上卸载了大量混杂堆积的褐色、杂色和棕色砾岩及砂砾岩粗粒碎屑沉积,河口坝相较百一段沉积期较为发育,主要分布在前缘水下河道前缘毗邻前扇三角洲-滨浅湖相。上部的百二段一砂组沉积期的沉积格局与百二段二砂组相似,湖盆进一步扩大,扇三角洲平原亚相向物源方向退缩,沉积范围缩小,扇三角洲前缘相沉积砂体最为发育,河口坝砂体也较为发育(图4.1)。百二段沉积期扇三角洲前缘亚相的沉积砂体是研究区最主要的储集体,主要包括扇三角洲前缘水下分流河道砾岩、砂砾岩和砂岩相,以及部分河口坝和水下分流河道末端中粗砂岩相,而扇三角洲平原亚相主要发育平原辫状河道的褐色、棕色及杂色砾岩和砂砾岩。总体上,百二段以发育扇三角洲前缘亚相为主,沉积序列以向上变细的正旋回为主,偶见河口坝的反旋回沉积序列,主要为前缘水下分流河道厚层舌状砂砾岩发育槽状交错层理和板状交错层理,向上变为中层板状交错层理和小型槽状交错层理的水下河道末端砂岩,其中百二段二砂组底部发育重力流成因的无沉积构造的厚层砂砾岩。而水下分流河道间粉砂岩和泥岩的沉积厚度逐渐增大,发育波纹层理和水平层理(图 4.1)。

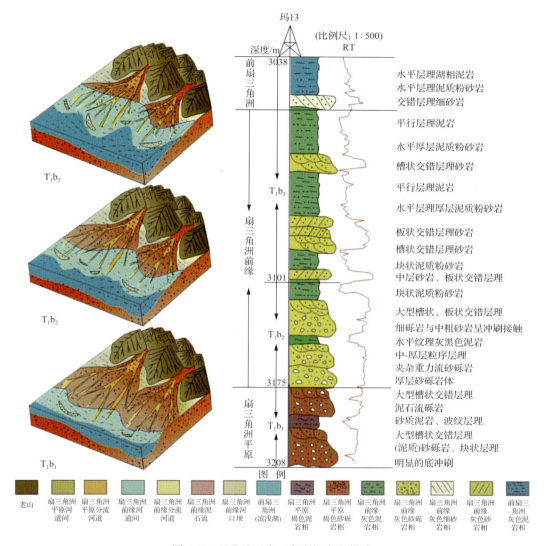

图 4.1　玛北地区扇三角洲沉积相模式

3. 百三段沉积序列特征

百三段沉积期,湖侵达到了顶峰,扇三角洲平原相沉积区范围继续小,扇三角洲前缘的沉积范围也显著向物源方向退缩,滨浅湖沉积面积进一步增大。此时物源供应相对百一段和百二段不足,平原分流河道间、前缘水下分流河道间及前扇三角洲-滨浅湖相的细砂岩、粉砂岩及砂质泥岩等细粒沉积分布范围较为广泛,而扇三角洲平原辫状河道和扇三角洲前缘水下分流河道逐渐退缩,河口坝和水下河道末端的砂岩相对于百一段和百二段更为发育,砾岩和砂砾岩的沉积范围减小。该时期在垂向上主要表现为前扇三角洲-滨浅湖相主要发育水平层理和波纹层理的厚层泥岩夹粉砂质泥岩(图 4.2)。

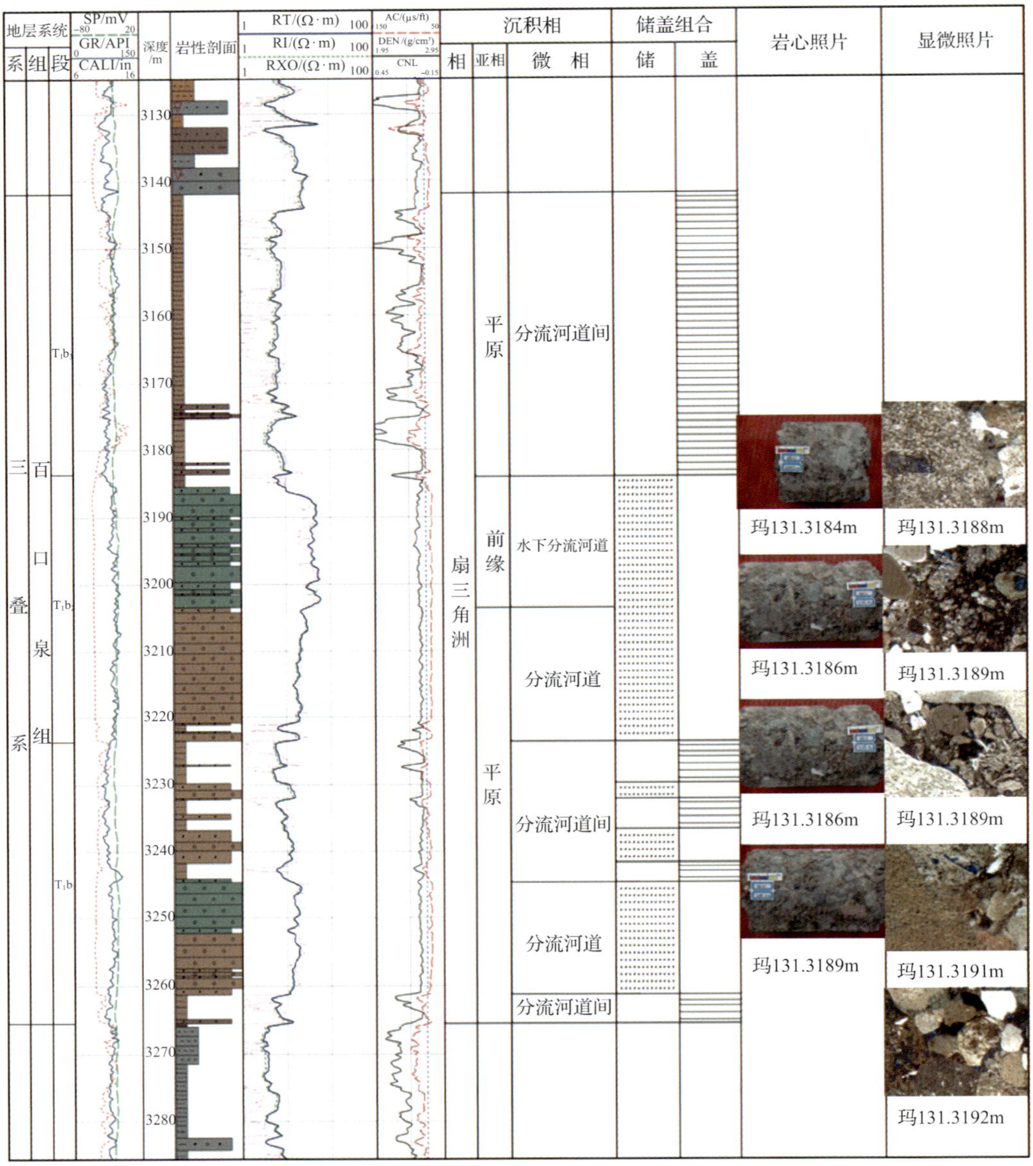

图 4.2 玛 131 井沉积综合柱状图

地层系统：三叠系 百口泉组（T₁b）

沉积相：扇三角洲

深度/m	沉积相（亚相/微相）	岩心照片	显微照片
	平原 / 分流河道间		
3184~3189	前缘 / 水下分流河道	玛131.3184m	玛131.3188m
	分流河道	玛131.3186m	玛131.3189m
	平原 / 分流河道间	玛131.3186m	玛131.3189m
	分流河道	玛131.3189m	玛131.3191m
	分流河道间		玛131.3192m

4.1.2 典型单井沉积相特征

  单井相分析是进行剖面相对比分析、平面相研究的基础,反映了沉积相的纵向演化特征。通过对单井岩性组合、沉积序列分析、测井资料分析,并结合岩心观察、薄片鉴定和分析化验资料数据,以及三维地震等其他资料,对玛湖凹陷三叠系百口泉组典型探井进行了单井沉积相分析。

1. 玛 134 井单井沉积相特征

玛 134 井的三叠系百口泉组发育扇三角洲相，由下到上，从扇三角洲平原亚相向扇三角洲前缘亚相过渡。反映了由下而上这一快速水进的沉积过程(图 4.3)。

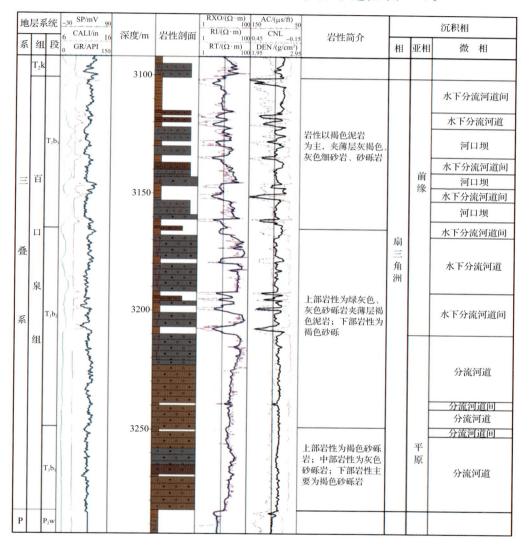

图 4.3　玛 134 井单井相分析综合柱状图

（1）百一段：3249～3284m，下部岩性主要为褐色砂砾岩，中部岩性为灰色砂砾岩，上部岩性为褐色砂砾岩；属于扇三角洲平原亚相，由下而上依次为分流河道微相和水下分流河道间微相。

（2）百二段：3165～3249m，下部岩性为褐色砂砾，上部岩性为绿灰色、灰色砂砾岩夹薄层褐色泥岩；属于从扇三角洲平原亚相至扇三角洲前缘亚相的过渡时期层段，由下而上依次可分为分流河道微相、分流河道间微相、水下分流河道间微相和水下分流河道微相。

（3）百三段：3102.5～3165m，岩性以褐色泥岩为主，夹薄层灰褐色、灰色细砂岩、砂砾岩；属于扇三角洲前缘亚相，由下而上依次可分为水下分流河道间微相、河口坝微相、水下分流河道微相。

2. 玛13井单井沉积相特征

玛13井的沉积相特征与玛134井相似，三叠系百口泉组发育扇三角洲相，由下到上从扇三角洲平原亚相向扇三角洲前缘亚相过渡，其中百一段为扇三角洲平原沉积，百二段、百三段为扇三角洲前缘沉积（图4.4）。

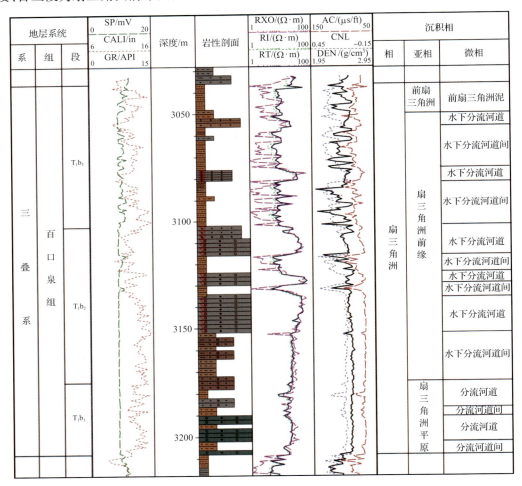

图 4.4 玛13井单井相分析综合柱状图

（1）百一段：3175～3208m，岩性为灰绿色砂砾岩、灰色含砾粗砂岩、褐色粉砂质泥岩互层，扇三角洲平原分流河道微相和河道间微相沉积交互出现。

（2）百二段：3101～3175m，下部岩性为褐灰色含砾泥质粉砂岩、褐色粉砂质泥岩互层，属于扇三角洲前缘水下分流河道间沉积，中部及上部岩性为灰色砂砾岩夹薄层褐色泥岩，以扇三角洲前缘水下分流河道沉积为主,夹薄层扇三角洲前缘水下分流河道间沉积物。

（3）百三段:3038～3101m,岩性以褐色泥岩为主,夹薄层灰色粉砂岩、褐色细砂岩、灰色粉砂质泥岩,以扇三角洲前缘水下分流河道间沉积为主,夹有薄层扇三角洲前缘水下分流河道间沉积物。

3. 夏 7202 井单井沉积相特征

夏 7202 井的三叠系百口泉组发育扇三角洲相,由下到上,从扇三角洲平原亚相向扇三角洲前缘亚相过渡。反映了从百一段到百三段这一快速湖侵过程(图 4.5)。

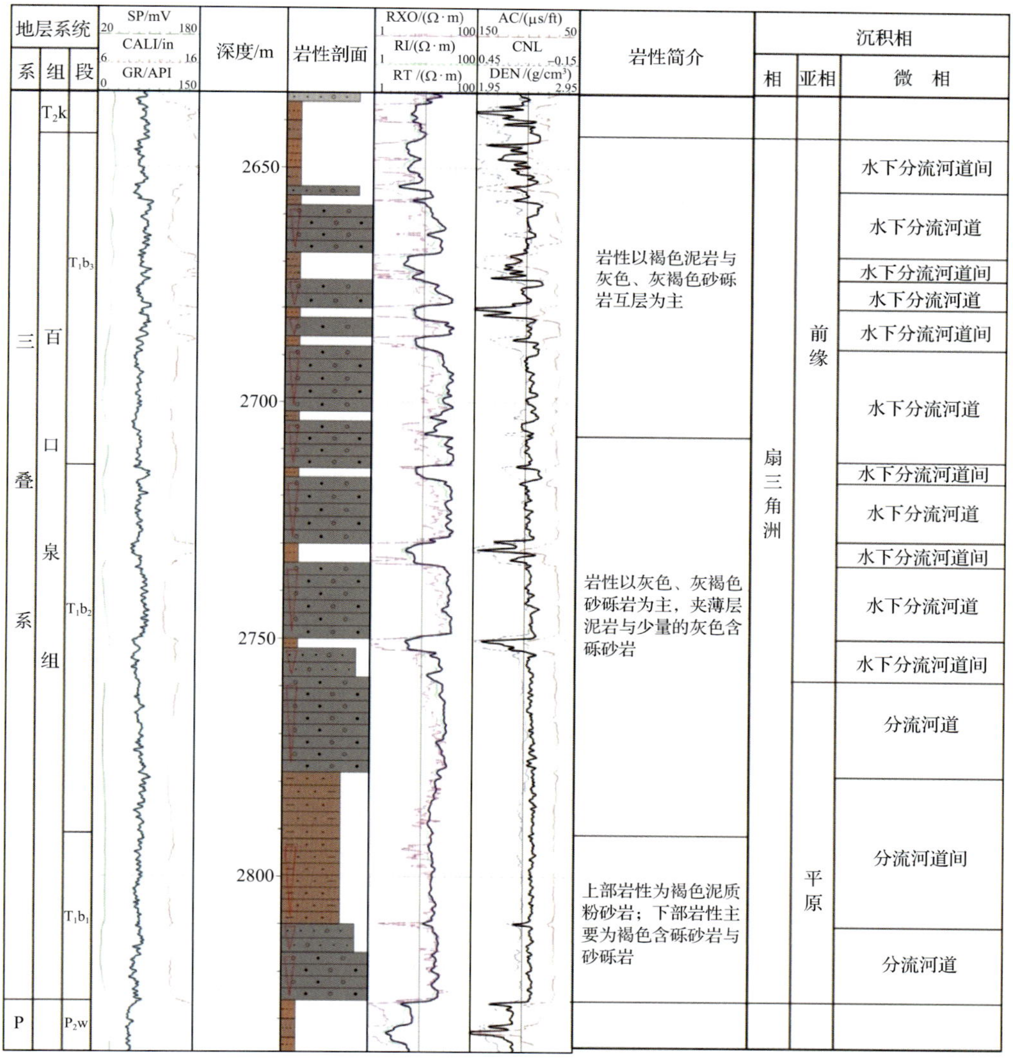

图 4.5　夏 7202 井单井相分析综合柱状图

（1）百一段:2793～2826.5m,上部岩性为褐色泥质粉砂岩,下部岩性主要为褐色含砾砂岩与砂砾岩;属于扇三角洲平原亚相,由下而上依次为分流河道微相和水下分流河道间微相。

（2）百二段:2713～2793m,岩性以灰色、灰褐色砂砾岩为主,夹薄层泥岩与少量的灰色含砾砂岩;属于从扇三角洲平原亚相至扇三角洲前缘亚相的过渡时期层段,由下而上依次可分为分流河道间微相、分流河道微相、水下分流河道间微相和水下分流河道微相。

（3）百三段:2644～2713m,岩性以褐色泥岩与灰色、灰褐色砂砾岩互层为主;属于扇三角洲前缘亚相,为水下分流河道微相和水下分流河道间微相。

4. 夏72井单井沉积相特征

夏72井的三叠系百口泉组发育扇三角洲相,由下到上从扇三角洲平原亚相向扇三角洲前缘亚相过渡。反映了由下而上这一快速水进的沉积过程（图4.6）。

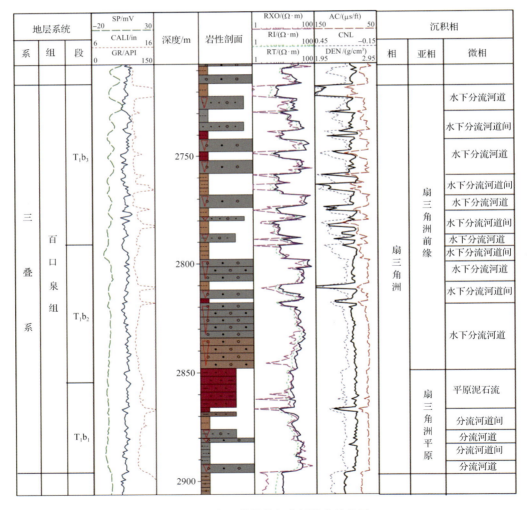

图4.6　夏72井单井相分析综合柱状图

（1）百一段：2866～2896m，下部岩性为灰色泥岩、砂砾岩、含砾砂岩，上部岩性为红褐色泥质粉砂岩；属于扇三角洲平原亚相，下部依次为分流河道微相和分流河道间微相互层，上部为平原泥石流微相。

（2）百二段：2792～2866m，下部岩性为棕色砂砾岩，底部见薄层红褐色泥质粉砂岩，中部和上部岩性为灰色砂砾岩加薄层棕色泥岩，顶部棕色泥岩厚度增大；属于从扇三角洲平原亚相至扇三角洲前缘亚相的过渡时期层段，底部为分流河道微相，中下部为水下分流河道微相，上部水下分流河道微相和水下分流河道间微相交互出现。

（3）百三段：2717～2792m，岩性为灰色砂砾岩与棕色泥岩及少量红褐色泥岩互层；属于扇三角洲前缘亚相，为水下分流河道微相和水下分流河道间微相交互出现。

5. 夏 13 井单井沉积相特征

夏 13 井的三叠系百口泉组发育扇三角洲相，由下到上，从扇三角洲平原亚相向扇三角洲前缘亚相过渡。整体上反映了从百一段到百三段为一快速湖侵过程（图 4.7）。

（1）百一段：2319～2371m，岩性主要为黄绿色含砾砂岩与砂砾岩；属于扇三角洲平原亚相，主要为分流河道间微相。

（2）百二段：2226.5～2319m，下部岩性为灰绿色砂砾岩，中部以黄绿色砂砾岩和泥岩为主，上部发育灰绿色、浅灰色砂砾岩；属于从扇三角洲平原亚相至扇三角洲前缘亚相的过渡时期层段，由下而上依次可分为平原泥石流微相、水下分流河道微相和水下分流河道微相互层。

（3）百三段：2152～2226.5m，岩性下部以浅灰色砂砾岩为主，夹少量的灰绿色砂砾岩，上部以浅灰色砂砾岩和黄绿色泥岩为主；属于扇三角洲前缘亚相，由下而上依次为水下分流河道微相、水下分流河道间微相和水下分流河道微相互层。

6. 夏 74 井单井沉积相特征

从该井的单井沉积相图中可以看出，三叠系百口泉组岩性单一，主要发育水上扇三角洲平原亚相（图 4.8）。

（1）百一段：2354～2399m，岩性主要为褐色砂砾岩；属于扇三角洲平原亚相，由下而上依次为平原泥石流微相和分流河道微相。

（2）百二段：2262～2354m，岩性为褐色砂砾岩；属于扇三角洲平原亚相，由下而上依次可分为分流河道微相、平原泥石流微相、分流河道微相、分流河道间微相、分流河道微相和分流河道间微相。

（3）百三段：2193～2262m，岩性主要以褐色砂砾岩为主，夹少量的褐色泥岩；属于扇三角洲平原亚相，由下而上依次为分流河道微相、分流河道间微相、分流河道微相和分流河道间微相。

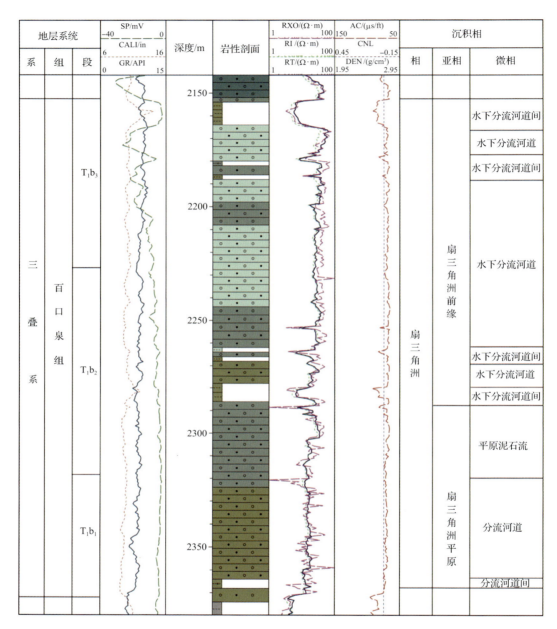

图 4.7 夏 13 井单井相分析综合柱状图

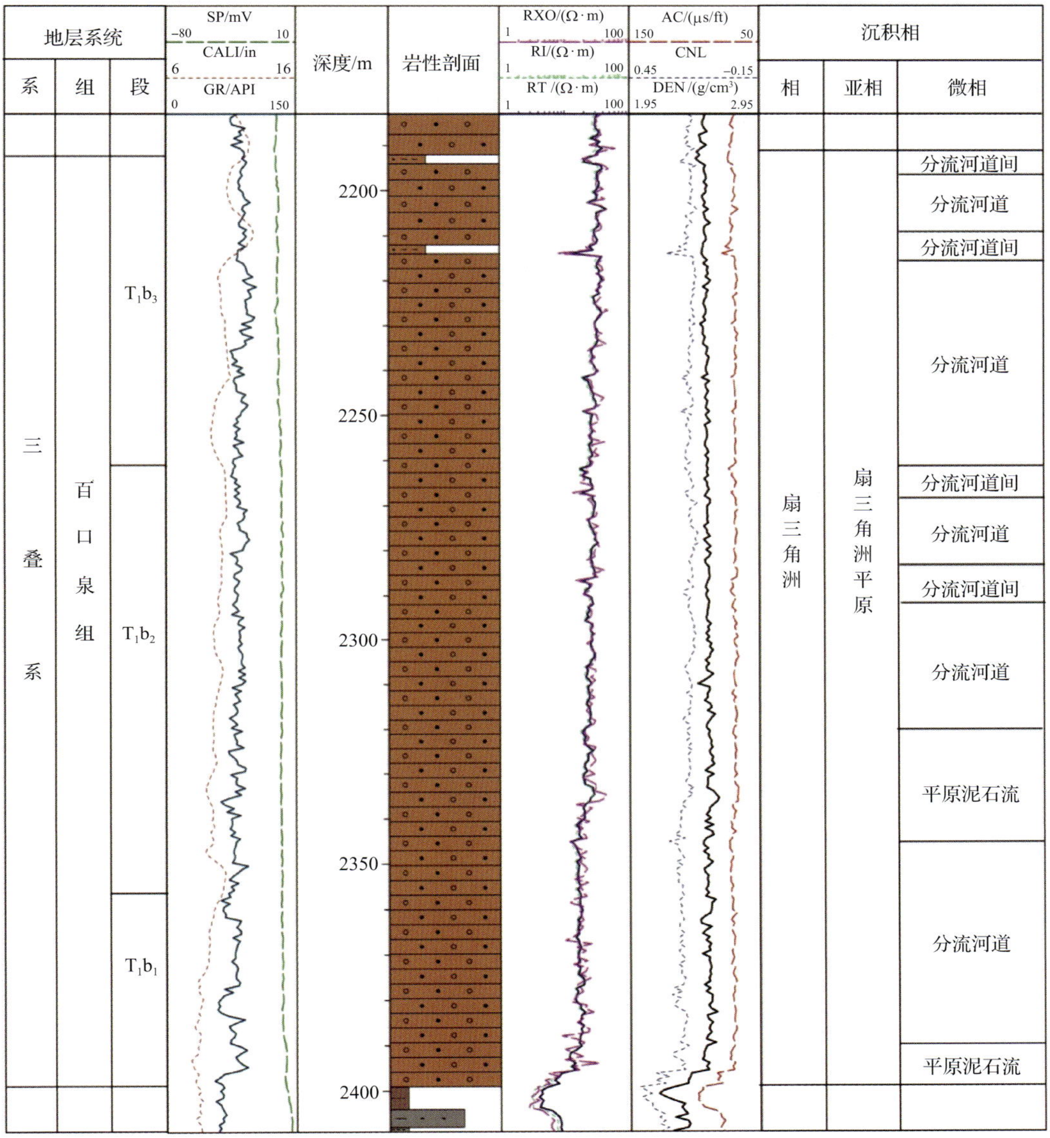

图 4.8　夏 74 井单井相分析综合柱状图

4.2　沉积相特征及空间展布

　　玛北地区位于玛湖凹陷北斜坡,本书首先对该区的沉积相特征进行精细分析,然后再对整个玛湖凹陷地区的沉积相进行分析。在前文沉积序列、单井沉积相、沉积模式研究的基础上,结合测井、录井、地球物理解释等资料,考虑玛北地区的区域构造背景和沉积环境特征,绘制了连井沉积相剖面图和沉积相平面图,探讨玛北地区沉积相空间展布特征。

4.2.1 玛北地区剖面沉积相特征

通过对玛北地区重点单井三叠系百口泉组沉积亚相和沉积微相的分析,在研究区进行了近东西横向剖面和近南北纵向剖面的沉积相、沉积微相的划分和对比,并在研究区单井沉积相分析研究的基础上,编绘了玛北地区三叠系百口泉组共五条沉积相剖面图,剖面位置见图4.9。

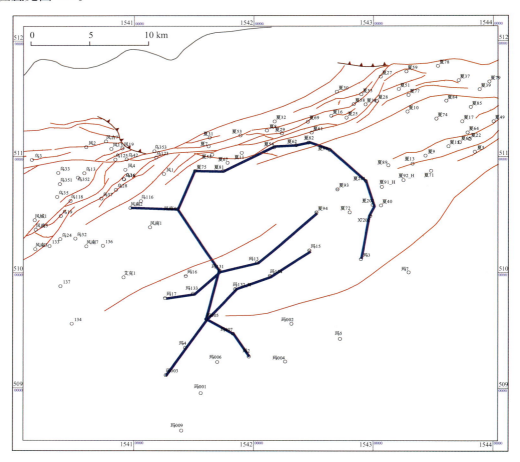

图4.9 沉积相剖面剖面位置图

1. 风南4井-夏75井-夏81井-夏54井-夏62井-夏82井剖面沉积相特征

该剖面位于研究区北部,是近东西向的剖面(图4.10)。该剖面显示从东到西三叠系百口泉组沉积物粒度逐渐变细,从下到上由扇三角洲平原沉积之间过渡为扇三角洲前缘沉积。百一段沉积期,主要发育扇三角洲平原分流河道及扇三角洲平原水下分流河道间微相,仅在剖面西端的风南4井发育扇三角洲前缘水下分流河道及水下分流河道间微相;百二段沉积期,剖面东段底部还发育扇三角洲平原分流河道微相沉积,向上在剖面东段扇三角洲前缘水下分流河道及水下分流河道间沉积物交互出现,剖面西段发育扇三角洲前缘水下分流河道及水下分流河道间沉积,顶部见到扇三角洲前缘河口坝和远砂坝沉积物;百三段沉积期,该剖面总体表现为扇三角洲前缘水下分流河道间沉积,其中夹有扇三角洲前缘水下分流河道沉积,由东向西水下分流河道沉积物厚度变薄,层数减少,在剖面西端的风南 4 井,还见到扇三角洲前缘河口坝及远砂坝沉积物。

2. 玛 17 井-玛 133 井-玛 131 井-玛 13 井-夏 94 井剖面沉积相特征

该剖面位于研究区中部,是近东西向的剖面(图 4.11)。该剖面显示从东到西三叠系百口泉组沉积物粒度略有变细,但不明显,百口泉组整体属于扇三角洲前缘沉积,在百三段发育扇三角洲前缘河口坝及远砂坝沉积。百一段沉积期,剖面东段总体为扇三角洲前缘水下分流河道沉积物,西段为扇三角洲前缘水下分流河道及水下分流河道间沉积物互层;百二段沉积期,剖面东端的夏 94 井为扇三角洲前缘水下分流河道沉积物,夹薄层扇三角洲前缘水下分流河道间沉积物,沿剖面向西,扇三角洲前缘水下分流河道沉积物厚度减薄,扇三角洲前缘水下分流河道间沉积物厚度增厚,表明由东到西水动力条件减弱,沉积物供给减少;百三段沉积期,该剖面总体表现为扇三角洲前缘水下分流河道间沉积,期间夹有多层扇三角洲前缘河口坝及远砂坝沉积物,由东向西河口坝及远砂坝沉积物厚度略有减少。

3. 玛 003 井-玛 005 井-玛 132 井-玛 134 井-玛 15 井剖面沉积相特征

该剖面位于研究区南部,是近东西向的剖面(图 4.12)。该剖面显示从下到上三叠系百口泉组沉积物粒度逐渐变细,百口泉组整体属于扇三角洲前缘沉积,在百三段发育扇三角洲前缘河口坝及远砂坝沉积。百一段沉积期,总体为扇三角洲前缘水下分流河道沉积物夹薄层扇三角洲前缘水下分流河道间沉积物,仅在玛 134 井下部发育扇三角洲平原分流河道沉积物;百二段沉积期,下部为扇三角洲前缘水下分流河道沉积物,上部为扇三角洲前缘水下分流河道间沉积物,剖面东段夹扇三角洲前缘水下分流河道沉积物,剖面西段夹薄层扇三角洲前缘河口坝及远砂坝沉积物;百三段沉积期,该剖面总体表现为扇三角洲前缘水下分流河道间沉积,期间夹有多层扇三角洲前缘河口坝及远砂坝沉积物,由东向西河口坝及远砂坝沉积物层数略有减少。

4. 风南 2 井-风南 4 井-玛 131 井-玛 005 井-玛 007 井-玛 2 井剖面沉积相特征

该剖面位于研究区西部,是近南北向的剖面(图 4.13)。该剖面显示从下到上,三叠系百口泉组沉积物粒度逐渐变细,百口泉组整体属于扇三角洲前缘沉积,在百二段上部及百三段发育扇三角洲前缘河口坝及远砂坝沉积。百一段沉积期,总体为扇三角洲前缘水下分流河道沉积物夹扇三角洲前缘水下分流河道间沉积物,仅在剖面北端的风南 2 井发育扇三角洲平原分流河道沉积物;百二段沉积期,剖面南段和中段下部为扇三角洲前缘水下分流河道沉积物,南段上部为扇三角洲前缘水下分流河道间沉积物夹薄层扇三角洲前缘水下分流河道沉积物,中段上部为扇三角洲前缘水下分流河道间沉积物夹薄层河口坝和远砂坝沉积物,剖面北段为扇三角洲前缘水下分流河道间沉积物夹薄层扇三角洲前缘水下分流河道沉积物,顶部发育薄层河口坝及远砂坝沉积物;百三段沉积期,该剖面总体表现为扇三角洲前缘水下分流河道间沉积,期间夹有多层扇三角洲前缘河口坝及远砂坝

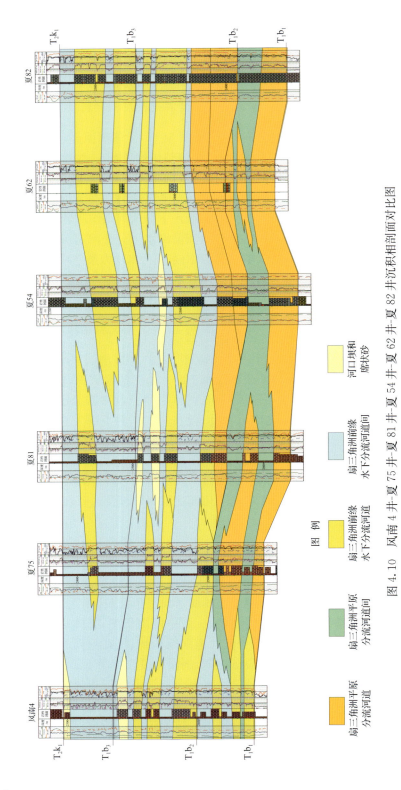

图4.10 风南4井-夏75井-夏81井-夏54井-夏62井-夏82井沉积相剖面对比图

图 例

河口坝和席状砂

扇三角洲前缘水下分流河道间

扇三角洲前缘水下分流河道

扇三角洲平原分流河道间

扇三角洲平原分流河道

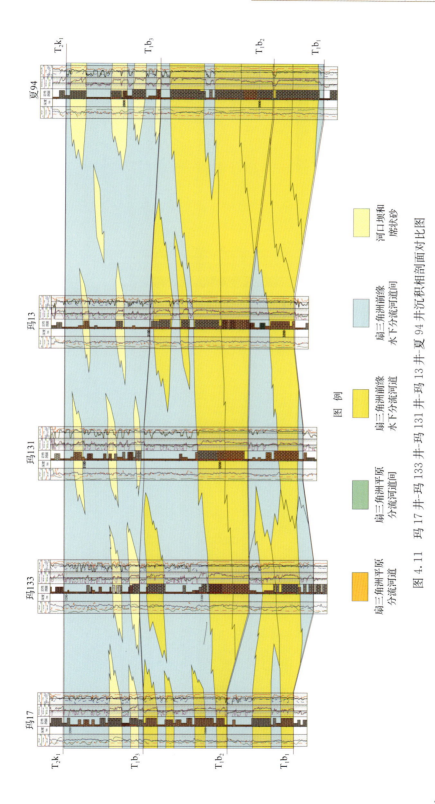

图 4.11　玛 17 井-玛 133 井-玛 131 井-玛 13 井-夏 94 井沉积相剖面对比图

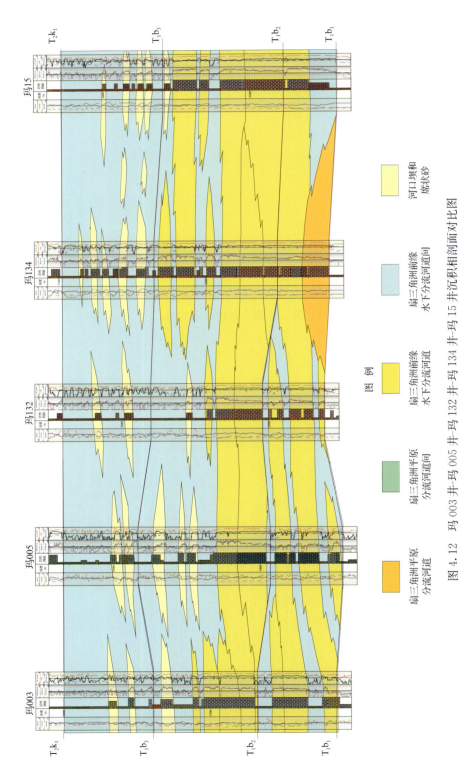

图 4.12 玛 003 井-玛 005 井-玛 132 井-玛 134 井-玛 15 井沉积相剖面对比图

图 例

河口坝和
席状砂

扇三角洲前缘
水下分流河道间

扇三角洲前缘
水下分流河道

扇三角洲平原
分流河道间

扇三角洲平原
分流河道

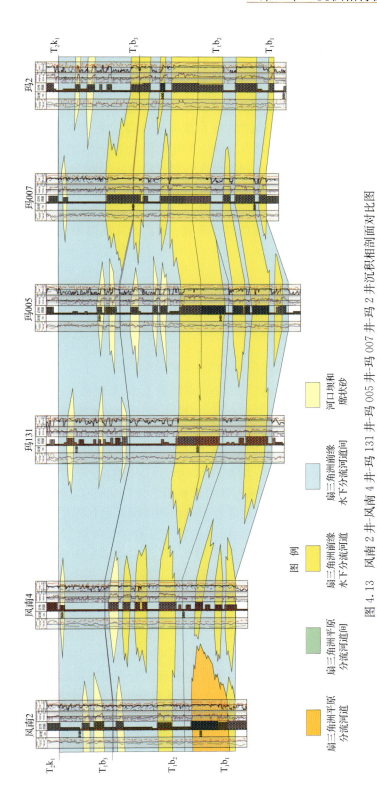

图 4.13　凤南 2 井-凤南 4 井-玛 131 井-玛 005 井-玛 007 井-玛 2 井沉积相剖面对比图

沉积物,仅在剖面南段的玛 007 井,中下部发育扇三角洲前缘水下分流河道沉积物。

5. 夏 82 井-夏 90 井-夏 201 井-夏 202 井-夏 7202 井-玛 3 井剖面沉积相特征

该剖面位于研究区东部,是近南北向的剖面(图 4.14)。该剖面显示,从下到上,三叠系百口泉组沉积物粒度逐渐变细,百口泉组整体属于扇三角洲前缘沉积。百一段沉积期,总体为扇三角洲前缘水下分流河道沉积物,仅在顶部发育扇三角洲前缘水下分流河道间沉积物,在夏 90 井中下部、玛 3 井全段发育扇三角洲前缘水下分流河道沉积物;百二段沉积期,为扇三角洲前缘水下分流河道沉积物夹薄层扇三角洲前缘水下分流河道间沉积物,沿剖面方向,水下分流河道沉积物厚度变化不大;百三段沉积期,为扇三角洲前缘水下分流河道沉积物与扇三角洲前缘水下分流河道间沉积物互层,在剖面南端的玛 003 井,扇三角洲前缘水下分流河道沉积物减少,发育薄层的扇三角洲前缘河口坝及远砂坝沉积物。

4.2.2 玛北地区平面沉积相特征

在单井沉积相研究的基础上,结合剖面沉积相的研究结果、三维地震资料和地层对比结果,本书对玛北地区三叠系百口泉组沉积相和沉积微相进行了详细研究,并绘制了玛北地区三叠系百口泉组各段的沉积相展布平面图。

1. 百一段

百一段沉积期,除东北角发育小范围的冲积扇扇缘亚相、东南角发育部分的滨浅湖亚相外(由于前扇三角洲亚相与滨浅湖亚相不易区分,本书统称为滨浅湖,其岩性主要为深灰色粉砂岩、灰黑色泥岩,下文同),研究区主要发育平原亚相和前缘亚相沉积,前者主要分布于东北面,包括风南 7 井-风南 4 井-夏 81 井-夏 90 井一线以北、夏 90 井-夏 93 井-玛 15 井一线以东、玛 131 井-玛 007 井-玛 2 井一线以东、玛 004 井南-玛 19 井南一线以北,后者紧接着前者发育于西南面。在平原亚相和前缘亚相的分界处见有小范围的平原分流河道间及前缘水下分流河道间微相沉积,在靠近滨浅湖的区域可见到零星的河口坝-远砂坝发育。在平原亚相中,岩性相主要是砾岩,砾岩的外围发育少量砂砾岩,在研究区北部还见有少量砂岩。在前缘亚相中,岩性相主要是砂岩,仅在东南部见有少量砂砾岩、砾岩。该时期主要物源来自研究区东北部,次要物源来自研究区北部。百一段沉积期既是平原亚最为发育的沉积期,也是平原水上泥石流砾岩相、前缘水下分流河道末端砂岩相分布最广的时期[图 4.15(a)]。

2. 百二段

该段分为两个砂组,早期的二砂组沉积期基本继承了百一段沉积期的特征,平原及冲积扇扇缘范围缩小,前缘及滨浅湖范围增大,北部的次要物源减弱。平原亚相中岩性相以砾岩为主,见有少量砂砾岩;前缘亚相中岩性相以砂岩为主、砂砾岩为辅,还有少量砾岩[图 4.15(b)]。

百二段一砂组沉积期与百二段二砂组相比,平原及冲积扇扇缘范围进一步缩小,前缘及滨浅湖范围进一步增大,北部的次要物源不明显[图 4.16(a)]。平原亚相中岩性相以砾

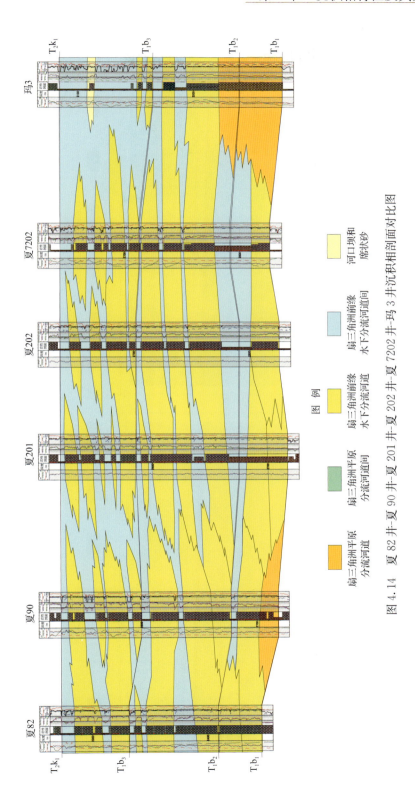

图 4.14　夏 82 井-夏 90 井-夏 201 井-夏 202 井-夏 7202 井-玛 3 井沉积相剖面对比图

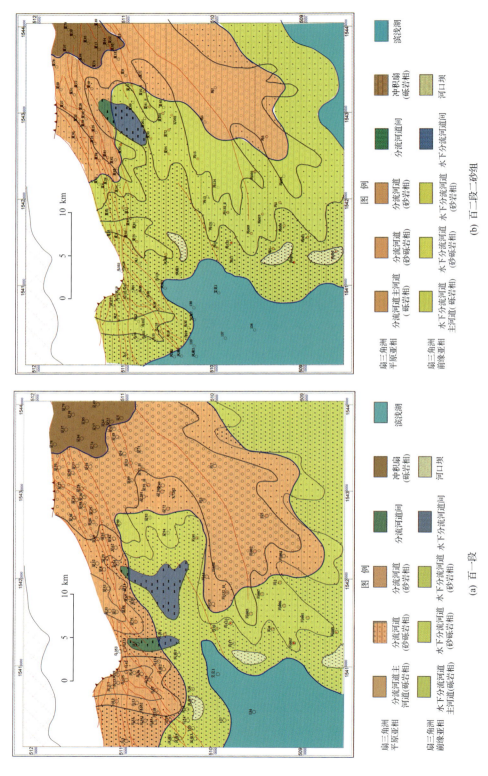

图 4.15 玛北地区百一段和百二段二砂组沉积相图

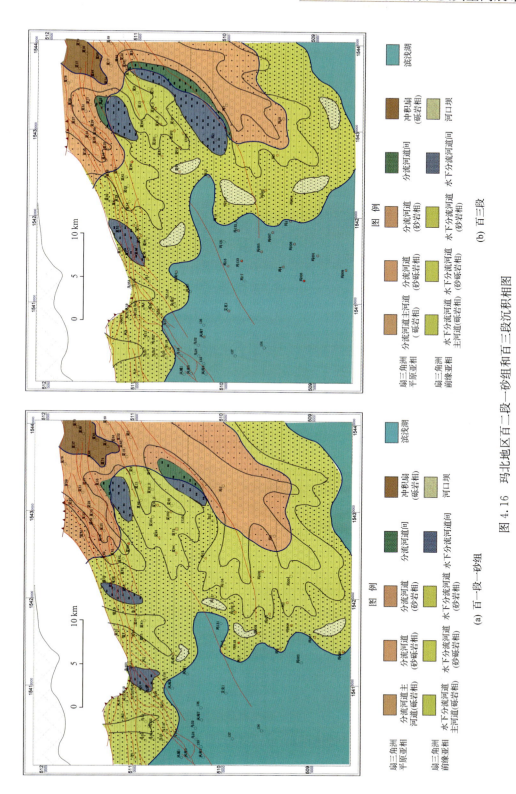

图 4.16　玛北地区百二段一砂组和百三段沉积相图

岩为主,砂砾岩为辅;前缘亚相中岩性相以砂岩为主、砂砾岩为辅,见有零星砾岩。该沉积期前缘水下分流河道间微相分布增多。

3. 百三段

百三段沉积期基本继承了百二段一砂组沉积期的特征,平原及冲积扇扇缘范围进一步缩小,前缘及滨浅湖范围进一步增大,北部物源基本上不发育。平原亚相中岩性相以砂砾岩为主、砾岩为辅;前缘亚相中岩性相以砂岩为主、砂砾岩为辅。平原分流河道间及前缘水下分流河道间沉积物分布更广[图 4.16(b)]。

从百口泉组三个段的沉积相特征来看,由百一段到百三段,是一个明显的水进过程,平面上表现为平原及前缘范围逐渐缩小、滨浅湖范围逐渐增大,岩性相表现为砾岩和砂砾岩逐渐减少、砂岩和粉砂岩逐渐增多。纵向上,中下部以粗碎屑的砾岩和砂砾岩沉积为主,中上部以细碎屑的砂岩和粉砂岩沉积为主,百三段顶部往往发育大范围的泥岩类沉积,与其下部的储层形成了良好的储盖组合,为该区大范围的油气聚集提供了条件。

4.3 玛湖凹陷百口泉组沉积相特征及其空间展布

与玛北地区相似,玛湖凹陷三叠系百口泉组沉积物粒度变化较大,沉积微相发育也很丰富。结合该区岩性观察、薄片鉴定、单井沉积相分析,建立了沉积相剖面模式。在该模式的指导下,绘制了玛湖凹陷典型剖面的沉积相图,并绘制了平面沉积相图,探讨该区三叠系百口泉组沉积相展布特征。

图 4.16 为玛湖凹陷三叠系百口泉组沉积相剖面模式(图中绿色线代表岩性界线)。从该剖面模式图可以看出,从物源方向到湖盆沉积中心,沉积物在剖面上表现出明显的规律。三叠系百口泉组下部(百一段为主)的沉积物以扇三角洲平原分流河道砾岩沉积为主,向湖盆逐渐变为砂砾岩和扇三角洲前缘水下分流河道砂砾岩。百口泉组中上部的沉积物变化较复杂,从下到上近物源区为平原河道砾岩→前缘水下分流河道砾岩→前缘水下分流河道砂砾岩→前缘水下分流河道间砂泥岩沉积。随着到物源区的距离增加,平原分流河道和前缘水下分流河道砾岩的厚度变薄,在前缘水下分流河道砂砾岩之上,还发育前缘水下分流河道末端砂岩;随着到物源区的距离更远,平原和前缘的砾岩均不发育,厚度变薄直至消失,平原分流河道砂砾岩、前缘水下分流河道砂砾岩厚度增加,其上的前缘水下分流河道砂岩厚度增加,在部分区域还发育有前缘席状砂沉积,前缘水下分流河道间砂泥岩、前扇三角洲-滨浅湖泥岩沉积物厚度和范围均增大(图 4.17)。

4.3.1 玛湖凹陷剖面沉积相特征

玛湖凹陷剖面沉积相图件的编制,是在岩心特征研究、典型单井沉积相研究的基础上,结合玛北地区剖面沉积相研究的成果,并根据上文所述沉积相剖面模式,综合多种资料进行的。本书共绘制了 6 条沉积相剖面,其中近乎垂直于物源方向 4 条,近乎平行于物源方向 2 条(图 4.18),下文对各条剖面的特征进行讨论。

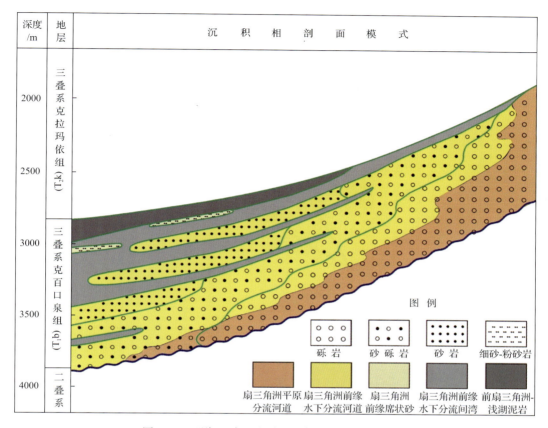

图 4.17 玛湖凹陷三叠系百口泉组沉积相剖面模式

1. 金龙 2 井-克 81 井-玛湖 1 井-玛 9 井-百 65 井-艾湖 2 井沉积相剖面

该剖面位于研究区西南部,近乎垂直于物源方向(图 4.18)。该剖面上,金龙 2 井百一段主要为平原分流河道砾岩沉积;百二段主要为平原分流河道砂砾岩沉积,顶部为前缘水下分流河道间沉积物夹薄层席状砂;百三段主要为前扇三角洲-浅湖沉积。剖面上其他各井的沉积微相及岩性相都很相似,百一段主要为前缘水下分流河道砂砾岩(百 65 井和艾湖 2 井为前缘水下分流河道末端砂岩)夹前缘水下分流河道间沉积物;百二段主要为前缘水下分流河道末端砂岩(百 65 井和艾湖 2 井还可见到前缘水下分流河道砂砾岩)加前缘水下分流河道间沉积物(玛 9 井夹有河口坝和席状砂);百三段主要为前缘水下分流河道间沉积夹薄层前缘水下分流河道末端砂岩(图 4.19)。该剖面总体显示,纵向上水体逐渐加深,沉积物粒度变细,横向上切过了多个扇体,沉积物粒度变化较大。

2. 玛湖 1 井-玛 9 井-艾湖 5 井-玛 18 井-玛 009 井-玛 006 井沉积相剖面

该剖面位于研究区中西部,近乎垂直于物源方向(图 4.20)。该剖面上,各井的沉积微相及岩性相变化不大,百一段主要发育前缘水下分流河道砂砾岩(玛 18 井见薄层平原亚相沉积物)夹不同厚度的前缘水下分流河道间沉积;百二段下部主要为前缘水下分流河

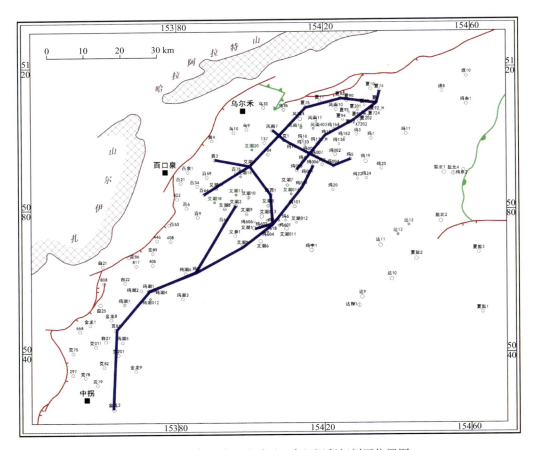

图 4.18　玛湖凹陷三叠系百口泉组沉积相剖面位置图

道砂砾岩,上部为前缘水下分流河道间沉积夹不同厚度的前缘水下分流河道末端砂岩,其中玛 9 井、艾湖 5 井的前缘水下分流河道末端砂岩非常薄;百三段主要是前缘水下分流河道间沉积物夹不同厚度的前缘水下分流河道末端砂岩(玛湖 1 井、玛 009 井前缘水下分流河道末端砂岩不发育)(图 4.20)。总体上,该剖面纵向上显示了较明显的水体加深沉积、沉积物粒度变细、前缘水下分流河道间沉积物厚度增大、前缘水下分流河道沉积物厚度减薄的沉积过程。

3. 百 64 井-艾湖 4 井-夏 75 井-夏 82 井-夏 9 井沉积相剖面

该剖面位于研究区西北部,近乎垂直于物源方向(图 4.21)。该剖面上夏 75 井百一段主要发育平原分流河道砾岩、平原分流河道砂砾岩、前缘水下分流河道砂砾岩;百二段主要发育前缘水下分流河道砂砾岩和前缘水下分流河道间沉积物;百三段主要发育前缘水下分流河道间沉积物,顶部发育前扇三角洲-浅湖沉积物。其他各井的沉积微相及岩性相均变化不大,百一段发育平原分流河道砾岩,偶见平原分流河道间沉积物;百二段中下部发育平原分流河道砾岩,中上部发育前缘水下分流河道砂砾岩,其中夏 9 井还可以见到平原分流河道间沉积物;百三段主要发育前缘水下分流河道间沉积物,夹厚度不等的透镜

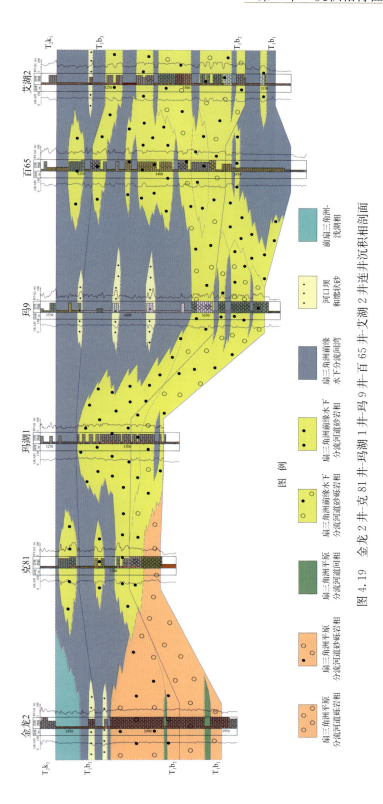

图 4.19　金龙 2 井-克 81 井-玛湖 1 井-玛 9 井-百 65 井-艾湖 2 井连井沉积相剖面

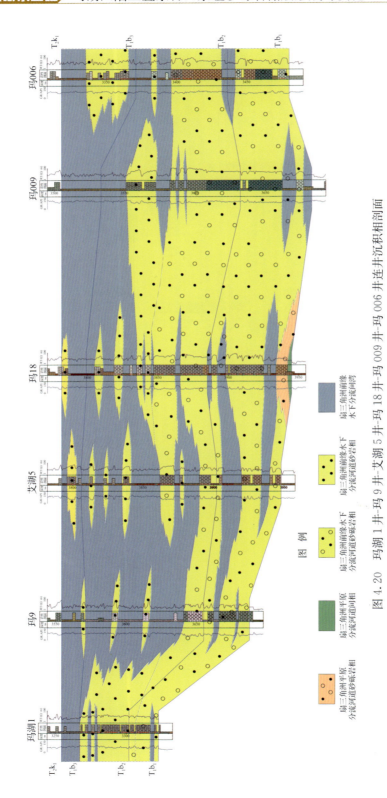

图 4.20 玛湖 1 井-玛 9 井-艾湖 5 井-玛 18 井-玛 009 井-玛 006 井连井沉积相剖面

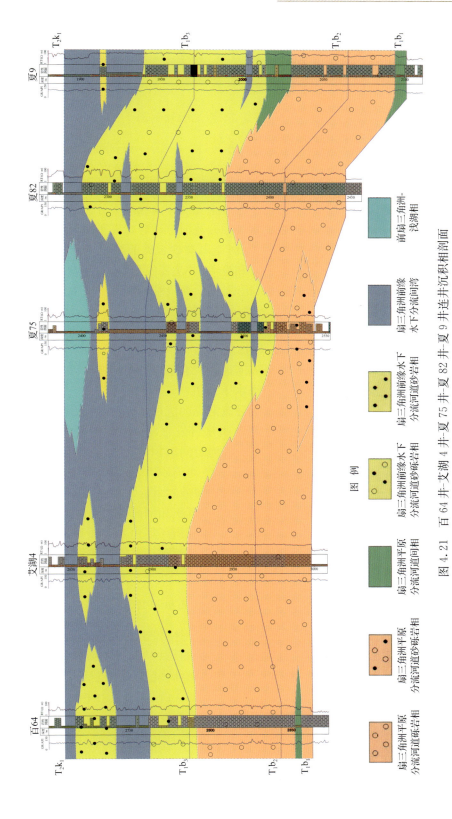

图 4.21　百 64 井-艾湖 4 井-夏 75 井-夏 82 井-夏 9 井连井沉积相剖面

状前缘水下分流河道末端砂岩,其中夏82井、夏9井下部为前缘水下分流河道砂砾岩,上部为前缘水下分流河道间沉积物(图4.21)。总体上,该剖面纵向上显示出水体加深,沉积物粒度变细的趋势,横向上切过多个扇体,沉积物粒度的变化较复杂,表现为剖面两头的井沉积物粒度粗,中间的井沉积物粒度细。

4. 玛003井-玛13井-夏72井-夏9井-夏74井沉积相剖面

该剖面位于研究区北部,近乎平行于物源方向(图4.22)。该剖面显示,沉积物物源来自夏74井区方向,往玛003井方向靠近沉积中心,因此沉积物粒度在该剖面上变化比较明显,总体上统一层段内,由平面西南端的玛003井到东北端的夏74井,沉积物粒度变粗,说明距离物源更近。百一段沉积期,玛003井主要发育前缘水下分流河道砂砾岩夹前缘水下分流河道间沉积物,玛13井主要发育平原分流河道砂砾岩夹平原分流河道间沉积物,夏72井粒度较细,主要发育前缘水下分流河道末端砂岩夹前缘水下分流河道间沉积物,上部发育平原分流河道间沉积物,夏9井和夏74井主要发育砾岩,前者属于平原分流河道砾岩,后者属于冲积扇砾岩。百二段沉积期,剖面西南端的玛003井依然发育前缘水下分流河道砂砾岩,顶部为前缘水下分流河道间沉积物夹薄层前缘水下分流河道末端砂岩,剖面东北端的夏74井发育冲积扇砾岩与前缘水下分流河道砾岩的互层,其余3口井的底部主要发育平原分流河道沉积物(从玛13井到夏72井,再到夏9井,依次为平原分流河道砂砾岩、平原分流河道砂砾岩、平原分流河道砾岩夹平原分流河道砂砾岩),中上部主要发育前缘水下分流河道砂砾岩夹薄层前缘水下分流河道间沉积物。百三段沉积期,剖面西南端的玛003井下部主要发育前缘水下分流河道间沉积物夹河口坝、席状砂沉积,上部为前扇三角洲-浅湖沉积,剖面东北端的夏74井底部发育冲积扇砾岩,中上部发育平原分流河道砂砾岩,玛13井主要发育前缘水下分流河道间沉积物夹透镜状前缘水下分流河道末端砂岩,其余2口井下部主要发育前缘水下分流河道砂砾岩,中上部主要发育前缘水下分流河道间沉积物夹透镜状前缘水下分流河道末端砂岩(图4.22)。总体上,该剖面的沉积物的分布特征及分布规律与本节开头图4.17的沉积相剖面模式非常相似,反映沉积物垂向上粒度变细,横向上从物源方向向湖盆方向,沉积环境由水上平原向水下前缘过渡,沉积物粒度也由砾岩为主,过渡到砂砾岩为主,再过渡到砂泥岩(前缘水下分流河道间沉积物为主)的变化规律。

5. 黄3井-艾湖4井-玛西1井-玛18井-艾湖1井沉积相剖面

该剖面位于研究区西北部,近乎平行于物源方向(图4.23)。与上述玛003井-玛13井-夏72井-夏9井-夏74井沉积相剖面类似,该剖面也反映从靠近物源区的黄3井到远离物源区的艾湖1井,沉积物粒度在横向上有规律的变细、沉积环境也从水上的平原过渡到水下的前缘的规律,同时纵向上沉积物粒度逐渐变细、沉积环境也由平原亚相过渡到前缘亚相。百一段沉积期,黄3井、艾湖4井、玛西1井主要发育平原分流河道砾岩(玛西1井底部和顶部发育薄层平原分流河道砂砾岩及平原分流河道间沉积物),玛18井和艾湖1井主要发育前缘水下分流河道砂砾岩夹薄层前缘水下分流河道间沉积物(玛18井底部发育薄层平原分流河道砂砾岩)。百二段沉积期,各井的沉积微相和岩性相变化较大,黄3

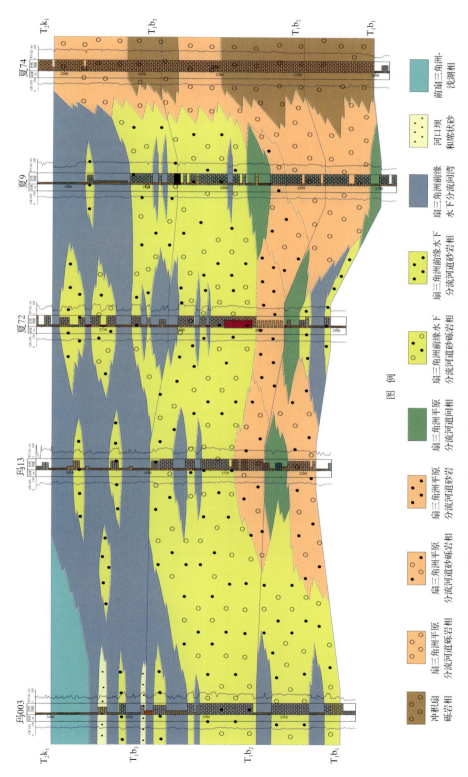

图 4.22　玛 003 井-玛 13 井-夏 72 井-夏 9 井-夏 74 井连井沉积相剖面

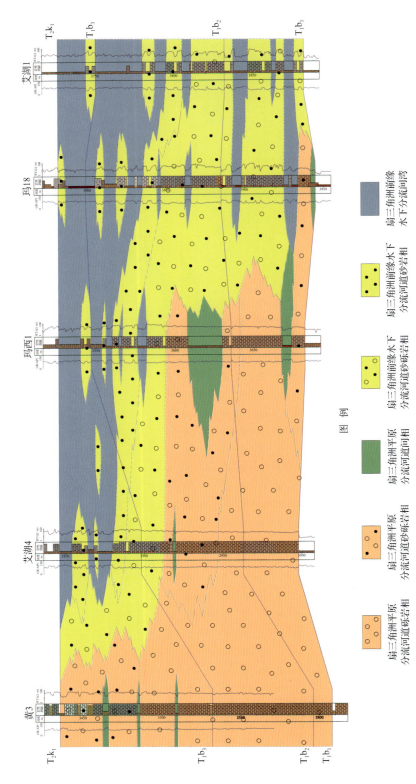

图4.23 黄3井-艾湖4井-玛西1井-玛18井-艾湖1井连井沉积相剖面

井发育平原分流河道砾岩,艾湖 4 井底部、中部、顶部依次发育平原分流河道砾岩、平原分流河道砂砾岩、前缘水下分流河道砂砾岩,玛西 1 井中下部、中部、上部依次发育平原分流河道砂砾岩夹平原分流河道间沉积物、前缘水下分流河道砂砾岩和前缘水下分流河道末端砂岩,玛 18 井和艾湖 1 井中下部主要发育前缘水下分流河道砂砾岩,中上部主要发育前缘水下分流河道间沉积物夹前缘水下分流河道末端砂岩。百三段沉积期,黄 3 井下部主要发育平原分流河道砾岩,上部主要发育平原分流河道砂砾岩夹薄层平原分流河道间沉积物,艾湖 4 井底部发育前缘水下分流河道砂砾岩,向上与其余 3 口井类似,主要发育前缘水下分流河道间沉积物夹透镜状前缘水下分流河道末端砂岩(图 4.23)。总体上,该剖面在横向上,显示了由近物源的黄 3 井向近湖盆的艾湖 1 井,沉积物粒度变细;纵向上,由平原亚相沉积为主,过渡到前缘亚相沉积为主,同时沉积物粒度也变细的沉积规律。

6. 风南 7 井-艾克 1 井-玛 005 井-玛 004 井-玛 5 井沉积相剖面

该剖面位于研究区东北部,近乎垂直于物源方向(图 4.24)(虽然在图 4.18 中,该剖面线与另外一条近乎垂直于物源方向的百 64 井-艾湖 4 井-夏 75 井-夏 82 井-夏 9 井剖面线方向近乎垂直,但由于这两条剖面线处物源方向的变化,仍然将这两条剖面线都作为近乎垂直于物源方向)。从该剖面沉积物的分布规律上看,剖面西北端的风南 7 井靠近湖盆(沉积中心),剖面东南端的玛 5 井靠近物源区,整个剖面的特征也与前述近乎平行于物源方向的玛 003 井-玛 13 井-夏 72 井-夏 9 井-夏 74 井剖面、黄 3 井-艾湖 4 井-玛西 1 井-玛 18 井-艾湖 1 井剖面非常接近。但事实上,风南 7 井、艾克 1 井一带的物源并非来自玛 5 井、玛 004 井一带(具体参见后文平面沉积相部分)。百一段沉积期,风南 7 井下部、中上部依次发育前缘水下分流河道末端砂岩、前缘水下分流河道砂砾岩夹前缘水下分流河道间沉积物,艾克 1 井发育前缘水下分流河道间沉积物夹透镜状前缘水下分流河道末端砂岩,玛 005 井主要发育平原分流河道砂砾岩夹薄层平原分流河道间沉积物,顶部发育前缘水下分流河道砾岩,玛 004 井和玛 5 井主要发育前缘水下分流河道砾岩(前者中上部发育前缘水下分流河道砂砾岩)。百二段沉积期,沉积微相及岩性相比较复杂,风南 7 井发育前缘水下分流河道间间沉积物,下部夹前缘水下分流河道末端砂岩,艾克 1 井下部、中上部依次发育前缘水下分流河道间沉积物夹前缘水下分流河道末端砂岩、前扇三角洲-浅湖沉积物,玛 005 井下部、中上部依次发育前缘水下分流河道砾岩、前缘水下分流河道砂砾岩夹中厚层前缘水下分流河道间沉积物,玛 004 井和玛 5 井中下部主要发育平原分流河道砾岩(前者中部发育薄层前缘水下分流河道砾岩),上部主要发育前缘水下分流河道砂砾岩夹薄层前缘水下分流河道间沉积物。百三段沉积期,风南 7 井和艾克 1 井主要发育前扇三角洲-浅湖沉积物,其余 3 口井下部主要发育前缘水下分流河道末端砂岩,中上部主要发育前缘水下分流河道间沉积物夹前缘水下分流河道末端砂岩,其中玛 005 井顶部还发育前扇三角洲-浅湖沉积物(图 4.24)。总体上,该剖面纵向上显示了水体加深、沉积物粒度变细的特征,而横向上沉积物粒度变化复杂。

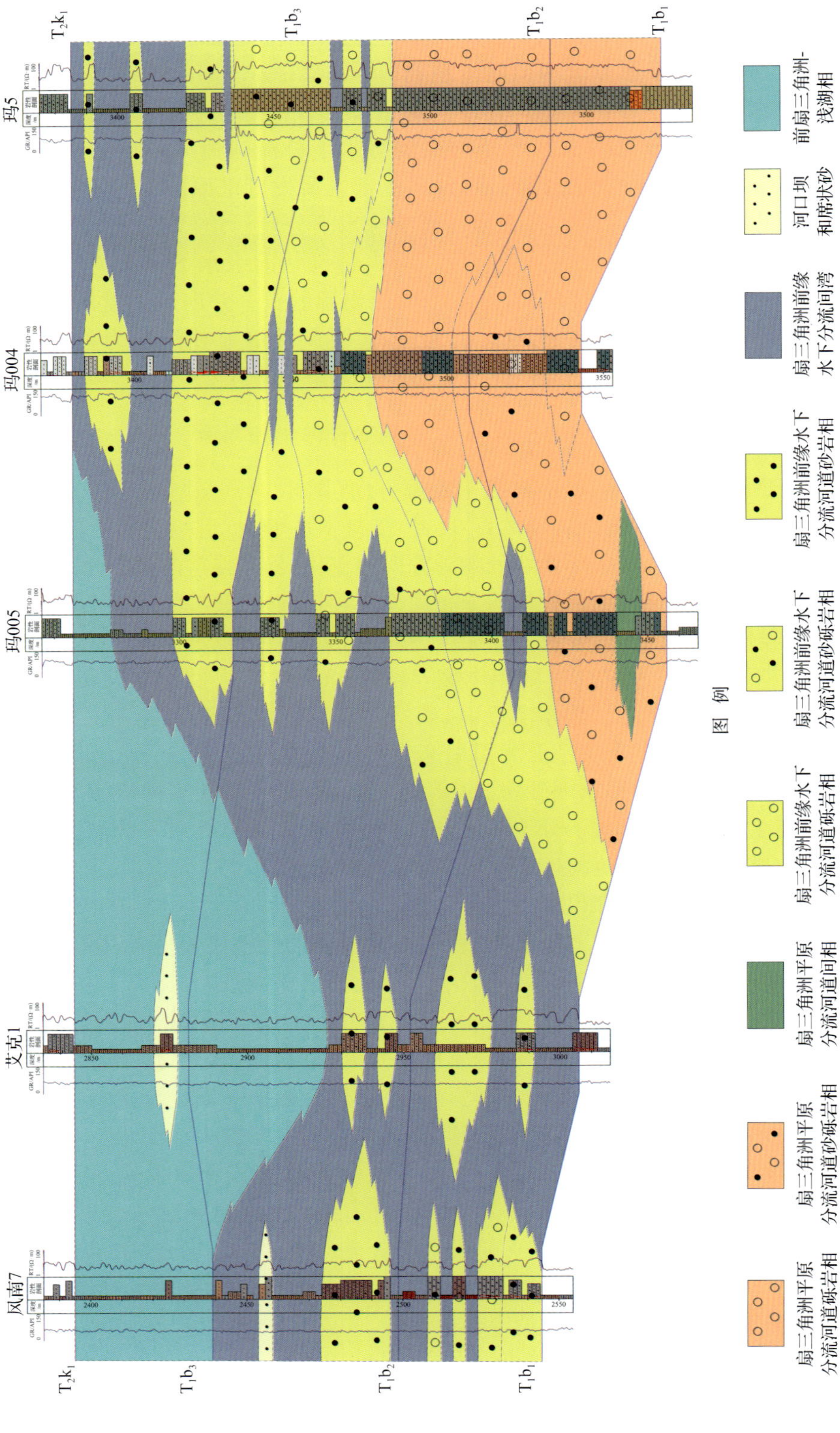

图 4.24 风南 7 井-艾克 1 井-玛 005 井-玛 004 井-玛 5 井连井沉积相剖面

4.3.2　玛湖凹陷平面沉积相特征

1. 玛湖凹陷百一段平面沉积相特征

玛湖凹陷在三叠系百口泉在一段沉积期,主要发育 4 个大的冲积扇体,从南到北、从西到东依次是中拐扇、黄羊泉扇、夏子街扇、夏盐扇;它们控制了研究区物源的主要方向,依次是西南角金龙 2 井-金龙 9 井附近西部物源,西北部黄 4 井-黄 3 井附近西北部物源,东北角夏 74 井-夏 9 井附近东北部物源,东部夏盐 3 井-夏盐 2 井附近东部物源。该时期全区主要发育扇三角洲平原、扇三角洲前缘、前扇三角洲-浅湖 3 种沉积亚相,在夏 74 井附近还可见到小范围的冲积扇扇缘亚相。其中平原亚相主要发育平原分流河道砾岩和平原分流河道砂砾岩,仅在乌尔禾地区见少量平原分流河道砂岩;平原亚相的分布区域与 4 个方向的物源关系密切,分布在研究区西南角、西北部、东北部、东部 4 个区域,靠近物源为平原分流河道砾岩,外围为平原分流河道砂岩,后者的分布范围大于前者。前扇三角洲-浅湖相主要分布在研究区中部到南部的位置,在艾克 1 井附近也有发育,在该相与平原亚相之间,分布着大范围的前缘亚相;从平原分流河道砂砾岩向湖盆中心,依次发育前缘水下分流河道砂砾岩和前缘水下分流河道末端砂岩,这二者在平面上的范围大致接近,前者在平面上环绕平原分流河道砂砾岩分布,后者在平面上连片分布且在物源之间发育小范围的前缘水下分流河道间沉积(图 4.25)。总体上百一段沉积期,研究区平原亚相、前缘亚相的沉积范围都较大,前扇三角洲-浅湖相沉积范围相对较小,平原分流河道砾岩分布范围较广,反映了该时期水动力条件较强,物源供给较丰富的沉积环境。

2. 玛湖凹陷百二段平面沉积相特征

百二段沉积期,玛湖凹陷基本上继承了百一段沉积期的特征,在中拐扇和黄羊泉扇之间增加了一个克拉玛依扇,物源也变为 5 个(增加了西部克 86-克 89 井一带西北部物源)。该时期扇三角洲平原的沉积范围比百一段有所减小(除了克 86 井-克 89 井一带发育平原分流河道砂砾岩外),依然由平原分流河道砾岩、平原分流河道砂砾岩组成,平原分流河道砂岩不发育。扇三角洲前缘的沉积范围与百一段相比,逐渐缩小,总体向物源方向退缩,前缘水下分流河道砂砾岩在平面上略呈连片分布,前缘水下分流河道末端砂岩继续呈连片分布。前扇三角洲-浅湖相沉积的范围有了较明显的增加(图 4.26)。总体上百二段沉积期,继承了百一段沉积期的特征,与百一段相比,水体逐渐加深,沉积物粒度略微变细,物源供给量略有减少(东北部物源、东部物源变化不明显)。

3. 玛湖凹陷百三段平面沉积相特征

百三段沉积期,与百二段相比,玛湖凹陷水体加深明显,克拉玛依扇控制的物源基本

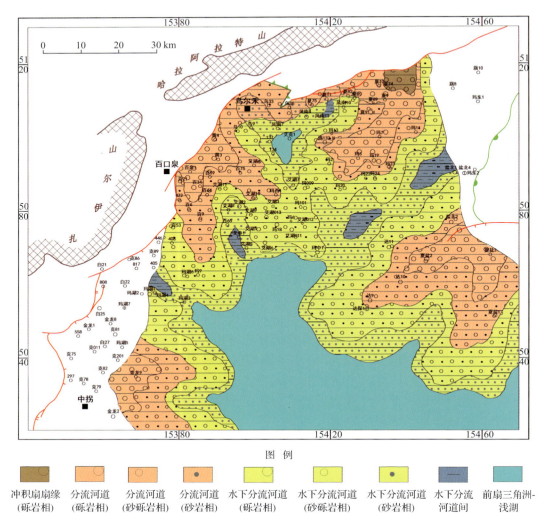

图 4.25 玛湖凹陷百口泉组百一段沉积相平面图

消失,中拐扇和夏盐扇所控制的物源表现为前缘亚相较发育,平原亚相退缩消失。该沉积期,研究区大范围为前扇三角洲-浅湖相沉积,扇三角洲沉积范围大大缩小,主要包括:中拐扇控制的西部物源在金龙8-金龙9井一带发育小范围的前缘水下分流河道末端砂岩和前缘水下分流河道砂砾岩;黄羊泉扇控制的西北部物源在研究区西北部和夏子街扇控制的东北部物源在研究区东北部均发育小范围的平原分流河道砾岩、平原分流河道砂砾岩和前缘水下分流河道砂砾岩,同时发育范围较广的前缘水下分流河道末端砂岩;夏盐扇控制的东部物源在夏盐3井-夏盐2井一带,发育小范围的前缘水下分流河道砾岩及范围较广的前缘水下分流河道砂砾岩、前缘水下分流河道末端砂岩(图4.27)。

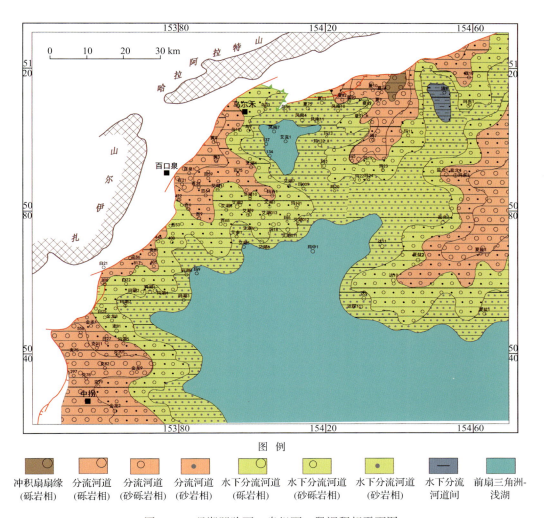

图 4.26　玛湖凹陷百口泉组百二段沉积相平面图

　　玛湖凹陷百口泉组沉积相的研究表明,从百一段到百二段,研究区水体逐渐加深,沉积物粒度略有变细;扇三角洲平原亚相沉积范围减少,向物源区退缩,扇三角洲前缘亚相的沉积范围略有减小,前扇三角洲-浅湖相沉积范围增大;从百二段到百三段,水体加深明显,沉积物粒度变细;扇三角洲平原亚相的沉积范围缩小明显,仅在研究区西北角和东北角发育非常小范围的平原亚相沉积,前缘亚相的沉积范围也有明显的缩小,向物源方向退缩,前扇三角洲-浅湖相的沉积物在研究区内广泛发育。研究区沉积相的这种演化规律导致了百一段和百二段主要发育优质的油气储层,百三段则主要发育区域盖层,成为该区油气有利的储盖组合。

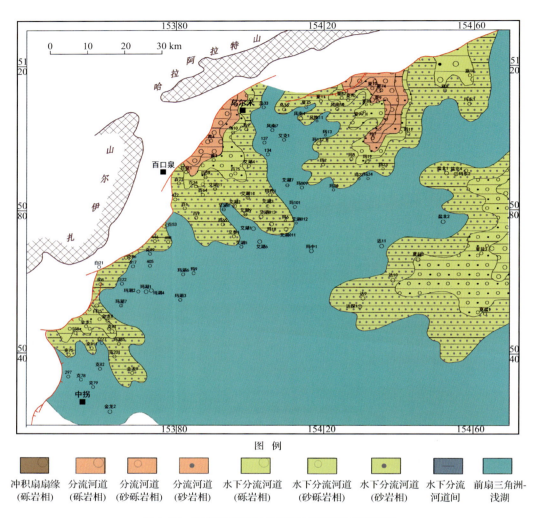

图例

冲积扇扇缘
(砾岩相) 分流河道
(砾岩相) 分流河道
(砂砾岩相) 分流河道
(砂岩相) 水下分流河道
(砾岩相) 水下分流河道
(砂砾岩相) 水下分流河道
(砂岩相) 水下分流
河道间 前扇三角洲-
浅湖

图 4.27　玛湖凹陷百口泉组百三段沉积相平面图

储层成岩作用及孔隙演化 第5章

5.1 储层岩矿特征

  岩矿特征是一个区域岩石组成最直接的物质表现,是识别沉积相最有效、最直观的依据之一,它能够真实准确地还原地层沉积时的水动力条件与沉积环境,也是对其他地球物理资料进行准确标定的基础。准噶尔盆地西北缘环湖凹陷三叠系百口泉组碎屑岩中砂砾岩所占比例较高,一般超过 50%,部分地区或层位达到 70%。玛北地区百口泉组砂砾岩比例最高,约为总岩性的 70%,玛南地区砂砾岩比例较低,约占 50%,玛西地区砂砾岩约占 60%,玛东地区砂砾岩约占 67%。由于玛湖凹陷三叠系百口泉组主要形成于扇三角洲沉积环境,故砂砾岩或砂岩均具有成分成熟度和结构成熟度较低的特点。

  通过对玛北地区百口泉组 1142 块实测样品统计分析可知:百口泉组岩石类型主要有灰色和褐色砂砾岩(占 69.5%)、砂质不等粒砾岩(占 4.9%)、不等粒砾岩(占 4.2%)、含砾砂岩(占 3.7%)、含砾不等粒砂岩(占 3.0%)及细砂岩等,可见粗粒的砂砾岩含量约占 84%,细粒的碎屑岩含量很少,总共约占 16%(图 5.1)。统计表明,该区砂岩类型主要为岩屑砂岩(图 5.2),岩屑含量常达 50% 以上,发育少量长石岩屑砂岩,成分成熟度较低。根据岩石薄片鉴定,砾石成分以凝灰岩为主(占 25.0%),霏细岩(占 17.1%)、砂岩(占 15.9%)和流纹岩(占 12.5%)次之,此外见少量花岗岩、变泥岩和石英岩;砂质成分以凝灰岩为主(占 23.24%),其次为石英(占 7.63%)和长石(占 7.42%),发育少量霏细岩、安山岩、花岗岩和千枚岩等不稳定火山碎屑。杂基以高岭石、泥质为主,平均百分含量约

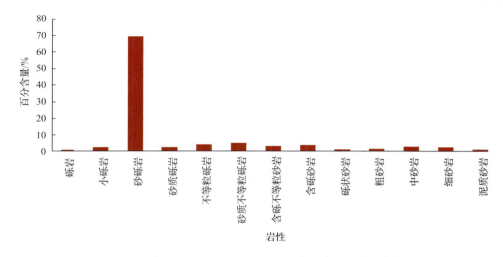

图 5.1   玛湖凹陷玛北地区三叠系百口泉组碎屑岩类型直方图

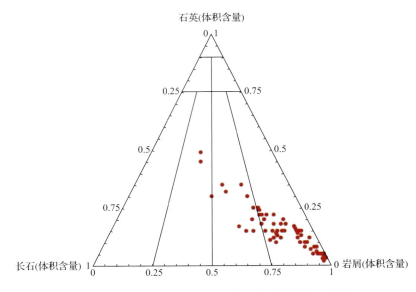

图 5.2　玛北地区三叠系百口泉组碎屑岩分类三角图

2.88%,胶结物含量较低,主要为方解石和方沸石,以泥质、钙质胶结为主,黏土矿物以伊蒙混层较多,大部分已向伊利石转化,平均体积百分含量为 50.4%,次为绿泥石(占33.4%)和高岭石(占 22.7%),伊利石含量相对较低(占 9.6%)。

　　玛湖凹陷其他斜坡区(玛南地区、玛西地区、玛东地区)百口泉组砂砾岩和砂岩的岩石类型及矿物组分与玛北地区基本类似,只是由于物源区不同造成岩屑类型存在一定差异。

　　玛南地区三叠系百口泉组的岩性主要以砂砾岩和小砾岩为主(含量达到约 70%),还有部分砂质小砾岩、细砂岩及泥岩(图 5.3)。颜色以褐色、灰褐色、棕褐色为主,局部可见灰色含砾砂岩和橘红色泥岩。岩石类型以岩屑长石砂岩为主,岩屑含量较高,达 50%以上,且以凝灰质为主,成分成熟度和结构成熟度都较低。砾石磨圆和分选性中等-较差,胶结物主要以泥质和方解石胶结为主,少见沸石类胶结和硅质胶结(图 5.4)。

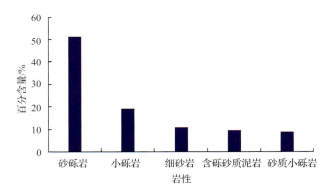

图 5.3　玛湖凹陷玛南地区三叠系百口泉组碎屑岩类型直方图

(a) 玛湖2井，3208.6m，T_1b，灰褐色油迹砂砾岩，　　(b) 克80井，3747.7m，T_1b，杂色砂砾岩，砾石磨圆
砾石磨圆较好，以次圆状为主，泥质杂基含量低　　　　　　中等，泥质杂基含量低

图 5.4　玛南地区三叠系百口泉组碎屑岩岩心特征

　　玛西地区三叠系百口泉组中砾岩和砂砾岩等粗粒碎屑岩所占比例常可达 80％，砂岩、细砂岩、粉砂岩和泥岩所占比例较低（图 5.5）。大多数砂砾岩中砾石的磨圆程度较好-中等，分选较差。岩心观察和薄片鉴定表明，玛西地区三叠系百口泉组砂砾岩大多数为灰绿色、灰色，泥质杂基含量较高，分选较差，砾石成分复杂（图 5.6）。

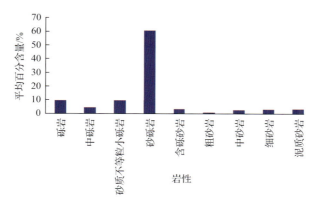

图 5.5　玛湖凹陷玛西地区三叠系百口泉组碎屑岩类型直方图

(a) 玛009井，3635.82~3636m，T_1b，灰色砂砾岩，砾石　　(b) 百65井，3377.5m，T_1b，灰色砂砾岩，
磨圆差，泥质杂基含量高　　　　　　　　　　　　　　　分选差，砾石磨圆较差

(c) 玛西1井，3561.48~3561.69m，T₁b，灰色砂砾岩，
砾石磨圆差，泥质杂基含量高

(d) 百65井，3379.8m，T₁b，灰色砂
砾岩，分选差，砾石磨圆较差

(e) 玛9井，3678.28m，T₁b，砂砾岩中粒内溶孔
发育，泥质杂基含量较低，×40

(f) 百65井，3386.92m，T₁b，砂砾岩，砾石磨圆
较差，次棱角状

图 5.6　玛西地区三叠系百口泉组砂砾岩储层的宏观及微观特征

　　玛东地区三叠系百口泉组的岩石类型主要有砂砾岩、砂质砾岩、不等粒小砾岩、砂质不等粒小砾岩、含砾砂岩、中砂岩、细砂岩，此外还有少量的粉砂岩和砂质泥岩（图5.7）。其中砾岩和砂砾岩含量近80%，砂岩和细砂岩所占比例不到15%。砂砾岩中砾石的磨

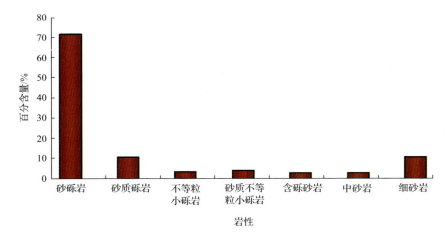

图 5.7　玛湖凹陷玛东地区三叠系百口泉组碎屑岩类型直方图

圆和分选中等，以次圆状-次棱角状为主。镜下鉴定表明，百口泉组的砂岩以岩屑砂岩为主，岩屑含量很高（常达 70% 以上），主要成分有凝灰质、玄武质、铁质、泥质岩块和安山质等；杂基含量一般为 5%～8%，主要有绿泥石、高岭石、铁染泥质、水黑云母、水云母化泥质、水云母、泥质等；胶结物主要为钙质、泥质和少量硅质（图 5.8）。

(a) 玛东2井，3644.0，T₁b，灰色砂砾岩，
　　砾石磨圆差，泥质杂基含量高

(b) 玛东2井，3643.6m，T₁b，灰色砂砾岩，
　　分选差，砾石磨圆较差

(c) 玛东1井，344.40m，T₁b，灰色砂砾岩，
　　砾石磨圆较好，粒间孔发育

(d) 玛东1井，3242.42m，T₁b，灰色砂砾岩，
　　砾石磨圆较好，次圆状-次棱角

图 5.8　玛东地区三叠系百口泉组砂砾岩储层的宏观及微观特征

5.2　储层成岩作用特征

　　成岩作用是沉积物沉积之后转变为沉积岩直至变质作用之前，或因构造运动重新抬升至地表遭受风化作用以前所发生的物理、化学、物理化学和生物的作用，以及这些作用所引起的沉积物或沉积岩的结构、构造和成分的变化（方少仙等，1993；冯增昭，1993）。研究区储层成岩作用类型主要有压实作用、压溶作用、胶结作用、交代作用、溶解作用、溶蚀作用、重结晶作用和烃类侵位作用等。这些作用都是互相联系和影响的，其综合效应影响和控制着研究区砂砾岩储层的形成演化。其中对储层物性影响最主要的成岩作用是压实作用、胶结作用和溶蚀作用。

5.2.1 压实作用

　　玛湖凹陷斜坡区三叠系百口泉组埋藏深度变化较大，一般为 $2000\sim4000m$。由于三叠系百口泉组埋藏时间较长、埋藏深度较大，加之百口泉组砂岩和砂砾岩的成分成熟度和结构成熟度较低，因此玛湖凹陷斜坡区三叠系百口泉组储层大都经历了较强的成岩作用改造。玛北斜坡区三叠系百口泉组储层埋藏深度主要分布在 $2200\sim3800m$，砂砾岩储层成分成熟度较低，含大量凝灰岩等半塑性火山岩屑，泥质杂基含量较高，因此压实作用是研究区储层物性下降的最重要的成岩作用之一。压实作用包括机械压实和化学压实作用（压溶作用）（Pittman and Lareser，1991）。当研究区埋藏深度大于 $3500m$ 时，压实作用主要表现为半塑性、塑性的火山岩屑发生变形，碎屑颗粒呈线接触或凹凹接触，甚至出现假杂基现象，粒间孔隙急剧减少，造成孔隙度不可逆的降低，少量刚性碎屑被压裂（图 5.9）。通过对砂砾岩薄片的显微观察和镜下估算，结合砂砾岩储层物性分析，压实作用对玛北斜坡区三叠系砂砾岩储层物性的孔隙损失量可达 $50\%\sim70\%$，部分埋藏深度大于 $3500m$ 砂砾岩储层其孔隙度的损失量甚至超过 75%。可见分选性较差、泥质杂基含量较高、碳酸

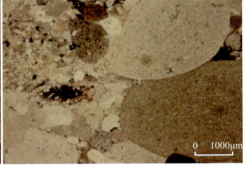

(a) 玛006井，3417.33m，T_1b，砂砾岩中压实作用较强，造成塑性砾石变形　　(b) 玛001井，3452.30m，T_1b，砂砾岩中压实作用较强，出现假杂基

(c) 玛006井，3422.67m，T_1b，灰色砂砾岩中，塑性砾石变形，呈凹凸接触　　(d) 玛006井，3407.37m，T_1b，砂砾岩中压实作用较强，塑性砾石变形，甚至出现假杂基

图 5.9　玛北地区百口泉组压实作用特征

盐胶结物含量较低的砂砾岩储层物性受到了压实作用较大的破坏,由于砾岩的体积比砂岩大,其压实效应比砂岩弱,研究区除了重力流成因的泥石流砂砾岩为杂基支持结构之外,大多数砾岩为碎屑颗粒支撑结构,在压实作用过程中,砾石发生一定的程度的转动,以至于扭曲变形或破裂,在镜下可见研究区微裂缝较为发育。压溶作用是一种物理化学成岩作用,其在研究区主要表现为砂砾岩中砾石凹凸接触,形成压入坑构造,或者石英颗粒横向增生,主要是研究区酸性火山岩岩屑或者长石等碎屑矿物在纵向上的压溶。

5.2.2　胶结作用

胶结作用也是储层孔隙度和渗透率降低的主要成岩作用之一。玛湖斜坡区三叠系百口泉组砂砾岩中胶结物具有含量变化大、类型复杂的特点。在玛北地区百口泉组砂砾岩中常见碳酸盐类(方解石、铁方解石、铁白云石和菱铁矿等)、硅质(包括石英增生)、沸石类(方沸石和片沸石)(图 5.10)、自生黏土矿物(伊蒙混层、高岭石、绿泥石和伊利石)(图 5.11)等胶结物。其中黏土矿物以无序伊蒙混层为主,混层比较高,高岭石和绿泥石为辅,不同的层段含量存在差异,随着埋藏深度的增加,伊蒙混层含量增加,绿泥石含量减少。

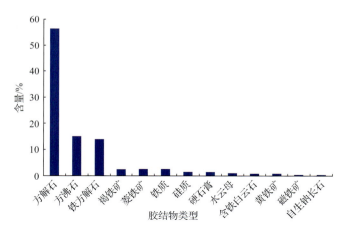

图 5.10　玛北地区三叠系百口泉组储层胶结物类型分布直方图

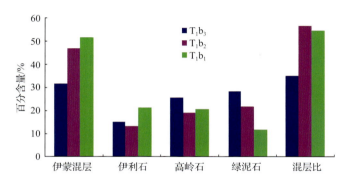

图 5.11　玛北地区三叠系百口泉组储层黏土矿物分布图

　　玛湖凹陷斜坡区三叠系百口泉组砂砾岩中方解石胶结物非常常见,如玛北地区百口泉组砂砾岩中方解石胶结物非常发育[图5.12(a),图5.12(b)],常充填于粒间孔隙或沉淀于孔隙边缘,是造成储层物性变差的主要赋存形式。但在砂砾岩储层中碳酸盐胶结物的发育,特别是成岩早期若大量碳酸盐胶结物充填于粒间孔内可有效地增强岩石的抗压实能力,减弱压实作用对岩石的影响,保存部分粒间体积。同时碳酸盐胶结物是溶蚀作用的物质基础,在后期受到酸性流体的溶蚀形成次生孔隙,是油气聚集的良好储集空间。

　　由于研究区百口泉组砂砾岩的成分成熟度非常低,碎屑颗粒中硅质胶结物的含量较低,主要以碎屑石英自生加大出现[图5.12(c),图5.12(d),图5.12(e)],镜下可见自形石英晶体产出于碎屑颗粒边缘的粒间孔隙表面、粒间孔壁或粒内溶孔中,起到减孔作用,但一定数量硅质胶结物的形成对储层的积极意义表现在其可增强砂岩抗压实能力,阻止压实作用对原生粒间孔的破坏。

　　研究区百口泉组砂岩和砂砾岩中偶见沸石类胶结物,以方沸石为主,常呈晶粒状、板状、纤维状及束状产出于粒间孔隙中[图5.12(f)],主要形成于中成岩作用阶段,成分与长石相似。沸石类胶结物常与方解石或自生黏土矿物共生于粒间孔中,堵塞孔隙,但其成岩后期易遭受溶蚀形成次生孔隙,从而提高储集性能(韩守华等,2007)。

(a) 玛006井,3404.27m,T₁b,砂砾岩,粒间孔中方解石胶结

(b) 玛006井,3404.35m,T₁b,砂岩粒间发育大量碳酸盐胶结物

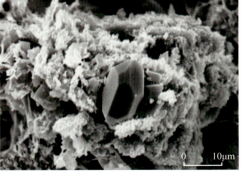

(c) 夏89,2370.2m,T₁b,油迹砂岩中发育自生石英,高岭石发生少量的溶蚀

(d) 玛131井,3188.2m,T₁b,砂岩中发育的自生粒状石英及绿泥石和少量伊利石胶结物特征

(e) 玛6井，3809.19m，T₁b，砂砾岩，粒间发育自形　　(f) 玛001井，3455.54m，T₁b，不等粒砂岩中沸石类
　　　方解石胶结物，并见有机质充填　　　　　　　　　　　矿物和绿泥石的胶结作用特征

图 5.12　玛北地区百口泉组储层胶结作用特征

　　研究区黏土矿物的胶结主要有蒙脱石、伊蒙混层、伊利石、高岭石和绿泥石(图 5.13)。蒙脱石常出现于含火山物质较丰富的砂砾岩中，在扫描电镜中可见常呈棉絮状、鳞片状极不

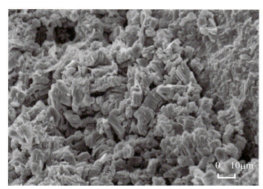 

(a) 玛131井，T₁b，3192.26，粒间孔隙中发育大量自　　(b) 玛13，3107.25m，T₁b，油浸含砾砂岩中自生
　　　形书页状高岭石　　　　　　　　　　　　　　　　　　高岭石胶结物特征

(c) 玛133，3136.2m，T₁b，砂岩中鳞片状伊利石和　　(d) 玛132，3273.9m，T₁b，砂岩粒间孔中伊利石胶
　　　绒状块状蒙脱石特征　　　　　　　　　　　　　　　结物特征

图 5.13　玛北地区百口泉组储层黏土矿物微观特征

规则的厚层波状薄片,分布于粒间孔隙中及包覆于颗粒表面。研究区自生高岭石多呈书页状和蠕虫状集合体形式,存在于原生粒间孔或次生溶蚀孔中,造成孔隙堵塞[图 5.13 (a)和图 5.13(b)]。伊蒙混层在研究区较为发育,其形态介于蒙脱石和伊利石之间,多以孔隙垫衬和充填的形式出现[图 5.13(c)]。伊利石分布于各种不同成分的砂砾岩中,常呈片状、蜂窝状、丝缕状等形态出现,通常呈颗粒薄膜或孔隙衬边出现,有时呈网状分布于孔隙中[图 5.13(d)]。绿泥石单体形态为针叶片状,集合体形态为鳞片状、玫瑰花朵状及绒球状。针叶片状绿泥石多以孔隙衬垫式包裹在颗粒外部,而玫瑰花朵状及绒球状绿泥石则常充填孔隙颗粒间,并常与自生石英共生。研究区砂砾岩中绿泥石的主要赋存状态是沿孔隙边缘产出的半自形片状绿泥石。

通过统计分析发现玛北地区百口泉组黏土矿物类型及含量与储层物性存在较密切关系,伊蒙混层黏土和伊利石含量较低的砂砾岩储层中物性较差,而高岭石发育的储层中物性较好(图 5.14)。

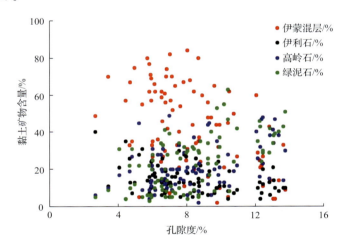

图 5.14 玛北地区百口泉组储层孔隙度与黏土矿物关系图

5.2.3 长石溶蚀作用模拟实验

前期勘探开发工作中发现,百口泉组发育长石颗粒溶孔(图 5.15),作为残余原生孔的补充,对储层物性起到了很好的改善作用,特别是玛西斜坡区,岩石组分中长石含量相对较高,并且下倾方向贴近烃源岩排烃排酸路径,因此溶蚀作用不可忽视。鉴于此,本书运用有机酸溶蚀实验模拟长石溶蚀过程,来研究长石溶蚀的增孔效应及影响因素。

1. 实验思路及条件

本次实验是运用高温高压溶蚀内部模拟装置来进行的(图 5.16),较一般的表面水岩反应模拟,其独特之处在于可以模拟埋藏高温高压环境下的水岩反应过程,并且为内部溶蚀,流体从样品内部流过,更加逼近真实的地下成岩环境。实验进行之前,取 2.5mm×3mm 柱塞样,进行铸体薄片、孔渗、扫描电镜、CT 扫描等分析测试;溶蚀反应之后再进行上述分析测试,对比实验前后岩石溶蚀强度、溶蚀特征及物性变化等(图 5.17)。

(a) 玛18井,3917.28m,T_1b_2,含砾粗
中砂岩,长石溶孔

(b) 玛18井,3913.88m,T_1b_2,
砂砾岩,长石溶孔

图 5.15　百口泉组储层溶孔特征

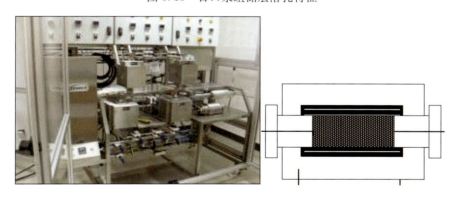

图 5.16　实验装置:高温高压溶蚀模拟系统

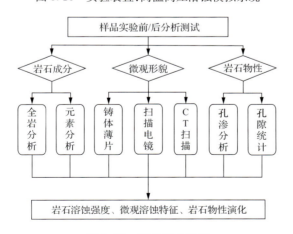

图 5.17　实验技术路线

针对研究长石溶蚀增孔效率及影响因素(包括温度和泥质含量),分别用三个实验来进行模拟。

实验(一):针对温度对长石溶蚀的影响。实验过程为同一个样品(艾湖 1 井,3855.6m,砂砾岩)在不同的温度条件下进行酸蚀实验,对比不同温度下长石溶蚀量大小(通过反应后溶液中离子量来表征)。反应流体条件为乙酸溶液,浓度为 2%,pH 为 2.386,实验压力固定为 10MPa,流体流速为 1mL/min,实验温度分别为 100℃、120℃、140℃、160℃,反应时间为每个温度点 1 小时。

实验(二):针对泥质含量对长石溶蚀的影响。取两块泥质含量不同的样品(艾湖 1 井,3854.2m,砂砾岩;艾湖 1 井,3856.5m,砂砾岩)进行相同温压系列下的酸蚀实验,来对比不同泥质含量下长石溶蚀量的大小。反应流体条件为乙酸溶液,浓度为 2%,pH 为 2.386,流体流速为 1ml/min,实验温压系列为 80℃-10MPa、100℃-10MPa、120℃-10MPa、140℃-10MPa,反应时间为每个温压点 1 小时。

实验(三):针对砂砾岩溶蚀增孔效率,孔喉变化。实验过程为同一样品,固定温压条件下进行酸蚀实验,对比实验前后物性变化特征、孔喉变化特征以及微观形态变化特征。反应流体条件为乙酸溶液,浓度为 2%,pH 为 2.386,流体流速为 1ml/min,实验温压系列为 120℃-10MPa,反应时间 23 小时。

2. 实验结果分析

实验(一):温度对长石溶蚀的影响。由不同温度下反应后溶液中的主要离子可以看出(图 5.18),随着温度的升高,溶液中含硅离子浓度显著提升,100℃ 为 0.668mmol/L,120℃为 0.821mmol/L,140℃ 为 1.232mmol/L,160℃ 为 2.057mmol/L,同时 Al^{3+} 和 Na^+ 的浓度也显著上升。以钠长石为例,溶蚀化学反应为 $2NaAlSi_3O_8+2H^++H_2O=Al_2Si_2O_5(OH)_4+4SiO_2+2Na^+$,溶蚀后溶液中主要游离出含硅离子、$Al^{3+}$ 和 Na^+,由实验可以明显看出,温度升高,长石的溶蚀量增加,这和长石溶蚀是吸热化学反应过程是相吻合的。

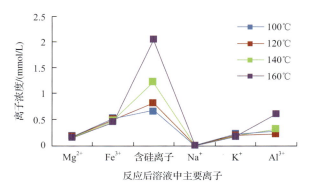

图 5.18 同一样品不同温度下反应后溶液中的主要离子

实验(二):泥质含量对长石溶蚀的影响。实验中艾湖 1 井 3854.2m 砂砾岩样品为高泥质,铸体薄片分析其泥质含量可达 8%,从岩样也可直观看出,泥质发褐色,推测含有三价铁质矿物,艾湖 1 井 3856.5m 砂砾岩样为低泥质,铸体薄片分析其泥质含量为 2%,并且同样的泥质中也含有铁质矿物(图 5.19)。

(a) 艾湖1井，3854.2m，砂砾岩，泥杂基含量高8%

(b) 艾湖1井，3856.5m，砂砾岩，泥杂基含量较低2%

图 5.19　泥质含量对长石溶蚀的影响

　　从实验后溶液中主要离子浓度可以看出(表 5.1)：同一个样品随着温度升高，溶液中游离出的含硅离子、Al^{3+}、Na^+ 及 K^+ 含量都在增高，这与之前实验得出的随着温度升高，长石溶蚀量增加结果是一致的；对比不同样品同一温度下的反应后流体离子浓度可以看出，不论在哪个温压系列下，低泥质样品反应溶液中的含硅离子、Al^{3+}、Na^+、K^+ 浓度都比高泥质样品离子浓度高，这说明泥质含量影响长石的内部溶蚀量，泥质含量越高，溶蚀量越小，泥质含量越低，溶蚀量越大。

　　实验(三)：砂砾岩溶蚀增孔效率，孔喉变化。由实验前后物性测试结果可以看出(表 5.2)，长石溶蚀导致样品孔隙度增加了 0.57%，增孔效率为 5.24%；渗透率增加了 $4.30\times10^{-3}\mu m^2$，增渗效率为 34.33%。

　　由实验前后样品扫描电镜特征以可以看出(图 5.20)，酸蚀实验后，长石颗粒增加许多微孔，部分长石溶蚀强烈，呈现残骸状，酸蚀效果非常显著。

表 5.1　不同泥质含量样品不同温压梯度下反应后溶液主要离子浓度

样品	温度/℃	压力/MPa	含硅离子/(mmol/L)	Al³⁺/(mmol/L)	Na⁺/(mmol/L)	K⁺/(mmol/L)
高泥质	80	10.0	0.32	0.45	1.50	0.16
	100	10.0	0.35	0.69	2.02	0.15
	120	10.0	0.46	0.77	2.58	0.160
	140	10.0	0.52	0.81	3.68	0.16
低泥质	80	10.0	0.51	3.72	1.52	0.39
	100	10.0	0.61	4.53	2.09	0.50
	120	10.0	0.71	4.24	2.63	0.49
	140	10.0	0.83	3.86	3.54	0.42

表 5.2　同一样品酸蚀反应前后物性

样品编号	样品	孔隙度/%	渗透率/(10⁻³μm²)
艾湖 1,3855.6	反应前	10.87	12.53
	反应后	11.44	16.83
孔渗变化量/%		0.57	4.30

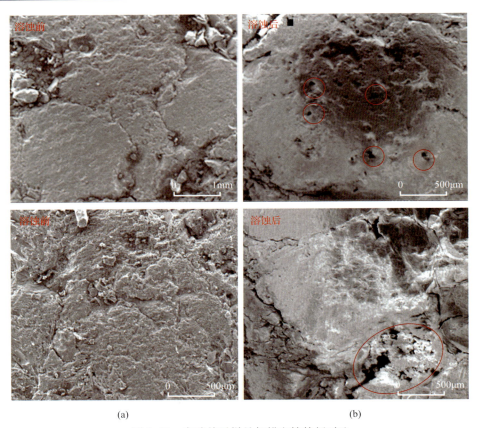

(a)　　　　　　　　　　　　　　(b)

图 5.20　实验前后样品扫描电镜特征对比

由实验前后 CT 孔喉表征结果来看(图 5.21),实验后样品孔隙数量半径喉道数量及喉道半径都增加了,实验前孔隙数量为 1945 个,孔隙体积为 $5.6×10^8\,\mu m^2$,平均孔隙半径为 $18.6\mu m$,实验后孔隙数量为 3642 个,孔隙体积为 $9.3×10^8\,\mu m^2$,平均孔隙半径为 $19.15\,\mu m$;实验前喉道数量为 1721 个,平均喉道半径为 $12.5\mu m$,实验后喉道数量为 3516 个,平均喉道半径为 $13\mu m$。

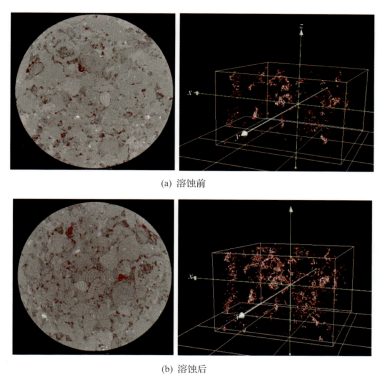

(a) 溶蚀前

(b) 溶蚀后

图 5.21　实验前后样品 CT 扫描特征对比

3. 实验结论

埋藏条件下,有机酸对长石产生有效溶蚀,溶蚀量受温度和泥质含量的影响,温度越高溶蚀量越大,泥杂基含量越低,溶蚀量越大。长石溶蚀有效改善储层物性,并且有效改善储层孔隙结构。

5.2.4　溶蚀作用

在玛湖凹陷三叠系百口泉组储集岩中(特别是物性条件较好,具有油气显示的储层中)常发育较强的溶蚀作用,主要是火山岩屑、碳酸盐类、沸石类及黏土类的溶蚀所致。通过对研究区砂砾岩的显微观察和扫描电镜分析,既有碎屑岩颗粒如火山岩岩屑、长石颗粒、石英颗粒的溶蚀,又有沸石、方解石等胶结物及部分杂基的溶蚀(图 5.22)产生的大量溶蚀孔隙将明显提高砂砾岩储层的储集性能,同时在溶蚀过程中伴随着绿泥石、水云母、高岭石等的生成,将造成孔隙喉道的堵塞,对储层物性产生不利影响。

　　通过研究区储层物性与深度关系可知,研究区砂砾岩储层孔隙度和渗透率随着埋深增大呈减小趋势,玛003井、玛009井、玛5井、玛002井和玛7井等10余口井在约3500m处存在一个明显的次生孔隙发育带(图5.23)。这说明反映成岩和胶结作用使储集层物性变差,溶蚀作用对储层物性有较强的改善作用。

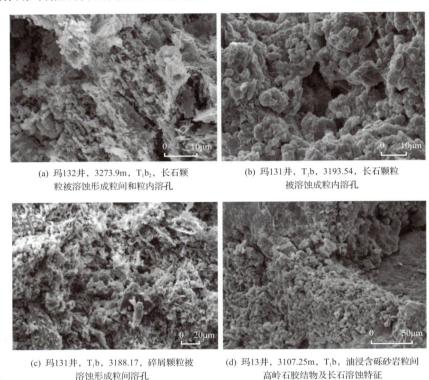

(a) 玛132井,3273.9m,T_1b_2,长石颗　　　　(b) 玛131井,T_1b,3193.54,长石颗粒
　　粒被溶蚀形成粒间和粒内溶孔　　　　　　　被溶蚀成粒内溶孔

(c) 玛131井,T_1b,3188.17,碎屑颗粒被　　　(d) 玛13井,3107.25m,T_1b,油浸含砾砂岩粒间
　　溶蚀形成粒间溶孔　　　　　　　　　　　高岭石胶结物及长石溶蚀特征

图5.22　玛北地区百口泉组储层溶蚀作用特征

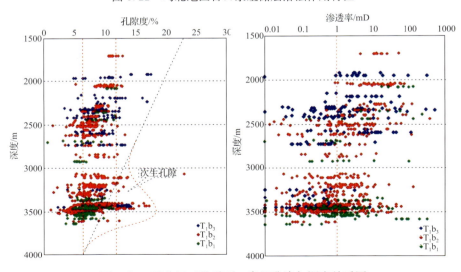

图5.23　玛北区三叠系百口泉组孔渗与深度关系图

5.3　成岩阶段及成岩相

　　碎屑岩成岩过程可以划分成若干阶段,随着成岩环境和成岩作用的不同,碎屑岩会有不同的结构,尤其是有不同类型自生矿物组合。其中碎屑岩的结构特征、颗粒间的接触关系及孔隙类型是成岩演化最直接的反映,也是肉眼可直接观察到的成岩现象,是成岩阶段划分最重要的划分标志;自生黏土矿物的成分、形态、产状、生成顺序和组合特征可提供成岩过程中水介质变化的依据,是划分成岩阶段的重要的岩石学依据。

　　通过对研究区(特别是玛北地区)三叠系百口泉组大量岩石薄片、铸体薄片及扫描电镜的观察和分析,结合研究区成岩作用特征和西北缘百口泉组油藏的热演化史分析,可知玛北地区百口泉组主要处于中成岩A期,部分储层处于中成岩B期(图5.24)。其主要依

成岩阶段	R_o/%	成岩温度/℃	泥质岩		机械压实作用	压溶作用	碎屑颗粒变形	自生矿物							溶蚀作用			孔隙类型	颗粒接触类型	次生孔隙生成	油气生成
			混层类型	S/%				高岭石	绿泥石	方解石	白云石	硫酸盐矿物	石英长石加大	沸石	碳酸盐类	长石及岩屑	沸石类				
早成岩阶段 A	0.4	<70	分散状蒙脱石	<70	较强	/	塑性碎屑变形	自生高岭石	栉壳状	泥晶方解石	/	石膏	/	/	/	/	/	原生孔隙	点状为主	/	甲烷生成
早成岩阶段 B	0.7	90	无序混层带	50	较弱	/		晶型完好的高岭石增多			泥晶白云石	硬石膏	较弱	方沸石	弱	弱	/	原生孔隙为主		次生孔隙形成	初期生油
中成岩阶段 A	1.3	130	有序混层带	20	弱	弱	/	高岭石增多	绒球状	亮晶方解石	自形亮晶白云石	片钠铝石	较强（自生钠长石发育）	片沸石	强	强	较弱	次生孔隙发育	点、线状	次生孔隙大量发育	大量油气生成
中成岩阶段 B	2.0	170	伊利石-绿泥石带	<20	较弱	较弱	半塑性火山岩岩屑发生塑性变形	高岭石向伊利石转化	片状	亮晶含铁方解石	亮晶含铁白云石				较弱	较弱	较强	次生孔隙较发育			湿气
晚成岩阶段 A	>2.0	>170		0	较强	较强			片状、针状			重晶石	/	浊沸石	/	/	/	偶见裂缝	线状、凹凸状	裂隙裂缝发育	干气

图5.24　玛北地区碎屑岩储层成岩阶段划分标志
S.蒙脱石;"/"表示没有(不发育)

据为:①玛北地区百口泉组原油的成熟度表明百口泉组油藏是成熟到高成熟的油气(杨坚强等,1995;王绪龙和康素芳,2001),R_o为1.3%～2.0%,证明研究区储层处于中成岩阶段。②玛北地区百口泉组自生黏土矿物有伊蒙混层、伊利石、高岭石及绿泥石,其中伊蒙混层含量较高,高岭石含量较低,部分高岭石已向伊利石转化,绿泥石微观特征大多为绒块状或半片状,碳酸盐胶结物以方解石为主,见少量含铁方解石,也出现少量的自生钠长石,石英次生加大及自生石英晶体较常见,同时粒间孔隙中出现自生方沸石、片沸石等矿物,这些自生矿物特征说明研究区处于中成岩A期,部分埋藏较深的储层处于中成岩B期。③研究区碎屑颗粒发生变形,碎屑颗粒大多呈线接触,部分为凸凹接触类型,原生孔隙基本定型,次生孔隙和裂缝较发育(图5.9)。通过对研究区成岩作用阶段划分标志的分析,结合研究区储层埋藏深度(2000～3800m)可知玛北地区百口泉组所处的主要成岩阶段为中成岩A期,部分储层处于中成岩B期。

成岩相是在特定的沉积和物理化学环境中,在成岩与流体、构造等作用下,沉积物经历一定成岩作用和演化阶段的产物,包含岩石颗粒、胶结物、组构、孔洞缝等综合特征(邹才能等,2008;赖锦等,2013)。因此,成岩相是沉积岩沉积相、岩石及矿物成分、成岩作用、孔隙结构和物性等的综合反映,是不同成岩环境、成岩作用和成岩矿物的组合特征,一般根据成岩环境和成岩类型来划分,并使得划分出的各成岩相具有不同的成岩作用组合及储层发育特征。成岩相一般按照控制成岩相特征的主要成岩作用、成岩环境等优势相或特殊相来命名,并对各个成岩相的形成地质条件、成岩特征、成岩环境、成岩演化序列与孔隙演化等进行归纳与总结(胡宗全和朱筱敏,2002)。根据对研究区三叠系百口泉组沉积背景、扇三角洲沉积特征及体系演化的研究·结合大量取心井岩心和薄片分析,通过查明成岩环境、成岩作用、成岩阶段和成岩过程中标志性成岩矿物组分特征,确定了研究区砂砾岩储层的主要储集空间类型及物性影响因素,在此基础上对研究区百口泉组砂砾岩的成岩相进行了划分,确定了各成岩相的主要成岩作用发育特征、成岩序列及空间分布。

前已述及,沉积环境控制了研究区砂砾岩储层的原始物性条件,不同的沉积环境下形成砂砾岩的磨圆度、分选性和杂基含量的不同,使砂砾岩原生孔隙度具有差异,尤其是杂基含量对压实、胶结和溶蚀等成岩作用影响较大。以杂基含量作为研究区成岩相划分的特殊相,根据成岩作用对砂砾岩储层物性的决定作用,压实作用、胶结作用和溶蚀作用作为储层成岩相划分的基本因素。

扇三角洲平原沉积的砂砾岩,距离物源较近,为水上沉积,未经湖水淘洗,通常杂基含量偏高,储层比较致密;而扇三角洲前缘相的砂砾岩,距离物源距离适中,为水下沉积,储层得到湖体的多次冲刷和改造,造成杂基含量减少,储层物性明显变好(图5.25)。砂砾岩埋藏较浅时,压实作用通常较弱,平原分支河道和前缘水下分流河道相砂砾岩储层物性相差不大;埋藏较深时,随着压实作用的增强,前缘水道砂体由于泥质含量少,抗压能力强,物性明显好于平原河道砂体。因此,砂砾岩杂基含量对其成岩作用类型和特征均产生了较大影响。

研究区砂砾岩的成岩相的划分原则为:①以砂砾岩中杂基含量的5%为界,将砂砾岩划分为高成熟和低成熟两类。②根据碎屑颗粒接触关系和火山岩岩屑变形程度将压实作用分为强压实和弱压实两类。一般经受强压实的砂砾岩,通常胶结作用较弱,因此对强压实砂砾岩再不区分其胶结作用的强弱。③根据胶结作用发育程度可分为强胶结和中胶结。④因为溶蚀作用是研究区主要的建设性成岩作用,即使微弱的溶蚀作用,对储层物性都具有积极的作用(张顺存等,2010)。低成熟砂砾岩粒间大多被泥质杂基充填,微孔细喉,即使压实程度不强烈,在成岩阶段砂砾岩粒间孔中流体运动受限,故低成熟砂砾岩一般很少发育溶蚀成岩相。所以在高成熟砂砾岩中,可将溶蚀作用分为强、中等和弱溶蚀。根据上述原则,以玛北地区砂砾岩的成岩作用研究为基础,将研究区三叠系百口泉组划分6 个成岩相(图 5.26)。

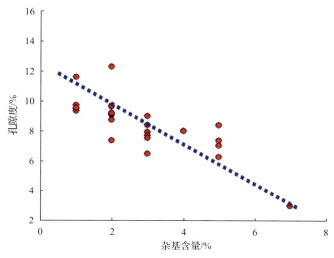

图 5.25　玛北斜坡孔隙度与杂基含量关系图

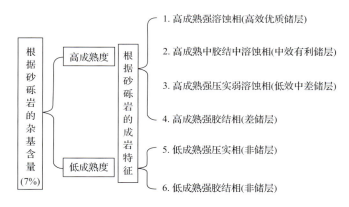

图 5.26　玛北地区三叠系百口泉组储层成岩相划分方案

5.4　成岩序列和孔隙演化

对玛北地区三叠系百口泉组砂砾岩储层 6 种成岩相的划分主要考虑沉积作用对成岩环境和成岩作用继承性的影响,也说明研究区百口泉砂砾岩储层物性的主控因素是以沉积相为主,成岩作用为辅。上述 6 种成岩相不仅反映沉积环境和成岩作用的特点,而且与其储层的孔隙类型及物性条件存在着密切关系。其中:①高成熟强溶蚀相,泥质杂基含量低,粒间孔隙以原生粒间孔和粒间溶孔为主,大都为高效优质储层;②高成熟中胶结中溶蚀相,泥质杂基含量较低,原生粒间孔常见,粒间溶孔和粒内溶孔发育,大都为中效有利储层;③高成熟强压实弱溶蚀相,泥质杂基含量中等,粒间孔罕见,溶蚀作用发育较弱,大都为低效差储层;④高成熟强胶结相,泥质杂基含量虽不高,但是粒间碳酸盐类胶结物非常发育,大量充填粒间孔,因此多为差储层;⑤低成熟强压实相,由于杂基含量较高,压实作用强烈,粒间孔隙大都丧失殆尽,一般为非储层;⑥低成熟强胶结相,杂基含量高,泥质胶结作用强烈,通常储集物性很差,为非储层。

5.4.1 高成熟强溶蚀相

高成熟强溶蚀相是指砂砾岩储层杂基含量小于5%,储层的成分成熟度和结构成熟度较高,储层溶蚀作用较强的一类成岩相。该成岩相主要发育于扇三角洲前缘分流河道牵引流沉积的砂砾岩或粗砂岩等粗粒碎屑岩,该储层的碎屑颗粒经过较充分的淘洗,杂基含量较低,分选和磨圆较好,粒间孔较发育;早期碳酸盐、沸石类胶结物比较发育,晚期胶结作用较弱,溶蚀作用较强。可见火山碎屑及长石等不稳定矿物发生溶蚀,常见颗粒边缘存在残余沥青,说明早期烃类充注,发生较强的溶蚀作用。该类成岩相的原生孔隙和次生孔隙(粒内溶孔和粒间溶孔)都较发育、孔隙喉道较粗,连通性较好,溶蚀物质和自生黏土矿物沉淀较少,典型的代表井为玛13井、达9井及艾湖1井等(图5.27)。

	形成条件	成岩特征	孔喉特征	代表井
成因机理与特征	①扇三角洲前缘亚相牵引流沉积的粗碎屑岩;②沉积微相主要为前缘水下分流河道的粗碎屑岩;③岩性以粗砂岩、含砾砂岩为主,少量为砂砾岩;④经过牵引流淘洗,砂岩中泥质杂基含量低、分选性较好,粒间孔发育	①碎屑颗粒表面较干净,粒间杂基含量低;②早期胶结作用较发育;碎屑颗粒之间碳酸盐、沸石等胶结物较常见;③酸性环境下不稳定的长石颗粒含量高,强烈作用溶蚀;④颗粒边缘常见沥青质,反映有早期烃类充注	①碎屑颗粒分选较好,原生粒间孔隙发育;②溶蚀孔隙发育,主要为粒间溶蚀扩大孔和粒内溶孔;③孔隙喉道较粗,溶蚀物质及自生黏土矿物沉淀较少	玛601井、艾湖1井、玛13井、达9井

成岩演化:扇三角洲前缘水下分流河道亚相砂砾岩或粗砂岩→少量黏土杂基胶结→机械压实→少量硅质、钙质或沸石类胶结→酸性流体侵入→长石颗粒、沸石等强烈溶蚀→大量油气侵入→少量方解石胶结

典型微观特征	  
	达9井,4726.36m,孔隙度为12.5%　艾湖1井,3858.75m 孔隙度为11.4%　孔隙度为12.4%;渗透率为0.83mD;中砂岩

图 5.27 玛北地区三叠系百口泉组高成熟强溶蚀成岩相特征

该成岩相泥质杂基含量较低,储层原生孔隙较为发育,早成岩阶段压实作用比较强

烈,碳酸盐胶结较弱。由于研究区碎屑岩中含有丰富的火山岩岩屑,这类岩屑在碱性水介质条件下极易生成沸石类胶结物,硅质和钙质胶结也较为发育,成岩早期由于压实和胶结作用,原生孔隙虽有一定损失,任保留大量的剩余粒间孔,早成岩 B 期储层孔隙度大约为 15%。到中成岩 A 期,由于玛湖凹陷二叠系烃源岩的热演化,大量有机酸、二氧化碳及含氮化合物等组分进入储层,导致孔隙水由弱碱性变为弱酸性,使沸石类、长石等易溶组分在酸性环境下发育溶蚀,形成次生孔隙,此时孔隙度大约为 20%,在中成岩 B 期,少量含铁方解石和白云石等胶结物充填,但其孔隙度仍可保持在约 15%(图 5.28)。高成熟强溶蚀相是研究区储集性能最好,是最优质的储层。

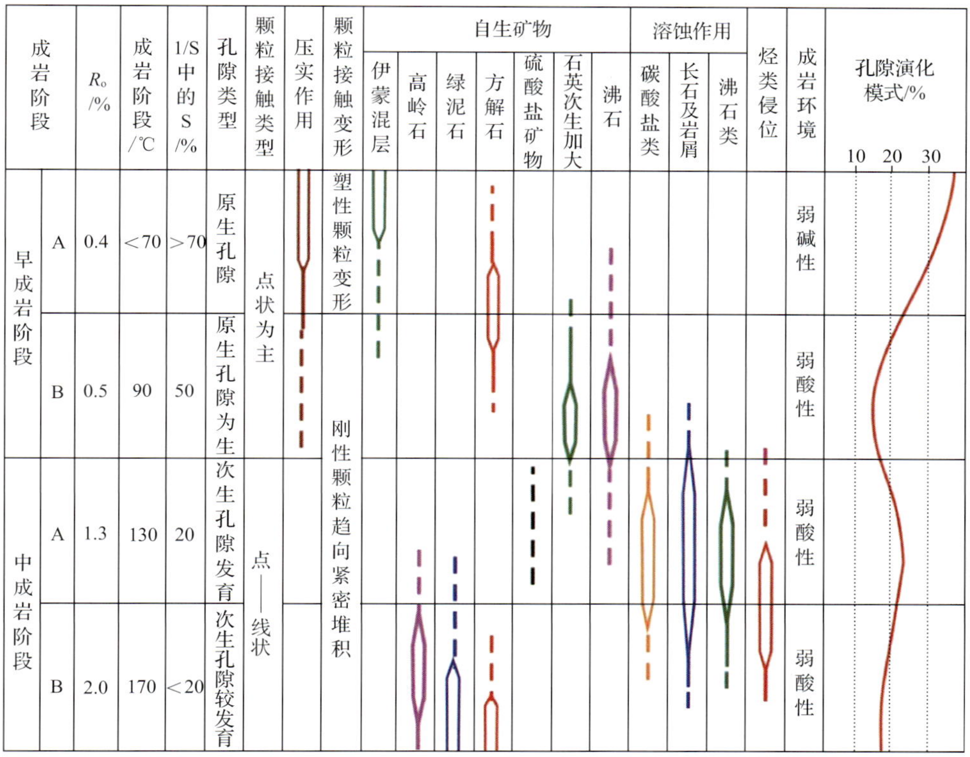

图 5.28 玛北地区三叠系百口泉组高成熟强溶蚀相成岩序列特征

I/S表示伊蒙混层

高成熟强溶蚀成岩相储层的储集空间主要由残余粒间孔和次生溶蚀孔及微孔隙组成,次生孔隙占约 30%;压实作用是影响储层物性最主要的成岩作用,压实作用造成的原始孔隙损失率达到 60% 以上,由于后期溶蚀作用的发育,该类成岩相在中成岩作用 A 期和中成岩 B 期早期最高孔隙度可达 20%。在成岩晚期由于碳酸盐及黏土矿物的胶结,孔隙度有所降低,但其孔隙度仍可达约 15%;该类成岩相砂砾岩储层物性中等至较好,平均孔隙度为 10%～16%,平均渗透率为 $0.5×10^{-3}～5.0×10^{-3}$ μm²(图 5.29);高成熟强溶蚀成岩相是高效优质储层发育带,主要形成于扇三角洲前缘水动力较强的砂砾岩及粗砂岩。

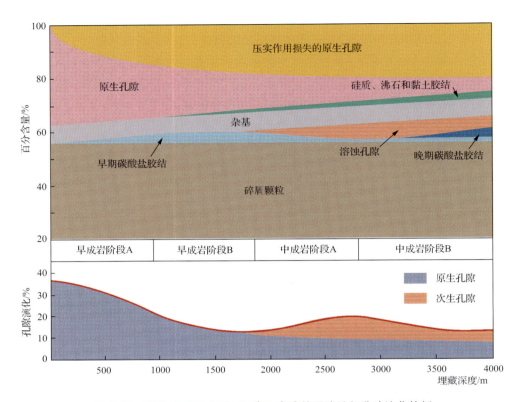

图 5.29　玛北地区三叠系百口泉组高成熟强溶蚀相孔隙演化特征

5.4.2　高成熟中胶结中溶蚀相

高成熟中胶结中溶蚀相是指砂砾岩储层杂基含量小于 5%，储层的成分成熟度和结构成熟度相对较高，储层胶结作用和溶蚀作用中等的这一类成岩相。该成岩相主要发育于扇三角洲前缘分流河道牵引流沉积的砂砾岩或粗砂岩，储层的碎屑颗粒经过一定的淘洗，杂基含量相对较低，分选性和磨圆度也较好，粒间孔常见，粒间溶孔和粒内溶孔较发育；早期碳酸盐、沸石类胶结物也比较发育，晚期胶结作用中等，溶蚀作用较发育。常见火山碎屑及长石等不稳定矿物发生明显溶蚀，说明发生较强的溶蚀作用。该类成岩相的原生孔隙较少，但次生孔隙（粒内溶孔和粒间溶孔）较发育、孔隙喉道中等，粒间孔及粒内孔中常见自生黏土矿物沉淀，典型的代表井为玛 13 井、玛 18 井及艾湖 4 井等（图 5.30）。

该成岩相泥质杂基含量也相对较低，储层原生孔隙常见，次生溶孔较发育，早成岩阶段压实作用比较强烈，碳酸盐胶结较弱，常见碎屑岩火山岩岩屑和长石颗粒发生溶蚀作用，在成岩中期钙质胶结物或硅质胶结也较为发育。成岩早期由于压实和胶结作用，原生孔隙损失较大，仅剩余部分粒间孔。早成岩 B 期储层孔隙度大约为 12%。到中成岩 A 期，由于玛湖凹陷二叠系烃源岩的热演化，部分有机酸、二氧化碳及氮等组分进入储层，导致孔隙水由弱碱性变为弱酸性，使沸石类、长石等易溶组分在酸性环境下发育溶蚀，形成

	形成条件	成岩特征	孔喉特征	代表井
成因机理与特征	①扇三角洲前缘亚相牵引流沉积的粗碎屑岩；②沉积微相主要为前缘水下分流河道的粗碎屑岩；③岩性以粗砂岩、含砾砂岩为主，少量为砂砾岩；④经过牵引流淘洗，砂岩的泥质杂基含量较低、分选性较好，粒间孔较发育	①碎屑颗粒分选性较好，粒间杂基含量较低；②早期胶结作用较发育；碎屑颗粒之间碳酸盐、沸石等胶结物较常见；③酸性环境下不稳定的长石颗粒发生较强的溶蚀作用；④颗粒边缘罕见偶见沥青质，有早期烃类充注，粒间孔较发育	①碎屑颗粒分选较好，原生粒间孔隙较发育；②溶蚀孔隙发育，常见粒间溶蚀扩大孔和粒内溶孔；③孔隙喉道中等，溶蚀物质及自生黏土矿物常见	玛13井、玛18井、艾湖4井等
	成岩演化：扇三角洲前缘水下分流河道亚相砂砾岩或粗砂岩→黏土杂基胶结→机械压实→少量硅质、钙质或沸石类胶结→酸性流体侵入→少量长石颗粒及沸石发生溶蚀→少量油气侵入→少量方解石胶结			
典型微观特征	  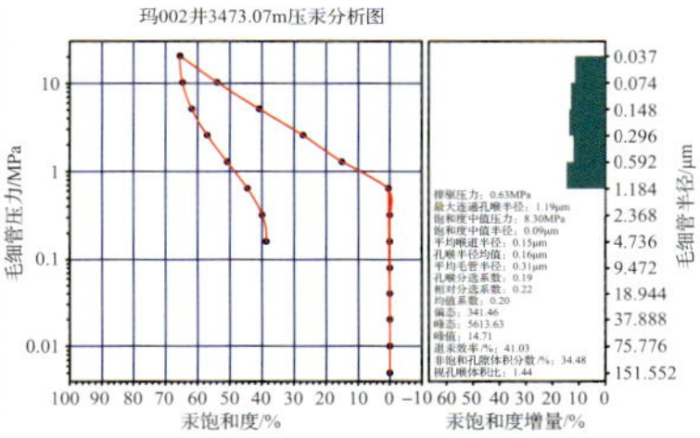 玛13井，3107.64m，孔隙度为12.2%	 玛601井，3859.64m，孔隙度为9.4%	 孔隙度为11.81%；渗透率为0.41mD；砂砾岩	

图 5.30　玛北地区三叠系百口泉组高成熟中胶结中溶蚀相特征

次生孔隙,此时孔隙度可增加到约 15%,在中成岩 B 期,少量含铁方解石和白云石等胶结物充填,但其孔隙度仍可保持在 10%～12%(图 5.31)。高成熟中胶结中溶蚀相是大都为研究区中效有利储层。

高成熟中胶结中溶蚀相储层的储集空间主要由次生溶蚀孔及微孔隙组成,原生粒间孔较少。次生孔隙所占比例达 30% 以上;压实作用是影响储层物性最主要的成岩作用,造成的原始孔隙损失率达到 50% 以上,由于后期溶蚀作用的发育,该类成岩相在中成岩作用 A 期和中成岩 B 期早期最高孔隙度可达 15%。在成岩晚期由于碳酸盐及黏土矿物的胶结,孔隙度有所降低,但其孔隙度仍可达约 10%;该类成岩相砂砾岩储层物性中等至较好,平均孔隙度为 8%～12%,平均渗透率为 $0.3 \times 10^{-3} \sim 2.0 \times 10^{-3} \mu m^2$ (图 5.32);高成熟中胶结中溶蚀相是研究区中效有利储层发育带,主要形成于扇三角洲前缘水动力相对较强的砂砾岩。

5.4.3　高成熟强压实弱溶蚀相

高成熟强压实弱溶蚀相储层杂基含量一般小于 5%,成分成熟度和结构成熟度相对略高,储层经历了较强的压实作用,同时发育一定的溶蚀作用。其主要发育于扇三角洲平原及前缘亚相重力流搬运的沉积物经过牵引流冲刷淘洗的砾岩、砂砾岩,泥质杂基含量比较低,分选较差,粒间孔较不发育。早期泥质胶结较为发育,而碳酸盐、硅质及沸石类胶结

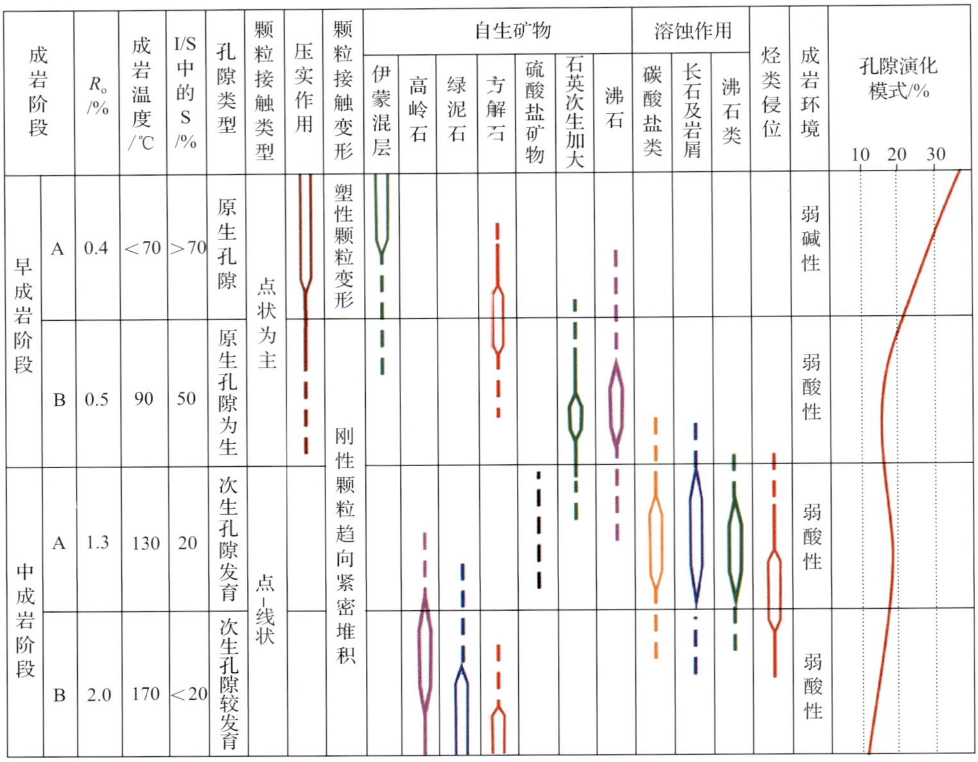

成岩阶段		R。/%	成岩温度/℃	I/S中的S/%	孔隙类型	颗粒接触类型	压实作用	颗粒接触变形	自生矿物							溶蚀作用			烃类侵位	成岩环境	孔隙演化模式/%
									伊蒙混层	高岭石	绿泥石	方解石	硫酸盐矿物	石英次生加大	沸石	碳酸盐类	长石及岩屑	沸石类			10 20 30
早成岩阶段	A	0.4	<70	>70	原生孔隙	点状为主		塑性颗粒变形												弱碱性	
	B	0.5	90	50	原生孔隙为生			刚性颗粒趋向紧密堆积												弱酸性	
中成岩阶段	A	1.3	130	20	次生孔隙发育	点-线状														弱酸性	
	B	2.0	170	<20	次生孔隙较发育															弱酸性	

图 5.31　玛北地区三叠系百口泉组高成熟中胶结中溶蚀相成岩序列特征

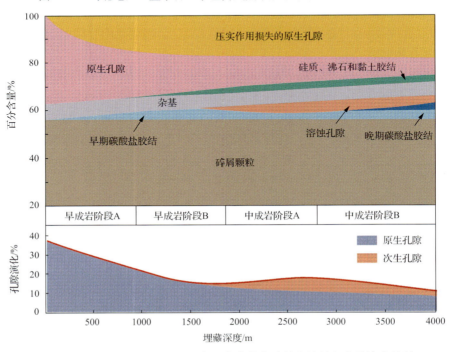

图 5.32　玛北地区三叠系百口泉组高成熟中胶结中溶蚀相孔隙演化特征

物发育较少，机械压实作用较强，储层中可见火山岩屑及长石等不稳定矿物发生一些溶蚀。该类成岩相原生粒间孔隙发育较少，但常见溶蚀孔隙，主要为长石颗粒的粒内溶蚀孔和少量的粒间溶孔。孔隙喉道较细，连通性较差，溶蚀孔隙边缘常见自生黏土矿物沉淀，典型的代表井为玛 006 井、夏 82 井及玛西地区的玛西 2 井等(图 5.33)。

	形成条件	成岩特征	孔喉特征	代表井
成因机理与特征	①扇三角洲平原及前缘亚相的粗碎屑岩为主；②为平原河道及前缘水下分流河道的粗碎屑岩；③岩性以含砾砂岩及砂砾岩为主，少量砾岩；④以重力流搬运的沉积物经过牵引流淘洗，泥质杂基含量有所低、分选性较差，粒间孔不发育	①碎屑颗粒分选较差，粒间杂基含量中等；②早期泥质胶结作用较发育，碎屑颗粒之间的碳酸盐类、硅质及沸石等化学胶结物罕见；③机械压实作用较强，常见长石颗粒发生溶蚀；④颗粒边缘沥青质罕见	①碎屑颗粒分选中等，原生粒间孔隙较少；②溶蚀孔隙常见，主要为长石颗粒的粒内溶蚀和少量粒间溶孔；③孔隙喉道较细，溶蚀孔隙边缘自生黏土矿物沉淀常见	夏82井、玛西井1、玛006井
成岩演化：扇三角洲平原及前缘亚相砾岩、砂砾岩或粗砂岩→黏土杂基胶结→较强的机械压实→少量硅质及钙质胶结→少量酸性流体侵入→部分长石颗粒发生溶蚀→大量油气侵入→少量方解石胶结				
典型微观特征	 夏82井，2338.58m，孔隙度为9.7%	 玛西1井，3556.27m，孔隙度为6.1%	 孔隙度为10.7%；渗透率为5.12；砂砾岩	

图 5.33　玛北地区三叠系百口泉组高成熟强压实弱溶蚀成岩相特征

　　该成岩相碎屑颗粒分选较差，粒间杂基含量中等。早成岩阶段泥质胶结发育，机械压实比较强烈，早期强烈的压实作用使原声孔隙大量丧失。早成岩 B 期储层孔隙度约为10%，到中成岩 A 期，碳酸盐、沸石类等胶结物不发育，仅部分长石颗粒在酸性环境下发生溶蚀，此时孔隙度约为 12%，在中成岩 B 期由于黏土矿物及少量含铁方解石的胶结作用，储层孔隙度急剧降低，大部分储层的孔隙度小于 8%(图 5.34 和图 5.35)。

　　高成熟强压实弱溶蚀成岩相储层物性较差，储集空间主要由残余粒间孔和粒内溶蚀孔及微孔隙组成；压实作用是影响储层物性最主要的成岩作用，压实作用造成的原始孔隙损失率达到 70%～80%，由于碳酸盐、沸石类及硅质的胶结作用不发育，后期的溶蚀作用对储层物性的有一定的改善作用，但其贡献相对较少；同时后期黏土矿物、含铁方解石等的胶结充填，加剧了该类成岩相储层物性的降低，因此该类成岩相砂砾岩储层物性中等至较差，平均孔隙度为 6%～8%(图 5.35)，平均渗透率为 $0.1 \times 10^{-3} \sim 0.5 \times 10^{-3}$ μm^2；高成熟强压实溶蚀成岩相属低效中差储层，形成于埋藏较深、杂基含量偏高的平原辫状河道或前缘水下分流河道砂砾岩中。

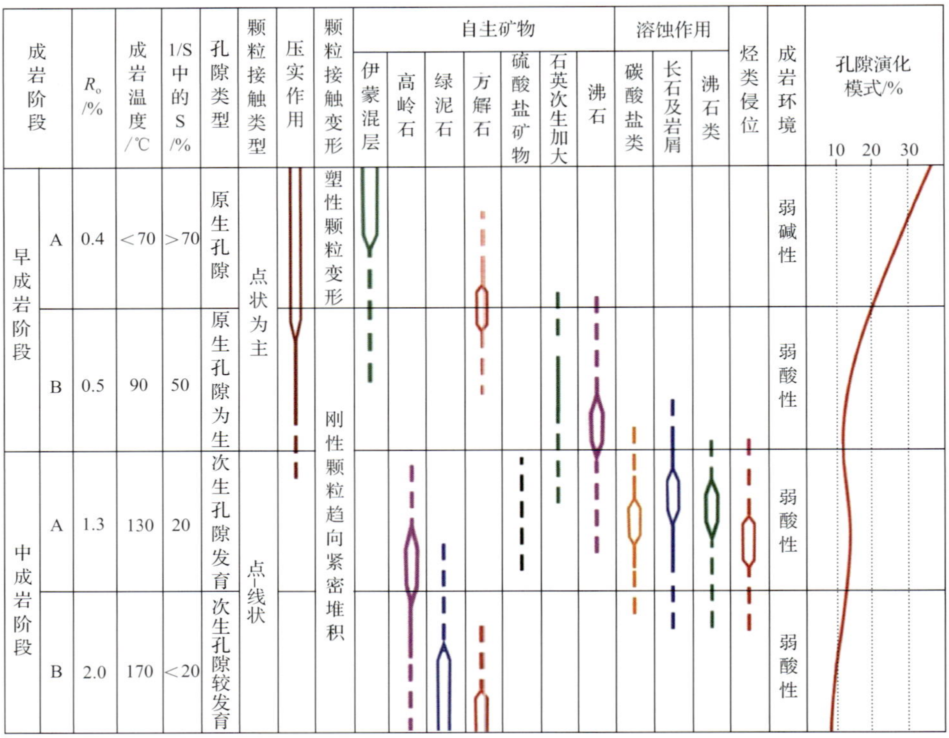

成岩阶段	R_o/%	成岩温度/℃	1/S中的S/%	孔隙类型	颗粒接触类型	压实作用	颗粒接触变形	自生矿物						溶蚀作用			烃类侵位	成岩环境	孔隙演化模式/%
								伊蒙混层	高岭石	绿泥石	方解石	硫酸盐矿物	石英次生加大	沸石	碳酸盐类	长石及岩屑	沸石类			10 20 30
早成岩阶段 A	0.4	<70	>70	原生孔隙	点状为主		塑性颗粒变形												弱碱性	
早成岩阶段 B	0.5	90	50	原生孔隙为生			刚性颗粒趋向紧密堆积												弱酸性	
中成岩阶段 A	1.3	130	20	次生孔隙发育	点线状														弱酸性	
中成岩阶段 B	2.0	170	<20	次生孔隙较发育															弱酸性	

图 5.34 玛北地区百口泉组高成熟强压实弱溶蚀相成岩序列特征

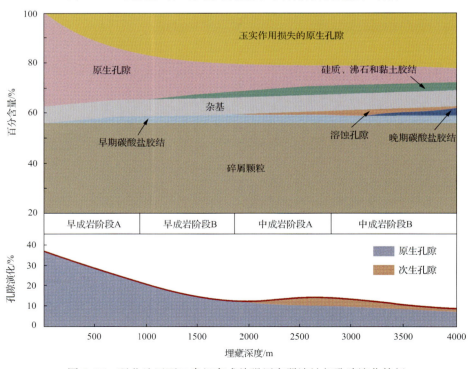

图 5.35 玛北地区百口泉组高成熟强压实弱溶蚀相孔隙演化特征

5.4.4　高成熟强胶结相

高成熟强胶结相储层杂基含量一般小于5%,成分成熟度和结构成熟度相对略高,储层经历的压实作用虽不是很强烈,但是发育有强烈的胶结作用,大量碳酸盐类胶结物充填孔隙。该相主要发育于扇三角洲前缘亚相重力流搬运的沉积物经过牵引流冲刷淘洗的砾岩、砂砾岩,泥质杂基含量并不高,但是分选性和磨圆度较差,粒间孔和粒内孔均不发育;早期发育有一定的钙质胶结,机械压实作用并不是很强,储层中火山岩屑及长石等不稳定矿物的溶蚀作用较为罕见,有大量晚期方解石等胶结物充填。该类成岩相原生孔隙和次生孔隙均不发育,溶蚀孔隙罕见,孔隙喉道细,连通性差,典型的代表井为玛002井、玛006井、及玛4井等(图5.36)。

	形成条件	成岩特征	孔喉特征	代表井
成因机理与特征	①扇三角洲前缘亚相牵引流沉积的砂岩及粗砂岩为主;②沉积微相主要为前缘水下分流河道及河口坝中粗碎屑岩;③岩性以粗砂岩和砂岩;④经过牵引流淘洗,砂岩中泥质杂基含量低、分选性较好,粒间孔发育	①碎屑颗粒表面较干净、粒间杂基含量较低;②早期胶结作用较发育;碎屑颗粒之间碳酸盐胶结物较常见;③溶蚀作用不发育,溶蚀孔隙罕见;④颗粒边缘罕见沥青质,反映出富含烃类流体少	①碎屑颗粒分选较好,原生粒间孔隙发育;②溶蚀孔隙发育,残余原生粒间溶蚀大多被方解石等胶结物充填;③储层物性较差,岩石致密,碳酸盐胶结物含量高,自生黏土矿物含量少	玛002井、玛006井、玛4井

成岩演化:扇三角洲平原及前缘亚相砾岩、砂砾岩或粗砂岩(牵引流搬运)→少量杂基胶结→机械压实→少量硅质及钙质胶结→少量方解石胶结

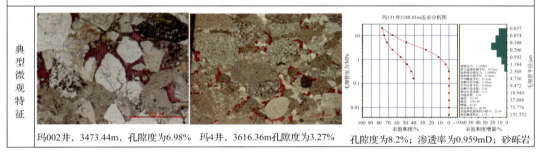

典型微观特征

玛002井,3473.44m,孔隙度为6.98%　玛4井,3616.36m孔隙度为3.27%　孔隙度为8.2%;渗透率为0.959mD;砂砾岩

图5.36　玛北地区三叠系百口泉组高成熟强胶结成岩相特征

该成岩相碎屑颗粒分选中等—较差,粒间杂基含量不高,早成岩阶段有一定的泥质胶结和钙质胶结发育,机械压实不是很强,早成岩作用阶段储层物性条件较好,储层孔隙度在10%以上,到中成岩A期,由于有机溶液进入较少,罕见次生溶蚀孔隙。在中成岩B期随着大量方解石的胶结物的充填,储层孔隙度急剧降低,大部分储层的孔隙度小于6%(图5.37和图5.38)。

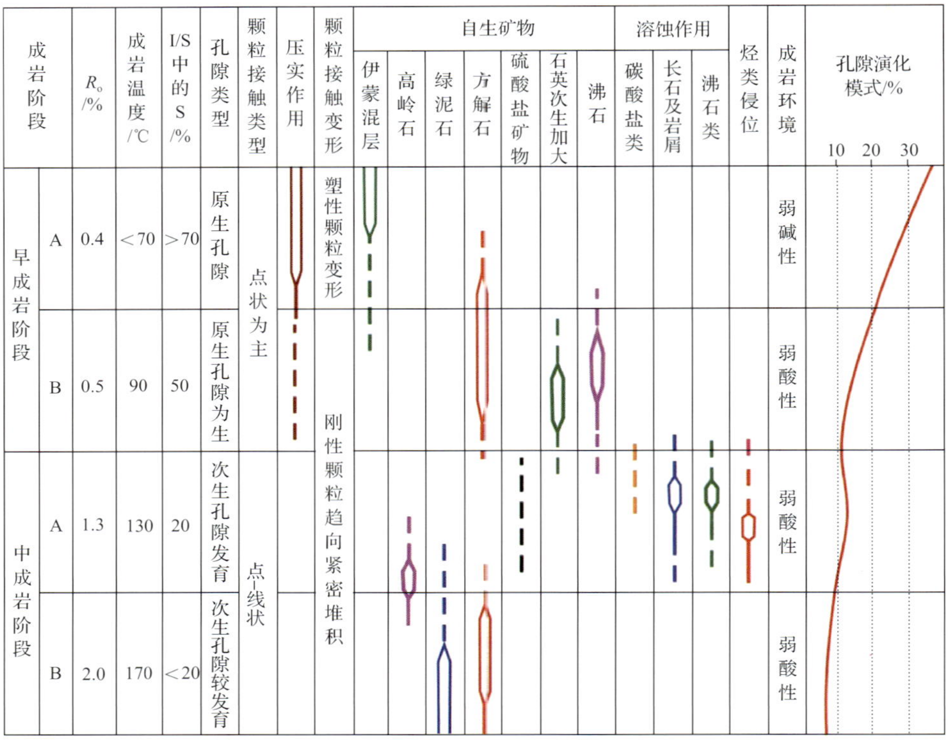

成岩阶段		R_o/%	成岩温度/℃	I/S中的S/%	孔隙类型	颗粒接触类型	压实作用	颗粒接触变形	自生矿物							溶蚀作用			烃类侵位	成岩环境	孔隙演化模式/%
									伊蒙混层	高岭石	绿泥石	方解石	硫酸盐矿物	石英次生加大	沸石	碳酸盐类	长石及岩屑	沸石类			10 20 30
早成岩阶段	A	0.4	<70	>70	原生孔隙	点状为主		塑性颗粒变形												弱碱性	
	B	0.5	90	50	原生孔隙为生			刚性颗粒趋向紧密堆积												弱酸性	
中成岩阶段	A	1.3	130	20	次生孔隙发育	点线状														弱酸性	
	B	2.0	170	<20	次生孔隙较发育															弱酸性	

图 5.37 玛北地区百口泉组高成熟强胶结成岩相成岩序列特征

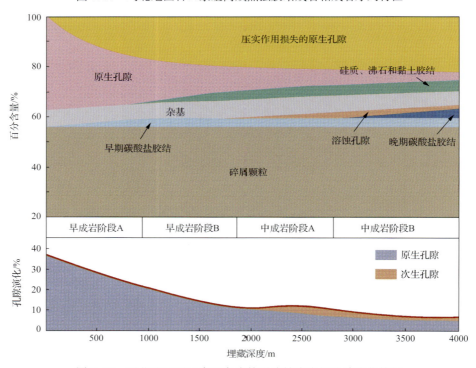

图 5.38 玛北地区百口泉组高成熟强胶结成岩相孔隙演化特征

高成熟强胶结成岩相储层物性较差,压实作用虽对物性有较大影响,但主要是在成岩早期造成储层粒间孔隙大量减少,溶蚀孔隙罕见,溶蚀作用并不发育。真正对储层物性产生致命影响的是成岩晚期强烈的碳酸盐胶结作用,使储层孔隙丧失殆尽;该类成岩相砂砾岩储层物性很差,平均孔隙度为 $3\%\sim6\%$(图 5.38),平均渗透率为 $0.1\times10^{-3}\sim0.3\times10^{-3}$ μm^2;高成熟强胶结成岩相一般为差储层,形成于埋藏较深、分选较差的扇三角洲前缘水下分流河道末端或河道间的不等粒砂岩或细砂岩中。

5.4.5　低成熟强压实相

低成熟强压实相储层中杂基含量大于 5%,储集岩中碎屑颗粒分选较差,粒间杂基含量较高,成分成熟度和结构成熟度较低。该相主要发育于扇三角洲平原及前缘亚相重力流沉积的砾岩、砂砾岩等。该岩相的早期胶结作用发育,主要为泥质胶结,而碳酸盐、沸石类胶结物发育较少,机械压实作用较强,部分半塑性火山岩岩屑或长石颗粒经受强烈的压实作用呈线性、甚至凹凸接触,颗粒间多为泥质杂基充填,没有早期烃类充注的痕迹。该类成岩相中原生粒间孔隙罕见,次生溶蚀孔隙也不发育,孔隙喉道非常细,连通性很差,典型的代表井为靠近断裂坡折带和近物源的井位,如夏 9 井、夏 75 井、夏 71 井及黄 4 井等(图 5.39)。

	形成条件	成岩特性	孔喉特征	代表井
成因机理与特征	①以扇三角洲平原为主及少量前缘亚相的砾岩为主;②沉积微相主要为平原及前缘重力流搬运砾岩;③岩性以砾岩、砂砾岩等为主;④以重力流搬运的沉积的砾岩或砂砾岩,泥质杂基含量较高,分选性差	①碎屑颗粒分选差,粒间杂基含量较高;②早期胶结作用较发育,碳酸盐、沸石等胶结物较罕见;③机械压实作用强裂,部分长石颗粒经受强裂压实呈线性接触、甚至凹凸接触;④颗粒间多为泥质杂基充填,没有早期烃类充注痕迹	①碎屑颗粒分选差,原生粒间孔隙不发育;②溶蚀孔隙不发育,粒间孔大多被泥质杂基充填;③孔隙喉道细,进汞压力大,储层物性差	夏9井、夏75井、夏74井、夏301井、黄4井等

成岩演化:扇三角洲平原及少量前缘亚相的砾岩及砂砾岩(重力流搬运)→大量黏土杂基胶结→强烈机械压实→黏土胶结物重结晶作用→少量方解石胶结

典型微观特征

夏75井,2495.82m,孔隙度为4.8%　　夏301井,1694.20m,孔隙度为7.8%　　孔隙度为4.2%;渗透率为0.029mD;粗砂岩

图 5.39　玛北地区百口泉组低成熟强压实成岩相特征

由于该成岩相的碎屑颗粒分选较差,粒间杂基含量高,早成岩阶段泥质胶结作用十分发育,并伴有强烈的机械压实作用使得原生粒间孔丧失殆尽。早成岩 B 期储层孔隙度小于 10%,到中成岩 A 期,由于溶蚀作用不发育,次生孔隙较少,以及强烈压实作用,出现压裂缝或砾间缝;在中成岩 B 期由于少量的黏土矿物重结晶作用和少量含铁方解石的胶结充填,储层孔隙度进一步降低至 5%以下(图 5.40 和图 5.41)。

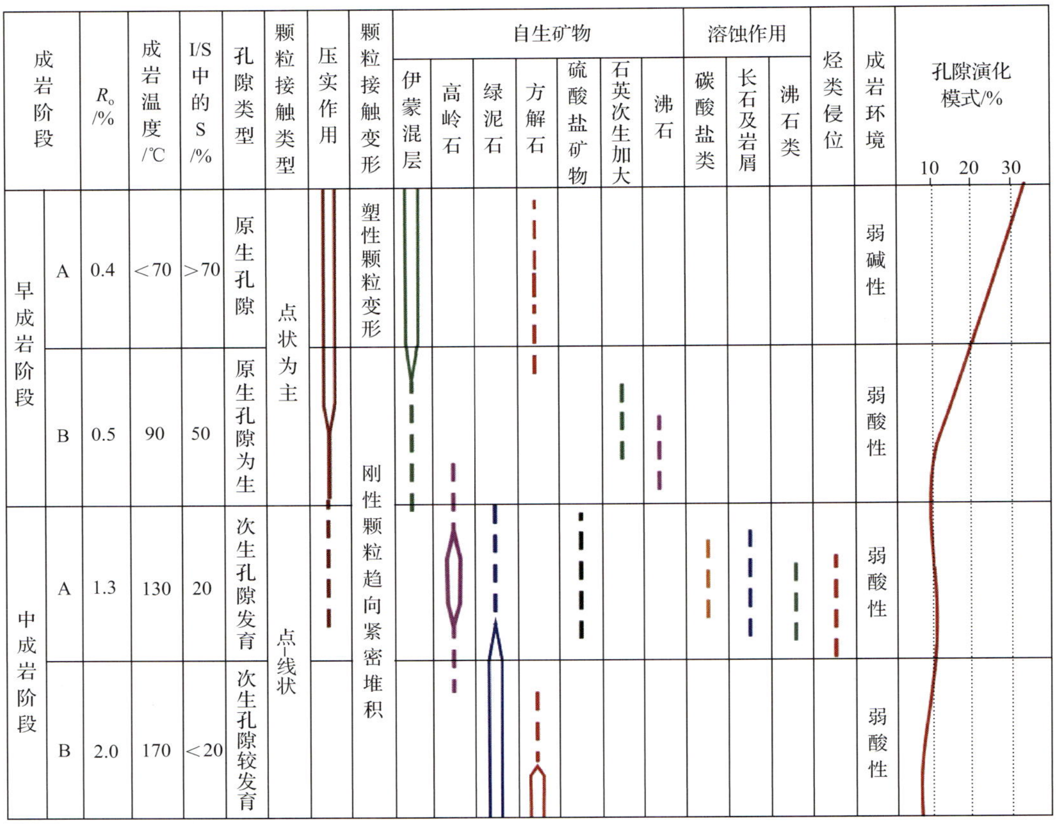

成岩阶段		R_o/%	成岩温度/℃	I/S中的S/%	孔隙类型	压实作用	颗粒接触变形	自生矿物							溶蚀作用			烃类侵位	成岩环境	孔隙演化模式/%
								伊蒙混层	高岭石	绿泥石	方解石	硫酸盐矿物	石英次生加大	沸石	碳酸盐类	长石及岩屑	沸石类			10 20 30
早成岩阶段	A	0.4	<70	>70	原生孔隙	点状为主	塑性颗粒变形												弱碱性	
	B	0.5	90	50	原生孔隙为生		刚性颗粒趋向紧密堆积												弱酸性	
中成岩阶段	A	1.3	130	20	次生孔隙发育	点-线状													弱酸性	
	B	2.0	170	<20	次生孔隙较发育														弱酸性	

图 5.40　玛北地区百口泉组低成熟强压实相成岩序列特征

低成熟强压实相储层物性差,储集空间主要由残余粒间孔和微孔隙组成;压实作用是影响储层物性最主要的成岩作用,压实作用造成的原始孔隙损失率达到 75%~85%;微裂缝较发育;该岩相主要为砾岩及砂砾岩储层,物性差,平均孔隙度为 4%~6%(图 5.41),平均渗透率为 0.01×10^{-3}~0.2×10^{-3} μm²;低成熟强压实成岩相一般为非储层,通常为平原或前缘重力流沉积的泥质杂基含量高的砾岩及砂砾岩。

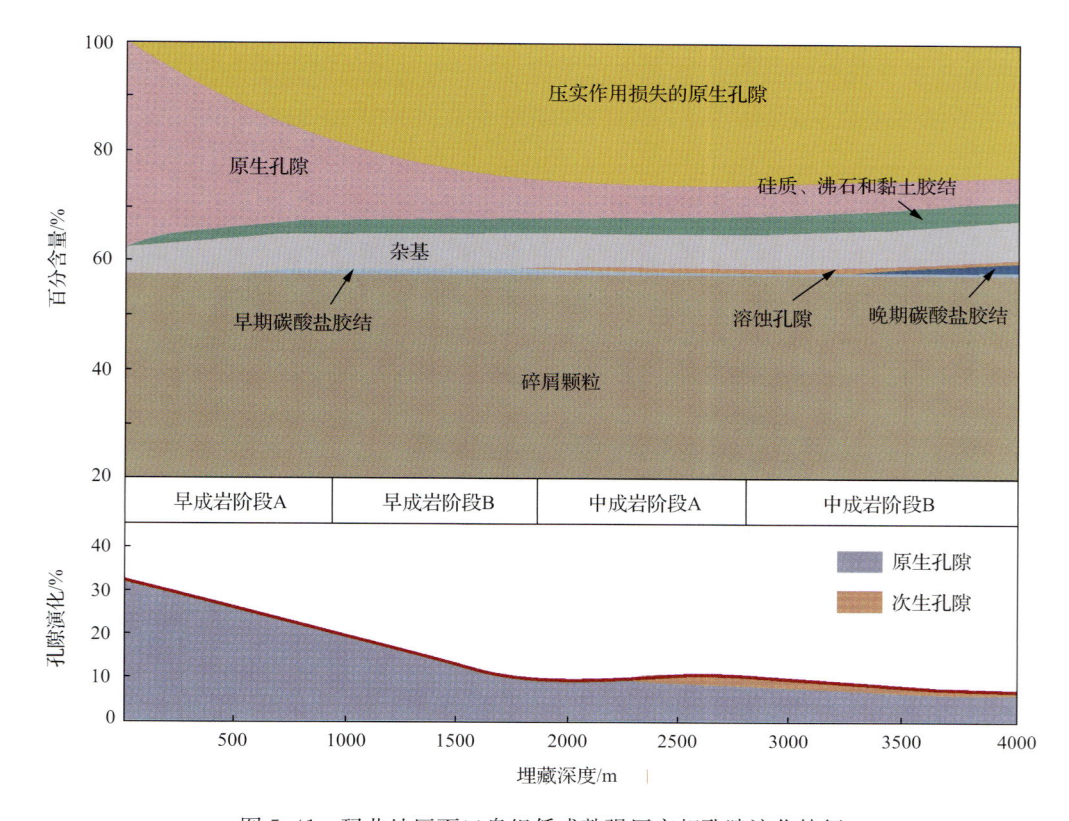

图 5.41　玛北地区百口泉组低成熟强压实相孔隙演化特征

5.4.6　低成熟强胶结相

　　低成熟强胶结相储层中杂基含量大于 5%,储集岩中碎屑颗粒分选较差,粒间杂基含量偏高,成分成熟度和结构成熟度也较低。该类储层主要发育于扇三角洲平原亚相或前缘相重力流搬运,且经过牵引流改造的砾岩或砂砾岩。该岩相的早期胶结作用发育,主要为泥质胶结和碳酸盐类胶结,机械压实作用强烈,部分半塑性火山岩岩屑或者长石颗粒经受强烈的压实作用呈线性、甚至凹凸接触,颗粒间多为泥质杂基或方解石充填,没有早期烃类充注的痕迹。该类成岩相中原生粒间孔隙罕见,次生溶蚀孔隙也不发育,孔隙喉道非常细,连通性很差,典型的代表井为靠近断裂带和近物源的井位,如夏 75 井、夏 82 井等(图 5.42)。

　　由于该成岩相的碎屑颗粒分选较差,粒间杂基含量中等,早成岩阶段泥质胶结作用十分发育,并伴有较强的机械压实作用使得原生粒间大量减少。早成岩 B 期储层孔隙度约为 10%;到中成岩 A 期,由于溶蚀作用不发育,次生孔隙较少,之后被大量方解石胶结物充填,储层孔隙度进一步降低至约 5%(图 5.43 和图 5.44)。

	形成条件	成岩特征	孔喉特征	代表井
成因机理与特征	①扇三角洲平原为主及少量前缘亚相的砾岩为主；②沉积微相主要为平原及前缘重力流搬运砾岩；③以砾岩、砂砾岩为主；④重力流搬运沉积的砾岩或砂砾岩，经过牵引流改造，泥质杂基含量中等(有所降低)，分选性差	①碎屑颗粒分选性较差，粒间杂基含量中等；②早期胶结作用较发育；为部分泥质胶结及碳酸盐胶结；③机械压实作用较强，晚期碳酸盐胶结物大量充填粒间孔；④颗粒间多为碳酸盐胶结物充填，早期烃类充注痕迹罕见	①碎屑颗粒分选较差，原生粒间孔较少；②溶蚀孔隙不发育，粒间溶蚀孔大多被碳酸盐胶结物充填；③孔隙喉道细，进汞压力大，储层物性差	夏75井、夏82井

成岩演化：扇三角洲平原及少量前缘亚相砾岩及砂砾岩(重力流搬运经过牵引流改造)→黏土杂基胶结→机械压实→少量硅质及钙质胶结→大量方解石胶结

典型微观特征

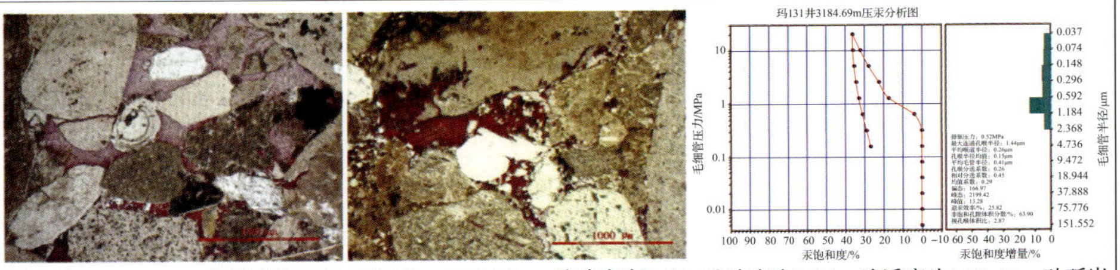

夏75井，2414.02m，孔隙度为6.3% 夏82井，2323.13m，孔隙度为7.4% 孔隙度为5.9%；渗透率为3.58mD；砂砾岩

图 5.42 玛北地区百口泉组低成熟强胶结成岩相特征

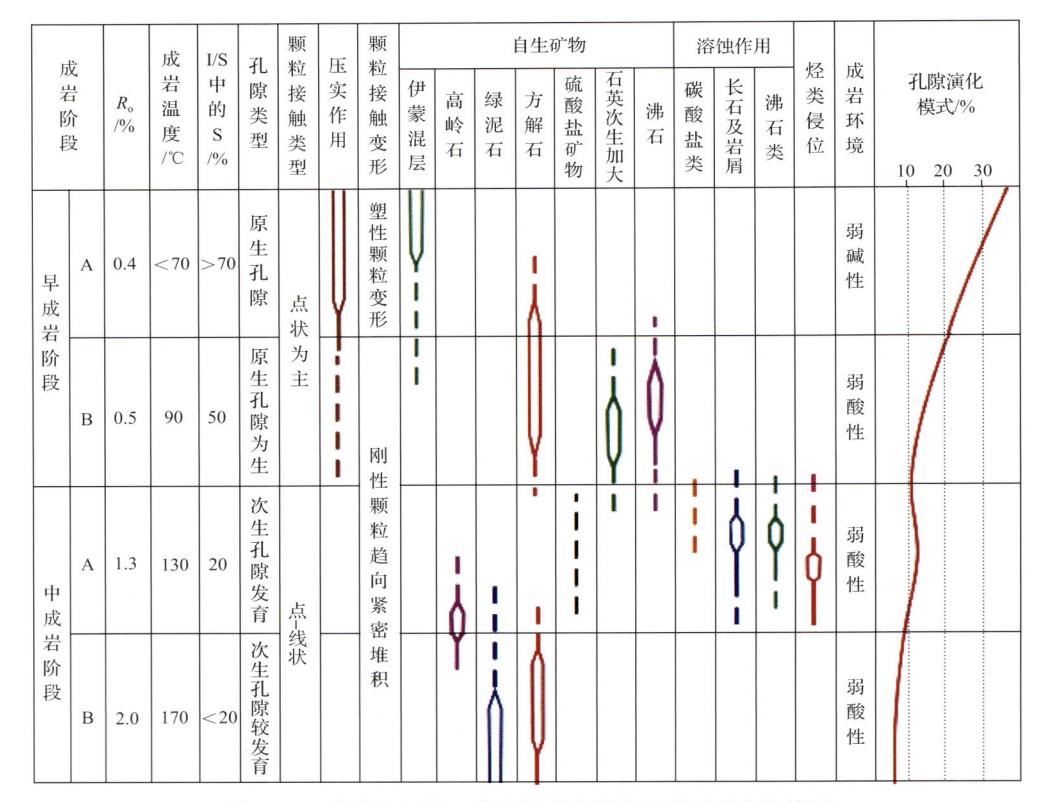

图 5.43 玛北地区百口泉组低成熟强胶结相成岩序列特征

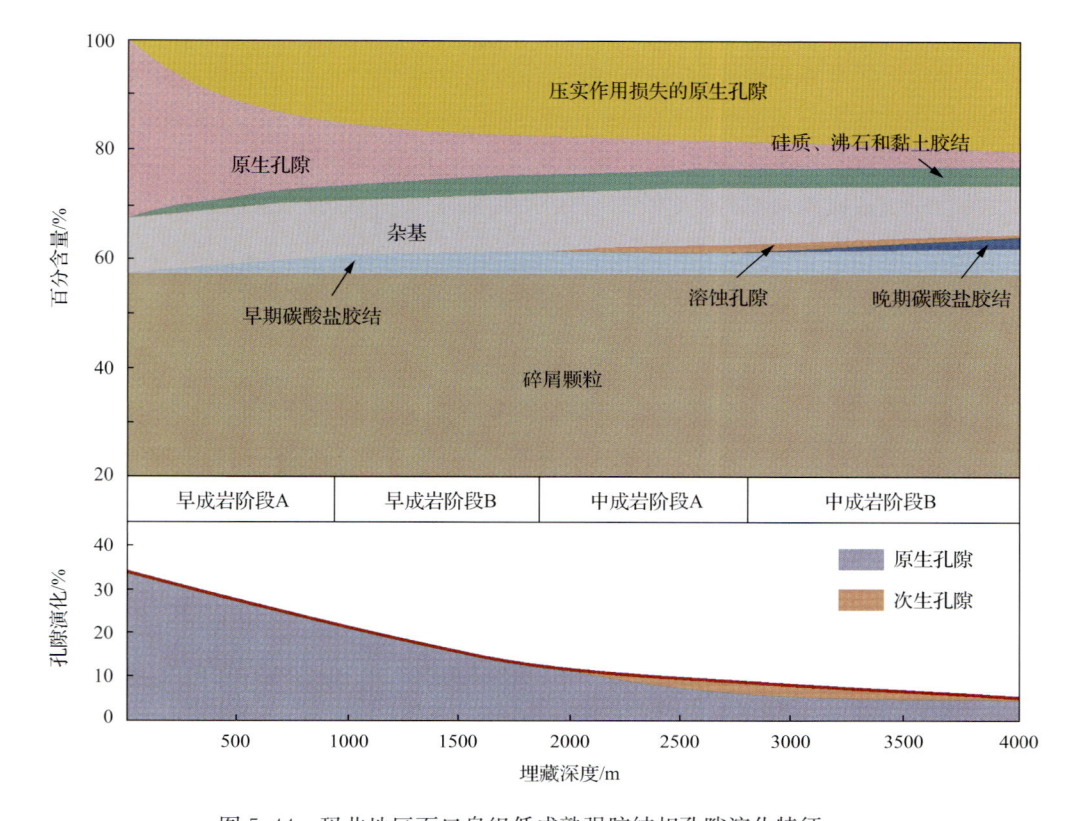

图 5.44 玛北地区百口泉组低成熟强胶结相孔隙演化特征

低成熟强胶结相储层物性差,储集空间主要由残余粒间孔和微孔隙组成;压实作用和胶结作用是影响储层物性的主要成岩作用,压实作用造成的原始孔隙损失率达为 60%,胶结作用造成的孔隙损失率约为 40%;次生孔隙不发育,微裂缝罕见;该岩相主要为砾岩及砂砾岩储层,物性差,平均孔隙度为 4%～7%(图 5.44),平均渗透率为 0.02×10^{-3}～$0.3\times10^{-3}\,\mu m^2$;低成熟强胶结相一般为非储层,通常为平原或前缘经过牵引流改造的重力流沉积的泥质杂基含量偏高的砾岩及砂砾岩。

5.4.7 储集岩成岩模式

通过对玛北地区三叠系百口泉组砂砾岩储层的 6 种成岩相的成岩作用、成岩序列及孔隙演化特征的分析,可见不同成岩相由于其沉积条件、岩石特征、成岩环境的差异,造成成岩序列和孔隙演化特征的不同。但是不同成岩相在空间分布上存在着一定的规律。如:高成熟类的高成熟强溶蚀相、高成熟中胶结中溶蚀相、高成熟强压实弱溶蚀相及高成熟强胶结相一般发育于扇三角洲前缘亚相,通常是以牵引流下沉积的砂砾岩或粗砂岩,因此该类 4 种成岩相分布与扇三角洲扇体的中部前缘亚相段,而其中高成熟强溶蚀相和高成熟中胶结中溶蚀相,通常分布于中上部分。高成熟强压实弱溶蚀相及高成熟强胶结相,则大都经受较强的压实和胶结作用改造,常分布于中下部分。对于低成熟类的低成熟强

压实相和低成熟强胶结相两种成岩相,主要形成重力流沉积的砾岩或砂砾岩,一般在扇三角洲靠近物源区的上部平原亚相或靠近扇三角洲前缘末端的坡折带交易发生重力流,因此上述两种低成熟类的成岩相通常分布于扇三角洲扇体的顶部或底部。低成熟强压实成岩相通常经受较强的压实作用改造,埋藏深度较大,一般分布于扇三角洲扇体的下部或底部。低成熟强胶结成岩,大都发育强烈的胶结作用,常分布于扇三角洲扇体的底部或顶部,以顶部更常见。因此,通过对研究区 6 种成岩相的空间分布规律的分析,可建立该区的成岩模式(图 5.45)。

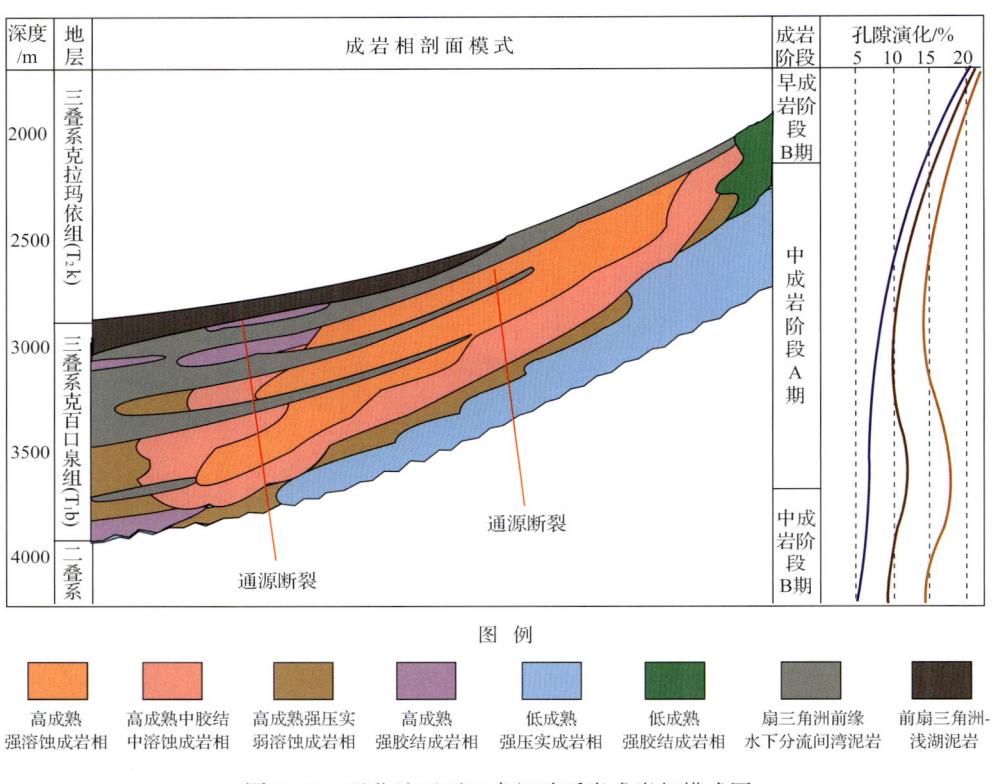

图 5.45　玛北地区百口泉组砂砾岩成岩相模式图

5.5　成岩相时空分布

　　一般构造和沉积作用控制了砂体的宏观分布特征,也一定程度上影响着后期成岩作用的类型和强度,而成岩相则在宏观背景下控制着优质储层的分布。在特定的构造、沉积背景下,成岩相是决定优质储集层及含油有利区分布的核心因素。成岩相研究能更进一步确定与储集性能直接相关的有利成岩储集体,可利用成岩相剖面和平面展布对储层进行区域评价和预测,从而能更有效地指导油气勘探。因此,对成岩相空间展布规律的研究具有重要的实际意义(赖锦等,2013)。

　　通过对玛湖斜坡区三叠系百口泉组扇三角洲砂砾岩储层沉积背景及沉积相分布规律

的研究,结合对研究区不同成岩演化序列与孔隙演化的分析,已经了解研究区成岩相的分布规律。但要掌握研究区成岩相空间分布特点,还是要对该区成岩相剖面和平面分布特征进行具体的分析。

5.5.1　成岩相剖面展布特征

通过对研究区平行和垂直物源方向的 6 条连井剖面进行成岩相剖面分布特征的分析,基本可以掌握该区成岩相剖面展布特征。

1. 玛 003 井-玛 13 井-夏 72 井-夏 9 井-夏 74 井成岩相剖面

该剖面平行于物源方向,近北东-西南向展布,从该剖面可以看出(图 5.46),从盆地边缘物源区→斜坡区→玛湖凹陷区研究区的成岩相从低成熟度强压实成岩相→高成熟强溶蚀成岩相→高成熟中胶结中溶蚀成岩相→高成熟强压实弱溶蚀成岩相转变。其中靠近物源区的夏 74 井主要发育扇三角洲平原辫状河道和水上泥石流砂砾岩相,成岩相主要为

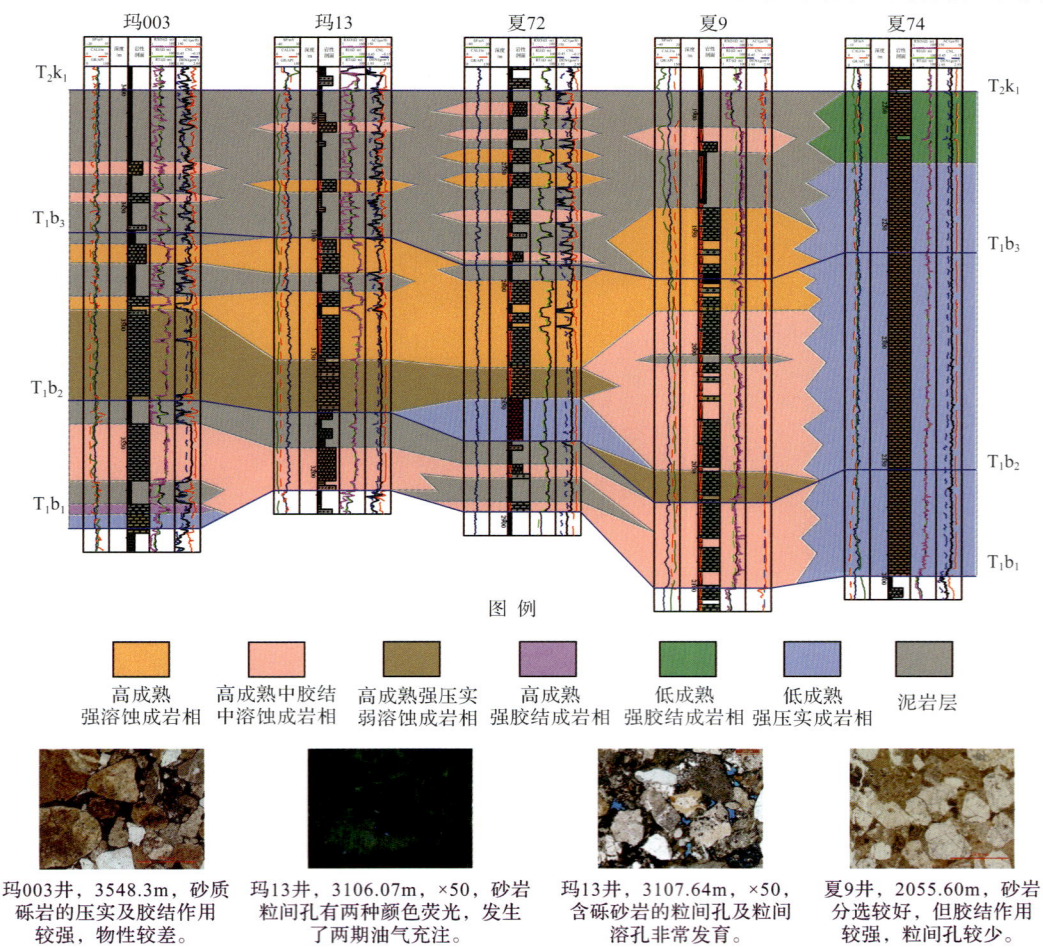

图 5.46　玛 003 井-玛 13 井-夏 72 井-夏 9 井-夏 74 井百口泉组成岩相剖面展布图

低成熟强压实成岩相和少量低成熟强胶结成岩相,储层物性差;夏9井发育高成熟中胶结中溶蚀成岩相,仅在百二段顶部和百三段底部高成熟强溶蚀成岩相;夏72井处于断裂坡折带附近,百一段时期发育高成熟中胶结中溶蚀成岩相,百二段依次发育低成熟强压实成岩相→高成熟强压实弱溶蚀成岩相→高成熟强溶蚀成岩相,百三段主要发育高成熟中胶结中溶蚀成岩相;玛13井和玛003井主要位于斜坡区,其成岩相展布特征和夏72较为相近。从平行物源方向剖面成岩相展布可知研究区高成熟强溶蚀成岩相主要分布在玛北斜坡区百二段,这与沉积相分布规律较为一致。

2. 风南7井-艾克1井-玛005井-玛004井-玛5井成岩相剖面

该剖面垂直于物源方向,近西北-东南方向展布,从该剖面可以看出(图5.47),从盆地边缘物源区→斜坡区→凹陷区,百口泉组砂砾岩成岩相的分布具有一定的规律性,成岩相从低成熟度强压实成岩相→高成熟强溶蚀成岩相→高成熟中胶结中溶蚀成岩相→高成

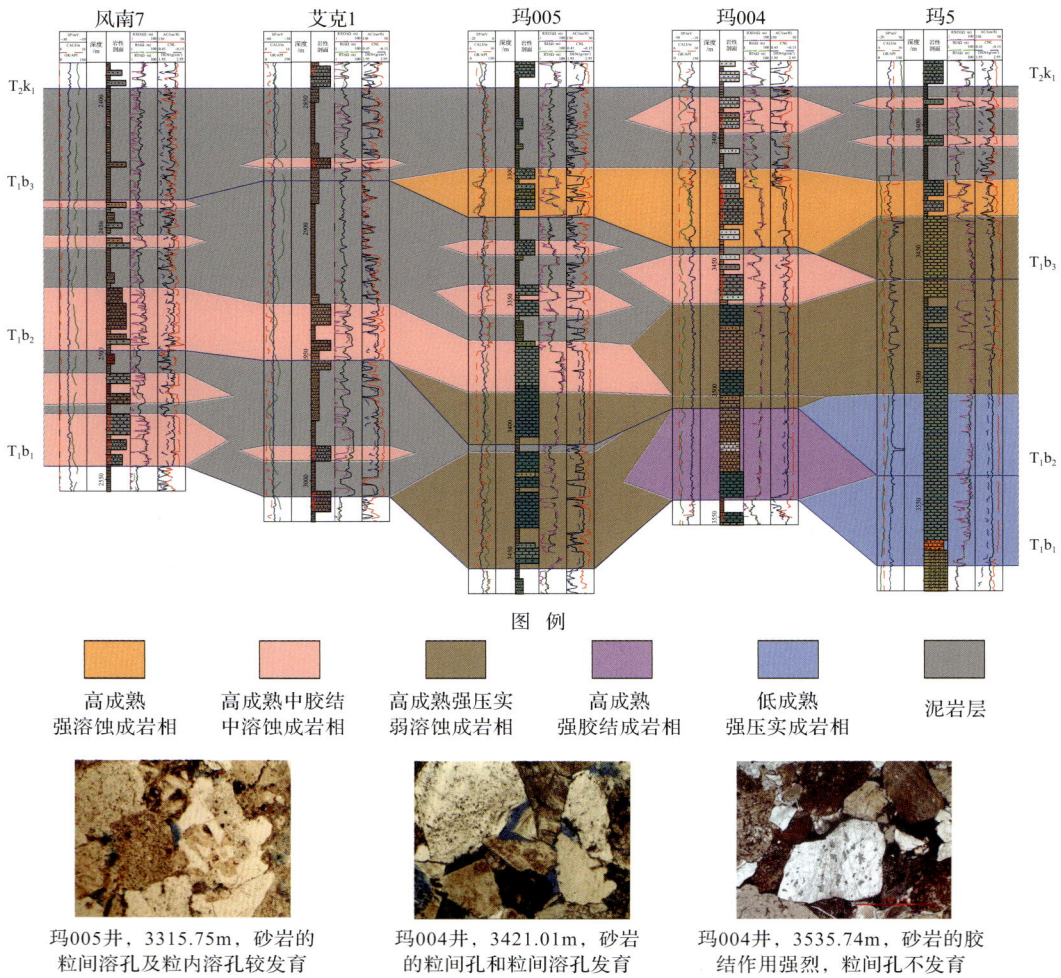

图5.47 风南7井-艾克1井-玛005井-玛004井-玛5井成岩相剖面展布图

熟强压实弱溶蚀成岩相转变,与沉积微相-岩相的分布具有很好的吻合性。风南 7 井和艾克 1 井区由于位于夏子街和黄羊泉两个扇体间,砂体孤立不连续呈透镜状分布,主要发育高成熟中胶结中溶蚀成岩相;玛 004 井、玛 5 井、玛 005 井从百一段到百三段主要发育高成熟强压实弱溶蚀成岩相→高成熟中胶结中溶蚀成岩相→高成熟强溶蚀相转变,其中玛004 井百一段发育高成熟强胶结成岩相,而玛 5 井百一段主要为低成熟强压实成岩相。

3. 百 64 井-艾湖 4 井-夏 75 井-夏 82 井-夏 9 井成岩相剖面

该剖面垂直于物源方向,近西南-东北方向展布,从该剖面可以看出(图 5.48),靠近盆地边缘物源区→斜坡区百口泉组砂砾岩成岩相的分布具有一定的规律性,即从盆地边缘物源区→斜坡区成岩相从低成熟度强压实成岩相→高成熟强溶蚀成岩相→高成熟中胶结中溶蚀成岩相转变,与沉积微相-岩相的分布有较好的吻合性。由于百 64 井与夏 9 井分别位于黄羊泉和夏子街两个不同扇体,砂体之间并不连续,呈透镜状分布,其成岩相也变化较大。百 64 井-艾湖 4 井的百二段主要发育低成熟强压实成岩相和高成熟强压实弱溶蚀成岩相,百三段变为高成熟强胶结成岩相和高成熟中胶结中溶蚀成岩相。夏 82 井-夏 9 井的百一段到百二段主要发育高成熟强压实弱溶蚀成岩相→高成熟中胶结中溶蚀成

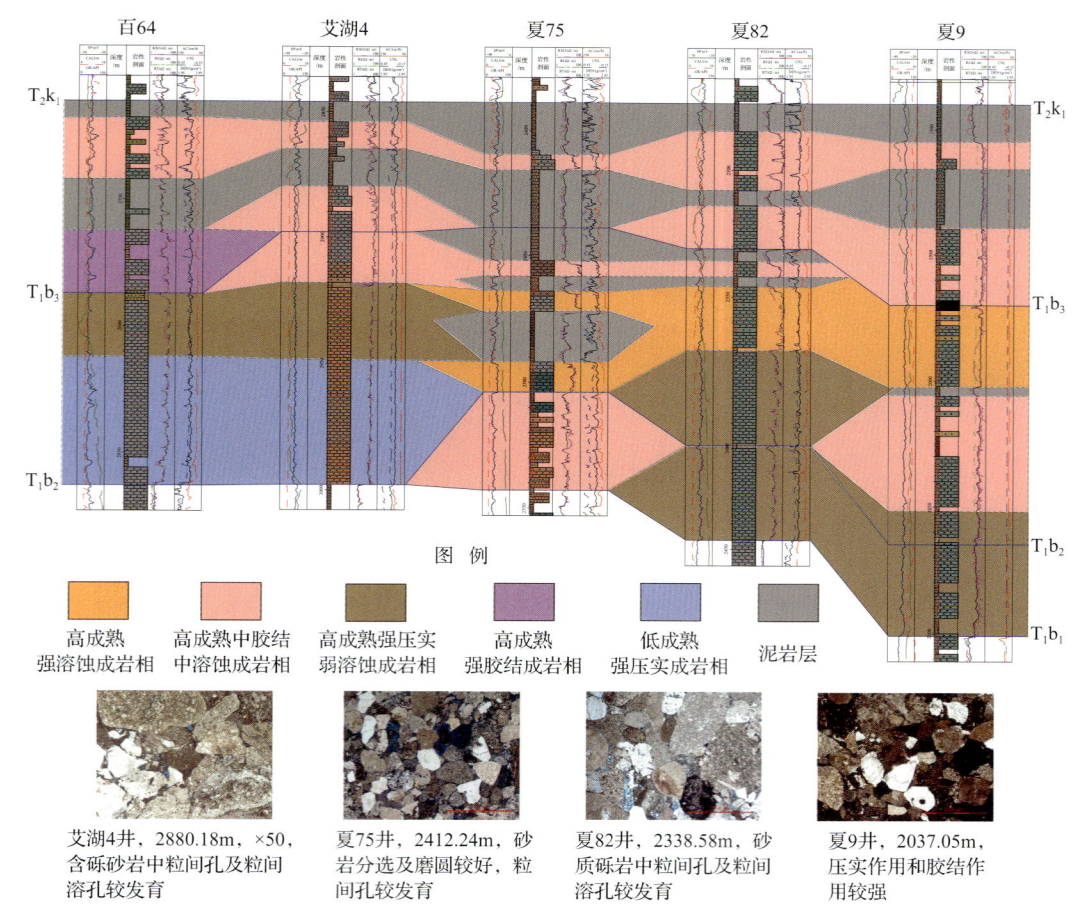

图 5.48 百 64 井-艾湖 4 井-夏 75 井-夏 82 井-夏 9 井百口泉组成岩相剖面展布图

岩相→高成熟强溶蚀相,百三段以高成熟中胶结中溶蚀成岩相为主。而中间的夏75井一带,扇三角洲河道间泥岩层较发育,夹有高成熟中胶结中溶蚀成岩相的薄层砂砾岩。

4. 黄3井-艾湖4井-玛西1井-玛18井-艾湖1井成岩相剖面

该剖面平行于物源方向,近西北-东南向展布,从该剖面图可以看出(图5.49),从盆地边缘物源区→斜坡区→玛湖凹陷区研究区的成岩相从低成熟度强压实成岩相→高成熟强压实弱溶蚀成岩相→高成熟中胶结中溶蚀成岩相→高成熟强溶蚀成岩相转变。其中靠近物源区的黄3井主要发育扇三角洲平原辫状河道和水上泥石流砂砾岩相,成岩相主要为低成熟强压实成岩相和低成熟强胶结成岩相,储层物性差;艾湖4井在百二段下部还是以低成熟强压实成岩相和低成熟强胶结成岩相为主,向上转变为高成熟强压实弱溶蚀成岩相,百一段时期发育高成熟中胶结中溶蚀成岩相和高成熟强溶蚀成岩相。位于斜坡区的玛18井-艾湖1井,由于大量发育牵引流下沉积的扇三角洲前缘砂体,主要为高成熟强溶蚀成岩相,部分为高成熟中胶结中溶蚀成岩相。百三段主要发育滨浅湖相的泥岩,与下伏储层形成良好的储盖组合。

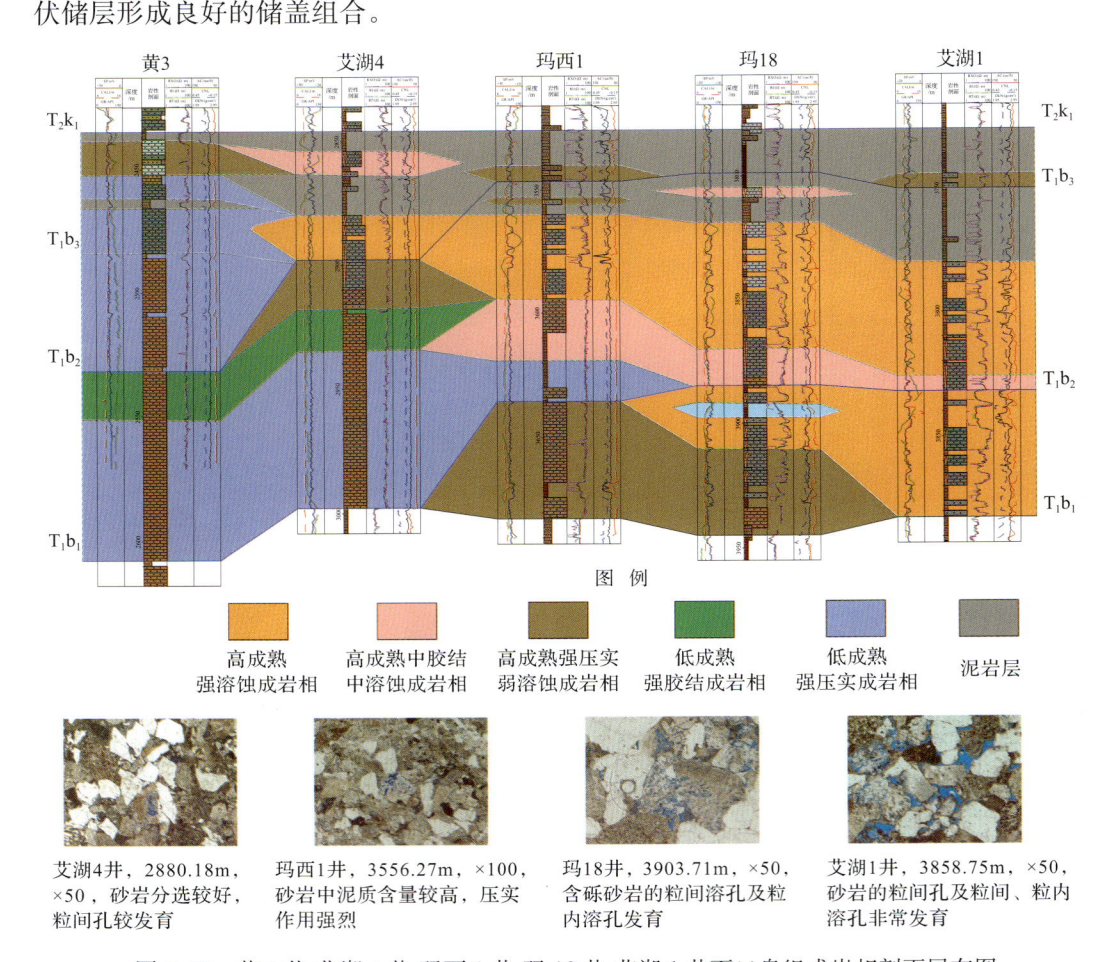

图5.49 黄3井-艾湖4井-玛西1井-玛18井-艾湖1井百口泉组成岩相剖面展布图

5. 玛湖 1 井-玛 9 井-艾湖 5 井-玛 18 井-玛 009 井-玛 006 井成岩相剖面

该剖面垂直于物源方向,近西南-东北方向展布,从该剖面可以看出(图 5.50),上述钻井的百一段和百二段大都由斜坡区扇三角洲前缘组成,主要发育牵引流下沉积的扇三角洲前缘河道砂体,其成岩相以高成熟强溶蚀成岩相和高成熟中胶结中溶蚀成岩相为主,部分为高成熟强压实弱溶蚀成岩相,与沉积微相-岩相的分布具有较好的吻合性。百三段主要发育滨浅湖相的泥岩,与下伏储层形成良好的储盖组合。

6. 金龙 2 井-克 81 井-玛湖 1 井-玛 9 井-百 65 井-艾湖 2 井成岩相剖面

该剖面垂直于物源方向,近西南-东北方向展布,从该剖面可以看出(图 5.51),由于上述钻井从玛南地区至玛西地区,分布于不同物源扇体,其成岩相变化较大。在金龙 2 井的百一段和百二段,由于发育大量以重力流沉积为主的扇三角洲平原亚相砂体,岩性以杂基含量高、分选性差的砂砾岩和砾岩为主,加之埋藏深度较大。因此主要发育了低成熟强压实成岩相。玛湖 1 井位于玛南地区北部,百 65 井和艾湖 2 井位于玛西地区南部,虽然分别属于不同扇体,但是它们的百二段主要为牵引流沉积的扇三角洲前缘亚相砂砾岩或粗砂岩,其成岩相以高成熟强溶蚀成岩相和高成熟中胶结中溶蚀成岩相为主,部分为高成熟强压实弱溶蚀成岩相。它们之间的玛 9 井主要分布于两个物源扇体在之间,扇三角洲前缘河道间相泥岩价少量薄层砂体,大都为高成熟中胶结中溶蚀成岩相。该剖面的百三段主要发育滨浅湖相的泥岩,与下伏储层形成良好的储盖组合。

5.5.2　成岩相平面分布特征

成岩相划分一般具有时空性,而某类成岩相时空分布的范围可称为成岩相区。在成岩相剖面展布特征的基础上,结合研究区沉积相的展布特征,绘制了玛北地区及玛湖凹陷百口泉组各段成岩相区展布图。

1. 玛北地区

玛北地区百口泉组的沉积主要受控于夏子街扇,因此该区成岩相的展布也受到夏子街扇沉积特点的影响。

1) 百一段成岩相

从玛北地区百一段成岩相分布图(图 5.52)可知东北部及北部紧邻物源区零星分布低成熟强胶结成岩相,风南 4 井-夏 81 井-夏 90 井以南,夏 72 井-玛 131 井-玛 2 井以西发育高成熟中胶结中溶蚀成岩相,扇三角洲平原亚相主要发育低成熟强压实相和高成熟强压实弱溶蚀相,风南 4 井区与玛 15 井区间分布小范围的高成熟强胶结成岩相区。从物源区到斜坡区百一段成岩相由低成熟强胶结→低成熟强压实→高成熟强压实弱溶蚀→高成熟中胶结中溶蚀成岩相转变。

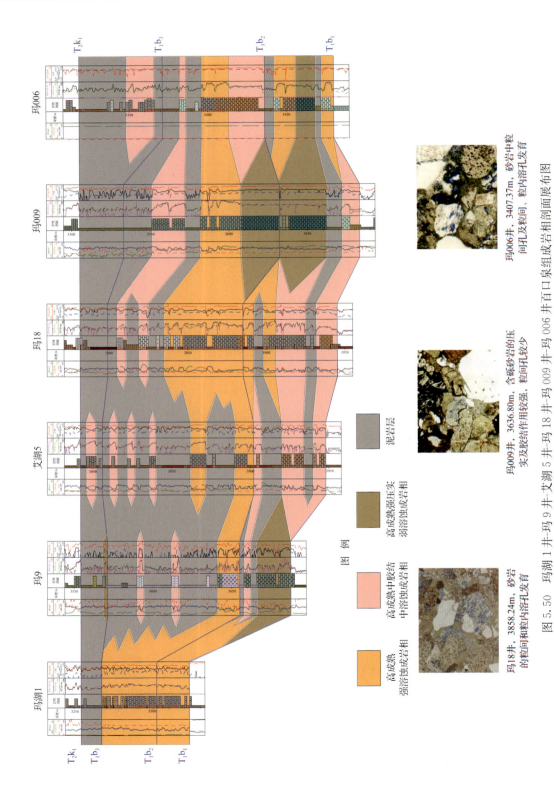

图 5.50　玛湖 1 井-玛 9 井-艾湖 5 井-玛 18 井-玛 009 井-玛 006 井百口泉组成岩相剖面展布图

玛006井，3407.37m，砂岩中粒间孔及粒间、粒内溶孔发育

玛009井，3636.80m，含砾砂岩的压实反胶结作用较强、粒间孔较少

玛18井，3858.24m，砂岩的粒间和粒内溶孔发育

图　例

泥岩层

高成熟强压实弱溶蚀成岩相

高成熟中胶结中溶蚀成岩相

高成熟强溶蚀成岩相

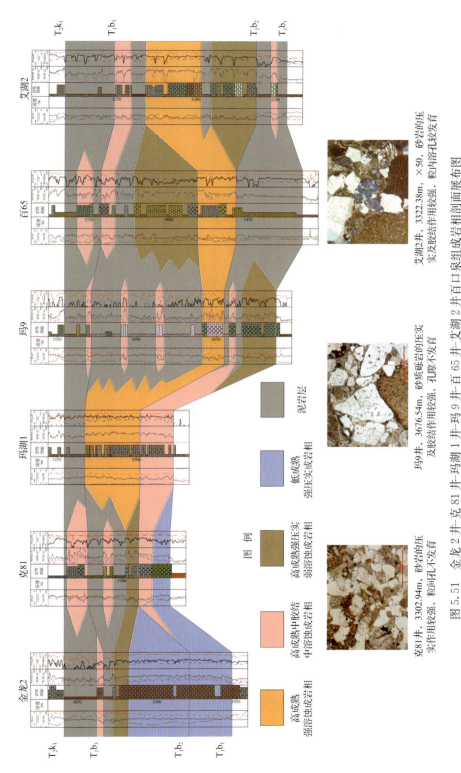

图 5.51 金龙 2 井-克 81 井-玛湖 1 井-玛 9 井-百 65 井-艾湖 2 井百口泉组成岩相剖面展布图

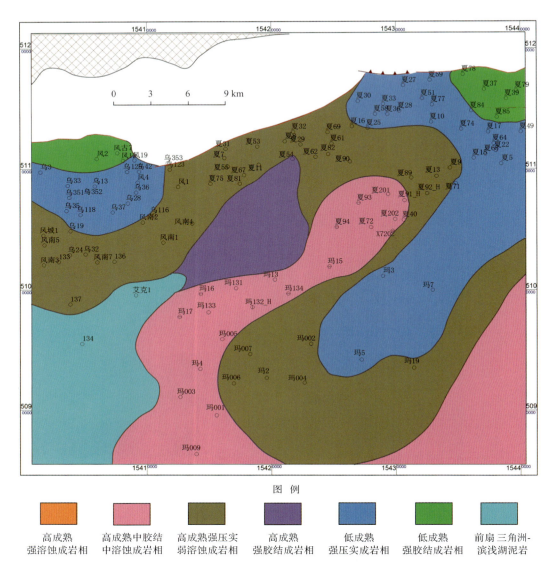

图 例

高成熟强溶蚀成岩相	高成熟中胶结中溶蚀成岩相	高成熟强压实弱溶蚀成岩相	高成熟强胶结成岩相	低成熟强压实成岩相	低成熟强胶结成岩相	前扇三角洲-滨浅湖泥岩

图 5.52 玛北地区百一段成岩相平面分布图

2) 百二段成岩相

百二段沉积期,玛北地区许多在百一段为扇三角洲平原的沉积区逐渐向扇三角洲前缘环境过渡。该区百二段二砂组成岩相分布的特点是大部分地区以高成熟中胶结中溶蚀成岩相为主,靠近主物源区分布有低成熟强压实成岩相,高成熟强溶蚀相主要发育于夏13井-夏72井-玛15井-玛007井-玛005井一线,对应于扇三角洲平原和前缘主河道分布区(图 5.53);百二段一砂组成岩相的分布继承百二段二砂组成岩相分布的特点,由于湖

平面的上升,扇三角洲前缘亚相范围的扩大,低成熟强压实成岩相向东北方向退缩,分布
范围减小。但由于该时期水动力条件的减弱,高成熟强溶蚀相分布范围有所减小,高成熟
中胶结中溶蚀成岩相在研究区分布范围显著变大,靠近物源方向的夏 30 井一带和玛 5 井
附近零星分布高成熟强压实弱溶蚀成岩相(图 5.54)。

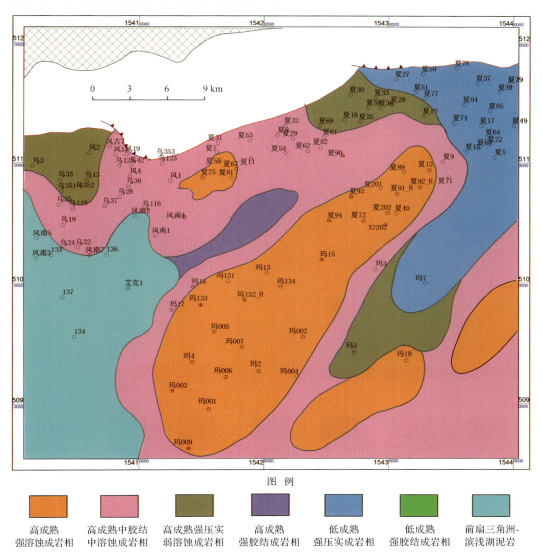

图 例

高成熟
强溶蚀成岩相

高成熟中胶结
中溶蚀成岩相

高成熟强压实
弱溶蚀成岩相

高成熟
强胶结成岩相

低成熟
强压实成岩相

低成熟
强胶结成岩相

前扇三角洲-
滨浅湖泥岩

图 5.53　玛北地区百二段二砂组成岩相平面分布图

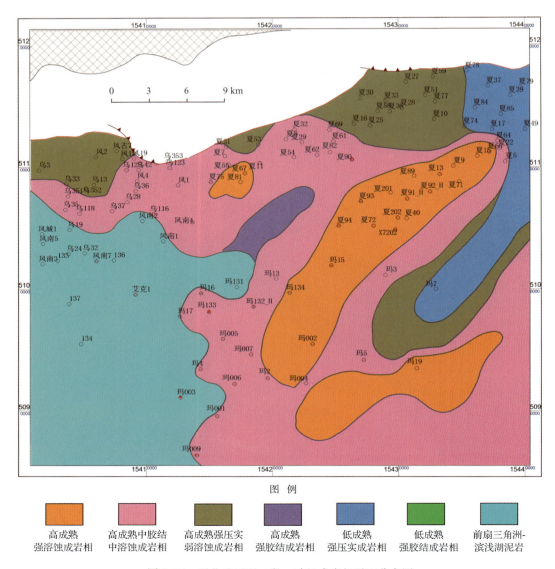

图例

高成熟 强溶蚀成岩相	高成熟中胶结 中溶蚀成岩相	高成熟强压实 弱溶蚀成岩相	高成熟 强胶结成岩相	低成熟 强压实成岩相	低成熟 强胶结成岩相	前扇三角洲- 滨浅湖泥岩

图 5.54 玛北地区百二段一砂组成岩相平面分布图

3）百三段成岩相

玛北地区在百口泉组百三段沉积期，由于湖侵的迅速扩大，整个研究区发育了大范围的滨浅湖相泥岩，砂体分布范围迅速减小。该区百三段成岩相分布的特点是，大面积分布高成熟强压实弱溶蚀成岩相，在靠近物源区发育有低成熟强压实成岩相，在前缘主河道砂体沉积区一带分布有高成熟中胶结中溶蚀成岩相（见夏 30 井-夏 90 井-夏 72 井区附近及玛 19 井区），高成熟强溶蚀相仅分布于夏 13 井-夏 91H 井-夏 202 井一带小范围（图 5.55）。

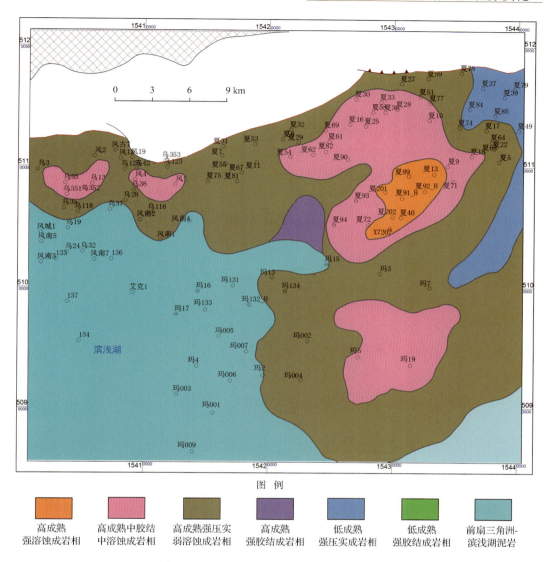

图 例

高成熟 强溶蚀成岩相	高成熟中胶结 中溶蚀成岩相	高成熟强压实 弱溶蚀成岩相	高成熟 强胶结成岩相	低成熟 强压实成岩相	低成熟 强胶结成岩相	前扇三角洲- 滨浅湖泥岩

图 5.55　玛北地区百三段成岩相平面分布图

2. 玛湖凹陷

玛湖凹陷百口泉组沉积体系分布主要受几个不同方向的物源和扇体控制,如玛南地区的克拉玛依扇、玛西地区的黄羊泉扇、玛北地区的夏子街扇和玛东地区夏盐扇,因此该区成岩相的展布也受到上述物源及扇体展布的影响。

1) 百一段成岩相

环玛湖凹陷百一段成岩相分布特征表明(图 5.56),该区仅在玛湖 1 井、艾湖 1 井以及达 9 井一带零星分布有高成熟强溶蚀成岩相。但其分布具有一定的规律性,均分布于各主要沉积扇体的前缘地带,如玛南地区的克拉玛依扇、玛西地区的黄羊泉扇和玛东地区夏盐扇的前缘均发育有少量高成熟强溶蚀成岩相,只有玛北地区的夏子街扇的前缘没有发育高成熟强溶蚀成岩相,这是因为该时期玛北地区的夏子街扇大都处于扇三角洲平原环境。围绕高成熟强溶蚀成岩相带发育有面积较大的高成熟中胶结中溶蚀成岩相,部分区块的高成熟中胶结中溶蚀成岩相已连成一片。但该时期分布面积最大的是高成熟强压实弱溶蚀成岩相,高成熟强胶结成岩相的分布大都紧邻沉积凹陷区,低成熟强压实成岩相和低成熟强胶结成岩相主要分布于靠近扇体物源区一带的扇三角洲平原亚相发育区带,它们的分布与重力流沉积的砂砾岩有关。总体来看,玛湖凹陷区从物源区向斜坡区,成岩相的分布呈低成熟强胶结成岩相→低成熟强压实成岩相→高成熟强压实弱溶蚀成岩相→高成熟中胶结中溶蚀成岩相有规律的变化。

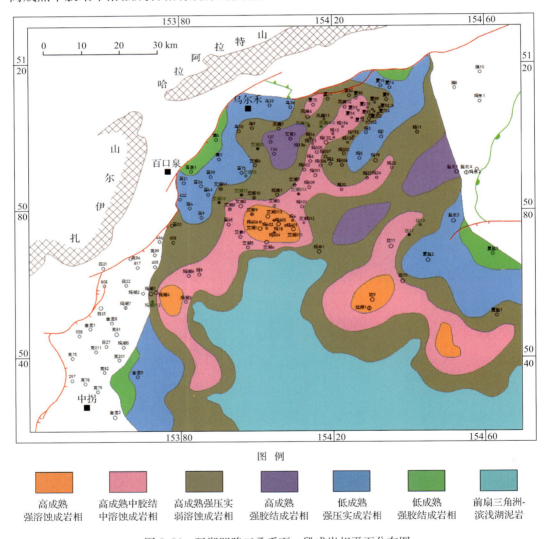

图 5.56 玛湖凹陷三叠系百一段成岩相平面分布图

2) 百二段成岩相

玛湖凹陷百二段成岩相分布特征表明(图 5.57),该区百二段的高成熟强溶蚀成岩相分布范围非常大,在克拉玛依扇的玛湖1井一带、黄羊泉扇的艾湖2井—玛18井一带、夏子街扇的夏72井—玛13井一带及夏盐扇的达13井—达9井一带均有较大面积分布。绕高成熟强溶蚀成岩相带发育的高成熟中胶结中溶蚀成岩相面积非常大,并将玛南地区、玛西地区、玛北地区和玛东地区连成一片,成为该岩性段分布面积最广的成岩相,高成熟强压实弱溶蚀成岩相仅在高成熟中胶结中溶蚀成岩相的物源区上方呈条带状分布,低成熟强压实成岩相和低成熟强胶结成岩相仅零星分布于靠近扇体物源区一带狭窄的扇三角洲平原亚相发育区带。总体来看,该岩性段环玛湖凹陷区从物源区向斜坡区,成岩相的分布呈现高成熟强压实弱溶蚀成岩相→高成熟中胶结中溶蚀成岩相→高成熟强溶蚀成岩相规律性变化。

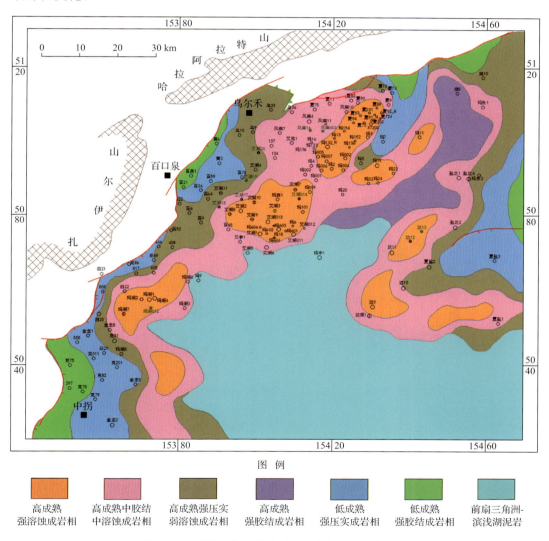

图 5.57 玛湖凹陷三叠系百二段成岩相平面分布图

3）百三段成岩相

玛湖凹陷百三段成岩相的分布，明显受到该时期湖侵作用及沉积环境变化的影响（图5.58）。由于该段滨浅湖相泥岩广泛发育，砂体砂体厚度较薄，分布范围较小，造成该区百三段大面积分布高成熟强压实弱溶蚀成岩相，在前缘主河道砂体沉积区见有高成熟中胶结中溶蚀成岩相零星分布，仅在夏子街扇的夏13井—夏91H井—夏202井一带见有小范围的高成熟强溶蚀相分布，在靠近物源区发育有面积较大的低成熟强压实成岩相，这是该段分布最广的成岩相，低成熟强压实成岩相零星分布于靠近扇体物源区一带。总体来看，玛湖凹陷区从物源区向斜坡区，成岩相的分布呈现低成熟强压实成岩相→高成熟强压实弱溶蚀成岩相→高成熟中胶结中溶蚀成岩相有规律的变化。

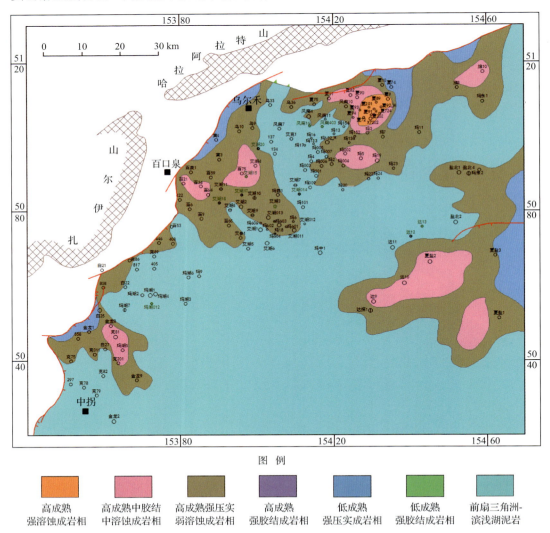

图例

| 高成熟强溶蚀成岩相 | 高成熟中胶结中溶蚀成岩相 | 高成熟强压实弱溶蚀成岩相 | 高成熟强胶结成岩相 | 低成熟强压实成岩相 | 低成熟强胶结成岩相 | 前扇三角洲-滨浅湖泥岩 |

图5.58 玛湖凹陷三叠系百三段成岩相平面分布图

储层物性特征及储层评价 第6章

6.1 砂砾岩储层物性特征

油气赋存于储层中,储层物性是决定储层储集性能及产能的主要因素。储层物性包括孔隙度和渗透率等因素。孔隙性的好坏直接决定岩层储存油气的数量,渗透性的好坏则控制了储层内所含油气的产能,因此,岩石的孔隙性和渗透性是反映岩石储存流体和运输流体能力的重要参数(姜在兴,2003)。研究区不同区块储层物性存在差异。本书重点对玛北地区三叠系百口泉组储层特征进行了讨论,同时对其他地区也进行了简单讨论。其中玛北地区三叠系百口泉组储层物性一般,孔隙度差别较小,主要分布在 4%~16%;而渗透率差别较大,主要分布区间为 $0.04\times10^{-3}\sim10.0\times10^{-3}$ μm^2;孔隙度和渗透率普遍较低,物性一般;孔隙类型以粒间孔和溶蚀孔隙为主;储层的孔喉半径一般为 $0.04\sim1.28\mu m$,其中孔喉半径大于 $2.5\mu m$ 所占比率较少,一般不超过 5%;平均孔喉半径在 $0.05\sim1.0\mu m$,可见研究区百口泉组储层孔隙喉道明显偏细。在 $T_1b_2^1$ 中(与其下部 $T_1b_2^2$ 比,该段电阻率较高,常称高阻段,下部 $T_1b_2^2$ 则称为低阻段),孔隙度主要分布在 5%~13%,平均为 7.92%;渗透率平均为 0.64×10^{-3} μm^2;孔隙类型以粒间溶蚀孔为主;储层的孔喉半径一般为 $0.08\sim1.28\mu m$,较 T_1b_3 段的孔喉稍粗些,但还是偏细,一般不超过 2.5%。而在低阻段储层 $T_1b_2^2$ 中,孔隙度平均为 6.55%;主要分布在 4%~9%,渗透率平均为 0.67×10^{-3} μm^2;孔隙类型较上部储层而言粒间溶蚀孔隙不太发育,喉道也偏细。由此可见,玛北地区三叠系百口泉组储层为中低孔低渗储层,其中中-粗砂岩储层为较有利的储层,灰色的中-粗砂岩储层的物性更为突出,有较有利的储层相带。

6.1.1 玛北地区三叠系百口泉组各段储层物性特征

对收集到玛北地区三叠系百口泉组重点层段砂砾岩储层的 1154 块样品的物性进行研究表明,孔隙度在百三段以 6%~14% 为主,平均值 9.44%,在百二段以 4%~12% 为主,其中以 6%~10% 占主导,平均值 8.03%,在百一段以 4%~10% 为主,其中以 6%~8% 为主导,平均值 7.22%,说明随着埋藏深度的增加,略有减小;渗透率在百口泉组三个段基本都以 $0.8\times10^{-3}\sim20\times10^{-3}$ μm^2 为主,其中百三段平均值为 0.92×10^{-3} μm^2,百二段平均值为 1.04×10^{-3} μm^2,百一段平均值为 1.39×10^{-3} μm^2。说明玛北地区百三个段储层的物性差别较小,孔隙度随着埋藏深度的增加略有增加,渗透率随着深度的增加而增大,表明可能有溶蚀作用的存在,使深部的连通性更强导致渗透率的增加。

玛北地区百二段各砂层组的物性差别较小。随着埋藏深度的增加,孔隙度和渗透率均略有减小。从一砂组到二、三砂组,孔隙度平均值依次为 8.86%、7.79%、6.92%,渗透

率平均值依次为 $1.08\times10^{-3}\ \mu m^2$、$1.02\times10^{-3}\ \mu m^2$、$0.78\times10^{-3}\ \mu m^2$。说明压实作用对该组储层物性有一定的影响。

1. 玛北地区三叠系百三段储层的物性特征

对百三段 259 块样品物性分析表明,孔隙度分布区间主要在 $6\%\sim12\%$,最小值为 2.28%,最大值为 17.61%,平均值为 9.44%,中值为 8.26%。对 239 块样品分析的渗透率主要分布在 $0.4\times10^{-3}\sim20\times10^{-3}\ \mu m^2$,其中最大值为 $553.45\times10^{-3}\ \mu m^2$,最小值为 $0.01\times10^{-3}\ \mu m^2$,平均值为 $0.92\times10^{-3}\ \mu m^2$,中值为 $0.56\times10^{-3}\ \mu m^2$(图 6.1)。

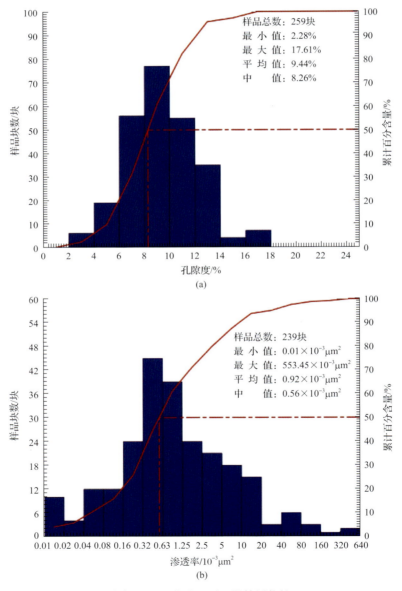

图 6.1　玛北地区百三段储层物性

2. 玛北地区三叠系百口泉组百二段(T₁b₂)储层的物性特征

对百二段 682 块样品物性分析表明,孔隙度分布区间主要在 4%~12%,最小值为 1.17%,最大值为 23%,平均值为 8.03%,中值为 6.83%。对 623 块样品分析的渗透率主要分布在 $0.4 \times 10^{-3} \sim 20 \times 10^{-3} \mu m^2$,其中最大值为 $396.28 \times 10^{-3} \mu m^2$,最小值为 $0.01 \times 10^{-3} \mu m^2$,平均值为 $1.04 \times 10^{-3} \mu m^2$,中值为 $0.77 \times 10^{-3} \mu m^2$(图 6.2)。

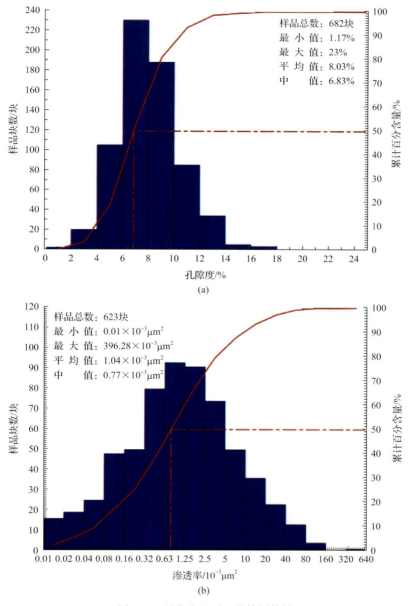

图 6.2　玛北地区百二段储层物性

玛北地区三叠系百口泉组二段为百口泉组主力油层,为了更精细的研究百二段储层的物性特征,将百二段分为三个砂组,从上到下依次为百一段一砂组(相当于前文所述 $T_2b_2^1$)、百二段二砂组和百二段三砂组(相当于前文所述 $T_2b_2^2$),以下是三个砂组详细的物性特征阐述。

1) 玛北地区三叠系百二段三砂组储层的物性特征

对百二段三砂组 142 块样品物性分析表明,孔隙度分布区间主要在 $4\%\sim10\%$,最小值为 2.33%,最大值为 12.9%,平均值为 6.92%,中值为 5.88%。对 137 块样品分析的渗透率主要分布在 $0.01\times10^{-3}\sim40\times10^{-3}\ \mu m^2$,其中最大值为 $396.28\times10^{-3}\ \mu m^2$,最小值为 $0.01\times10^{-3}\ \mu m^2$,平均值为 $0.78\times10^{-3}\ \mu m^2$,中值为 $0.56\times10^{-3}\ \mu m^2$(图 6.3)。

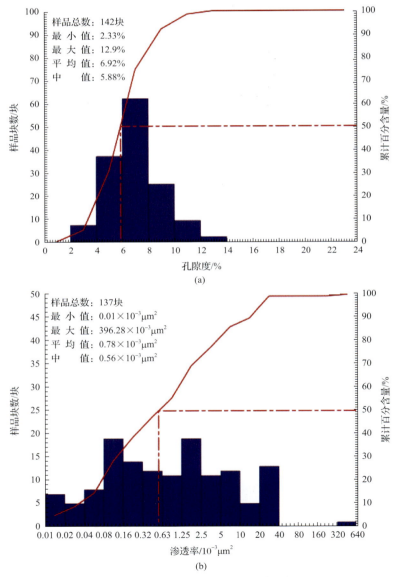

图 6.3 玛北地区百二段三砂组储层物性

2）玛北地区三叠系百二段二砂组储层的物性特征

对百二段二砂组 247 块样品物性分析表明，孔隙度分布区间主要在 $4\%\sim10\%$，最小值为 1.17%，最大值为 16.4%，平均值为 7.79%，中值为 6.73%。对 224 块样品分析的渗透率主要分布在 $0.16\times10^{-3}\sim20\times10^{-3}\ \mu m^2$，其中最大值为 $139\times10^{-3}\ \mu m^2$，最小值为 $0.01\times10^{-3}\ \mu m^2$，平均值为 $1.02\times10^{-3}\ \mu m^2$，中值为 $0.86\times10^{-3}\ \mu m^2$（图 6.4）。

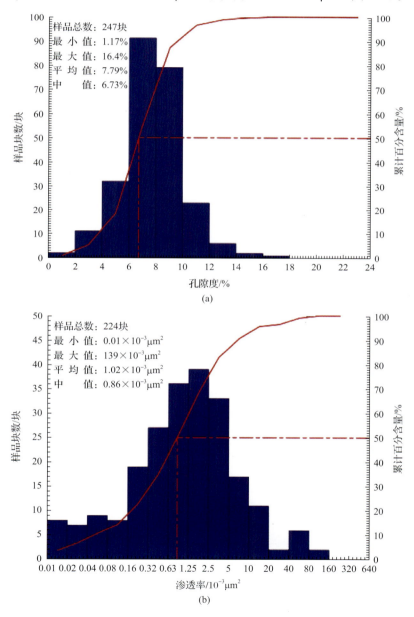

图 6.4　玛北地区百二段二砂组储层物性

3）玛北地区三叠系百二段一砂组储层的物性特征

对百二段一砂组 256 块样品物性分析表明,孔隙度分布区间主要在 $4\%\sim10\%$,最小值为 3.5%,最大值为 23%,平均值为 8.86%,中值为 7.7%。对 229 块样品分析的渗透率主要分布在 $0.08\times10^{-3}\sim20\times10^{-3}\ \mu m^2$,其中最大值为 $128.67\times10^{-3}\ \mu m^2$,最小值为 $0.02\times10^{-3}\ \mu m^2$,平均值为 $1.08\times10^{-3}\ \mu m^2$,中值为 $0.72\times10^{-3}\ \mu m^2$(图 6.5)。

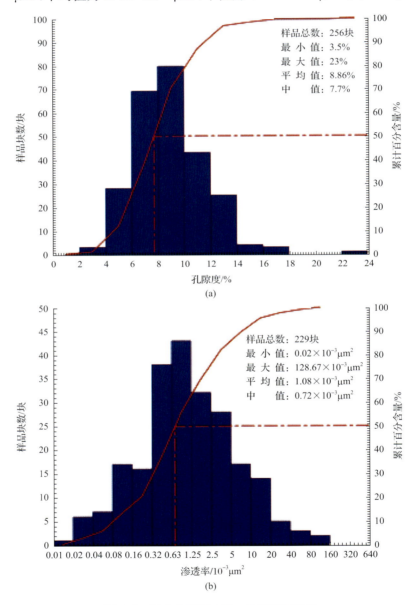

图 6.5 玛北地区百二段一砂组储层物性

对百二段三个砂组的物性研究表明一砂组的平均孔隙度最大,二砂组次之,三砂组最小,渗透率也有同样的特征,说明在一砂组的物性好于二砂组,三砂组的物性最差。百二段三个砂组中埋藏的越深物性越好,这也揭示了在深部次生孔隙发育的特点。

为了更详细科学地研究玛北地区百口泉组各段的物性差别,对目的层段的岩性加以细分,发现其由砾岩、砂砾岩、中-粗砂岩、细-粉砂岩组成。三个层段不同粒径储层的孔隙度分布直方图表明,中-粗砂岩的孔隙度最好,砂砾岩和砾岩次之。这主要是由于中-粗砂岩形成时的水动力条件较强,发育优良储层的几率大(图 6.6)。

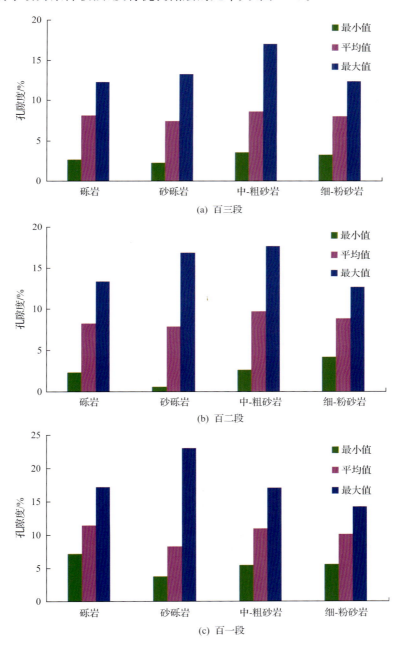

图 6.6　百口泉组各层段不同岩性储层物性对比图

6.1.2 玛北地区三叠系百口泉组水下水上环境中各段储层物性特征

为了研究准噶尔盆地玛北地区百口泉组不同沉积环境下碎屑岩的物性特征关系,对研究区不同颜色(颜色是反映沉积环境的重要指标)的砂砾岩进行了分类研究。对岩性的研究分为两类,分别为砂砾岩和中-粗砂岩,颜色用灰色和褐色,分别代表水下和水上对研究区碎屑岩的物性进行研究。研究表明(图6.7)砂砾岩孔隙度与渗透率的相关性优于中-粗砂岩,灰色中-粗砂岩的孔隙度好于其他三种颜色的岩性。这是因为灰色的中粗砂岩位于水下水动力较强的环境中,如三角洲前缘水下,经过水的淘洗杂基含量较少,分选性和磨圆较好,孔隙度和渗透率也较高,在埋藏成岩过程中可能由于化学胶结堵塞了喉道使渗透率降低,薄片的资料绿泥石环带和碳酸盐等胶结物占据喉道空间。图6.7明显揭示了不同环境(水上、水下)下的中粗砂岩孔隙度值高于砂砾岩,其中灰色的中粗砂岩孔隙度最好。

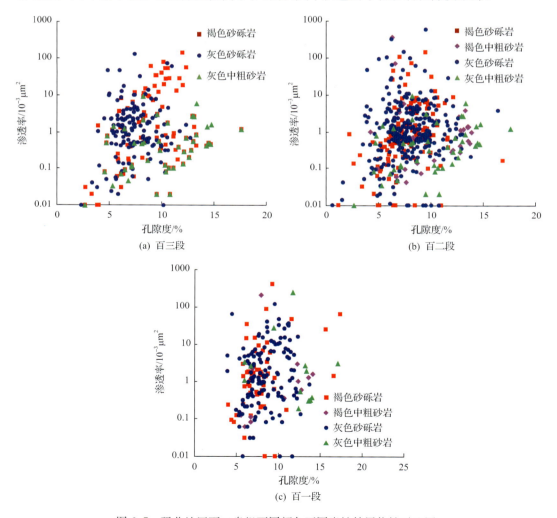

图6.7 玛北地区百口泉组不同颜色不同岩性储层物性对比图

6.1.3　玛北地区三叠系百口泉组水下水上环境中各段储层岩电关系

对研究区百三段不同颜色的中-粗砂岩和砂砾岩的岩电关系研究表明（图 6.8 和图 6.9），AC 值主要分布在 60～85mV/ft，孔隙度较好的灰色中-粗砂岩 AC 值更集中，在 70～80 μs/ft附近（图 6.8）。百一段 RT 多集中在 20～80Ω·m，百二段、百三段 RT 多集中在 7～100Ω·m，且在 RT 为 10Ω·m 附近灰色中粗砂岩出现一孔隙度高峰区。

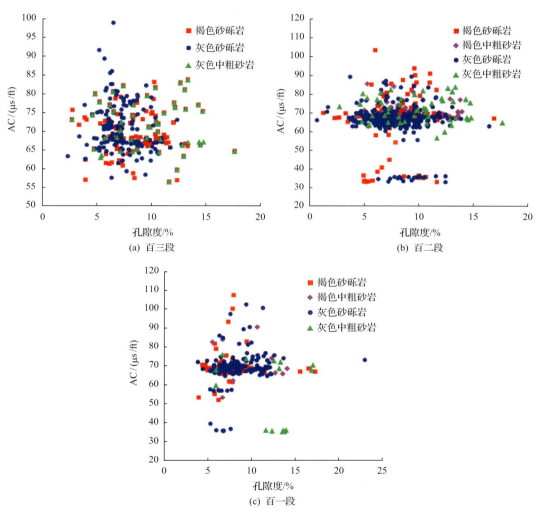

图 6.8　玛北地区百口泉组不同颜色不同岩性储层孔隙度与 AC 的关系图

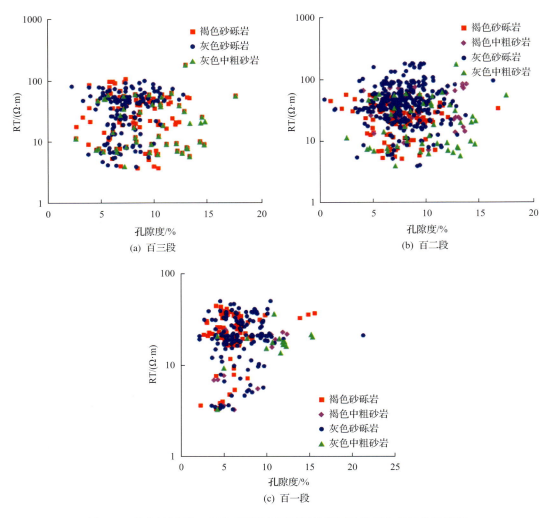

图 6.9 玛北地区百口泉组不同颜色不同岩性储层孔隙度与 RT 的关系图

6.1.4 玛北地区三叠系百口泉组各段储层物性随深度的变化特征

从准噶尔盆地碎屑岩储层以往的研究成果来看(张顺存等,2009),准噶尔盆地碎屑岩中含有大量半塑性的凝灰岩等火山岩岩屑,当埋藏深度大于 3500m 时,由于压实作用增强,半塑性碎屑发生变形,碎屑颗粒出现线接触和凸凹接触,粒间孔隙急剧减少,造成孔隙度下降。研究区三叠系百口泉组储层的埋藏深度大都为 2200~3800m,从储层孔隙度与埋藏深度关系图中可以看出,储层孔隙度具有随着埋藏深度的增加而减少的趋势,但在 3500m 处存在一个明显的次生孔隙发育带,孔隙度在此深度附近又突然变大。而这一深度正好是百二段储层的深度(图 6.10)。

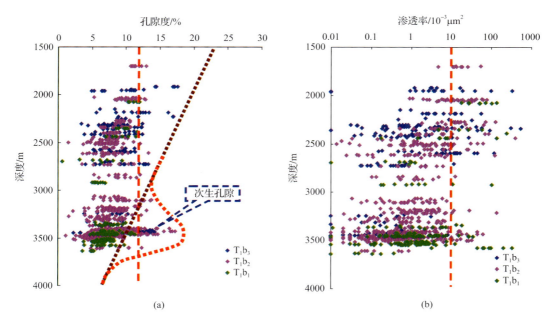

图 6.10　玛北地区三叠系百口泉组各段孔隙度和渗透率与深度关系图

　　玛北地区三叠系百口泉组深度与孔隙度及渗透率的关系表明,随着埋藏深度的增加,孔隙度略有减小,说明压实作用对储层物性有一定的破坏,溶蚀作用对储层物性有较强的改造作用,约在 3500m,存在次生孔隙发育带(图 6.10)。

　　储集岩的孔隙度与渗透率的相关性在一定程度上可以反映储层物性特征及孔隙类型。在砂岩储层中,孔隙度与渗透率之间可以有很好的相关关系。凡具渗透性的岩石均具一定的孔隙度,特别是有效孔隙度与渗透率的关系更为密切。对于碎屑岩储层,一般情况下,渗透率随着有效孔隙度增加而有规律的增加。在沉积砂体中,由于原生孔隙与孔隙喉道存在密切关系,原生孔隙的孔径越大,通常与其相对应的孔隙喉道也越宽。研究表明,这种相关性与砂岩的分选程度和磨圆程度呈正比,即分选程度越高、磨圆越好的砂岩,其孔隙度与渗透率的线性关系就越好。砂岩经过压实、胶结、溶蚀等成岩作用改造后,其中孔隙的大小、形态、分布和均质性已发生了很大变化。随着埋藏深度的增加、温度和压力的增高,砂岩所遭受的成岩作用强度就越大,过程也就越复杂。因而砂岩孔隙的大小、形态、分布就越复杂,其非均质性就越大。因此,砂岩受到成岩作用改造的程度越大,其孔隙度与渗透率的相关性就越复杂、越差。所以通常我们可以运用砂岩孔隙度与渗透率的线性关系的相关系数来简单判断砂岩的储层物性主要受沉积环境的影响还是受成岩作用的控制。

　　玛湖凹陷玛北地区三叠系百口泉组储层样品均为碎屑岩,实测储层样品的埋藏深度主要分布在 2200～3800m,储层孔隙度与渗透率相关性也较好,表明其孔喉匹配性较好,有利于次生孔隙发育形成优质储层(图 6.11)。

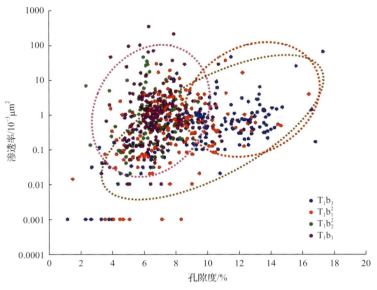

图 6.11　玛北地区三叠系百口泉组各岩孔隙度与渗透率关系

6.1.5　玛南地区三叠系百口泉组储层物性特征

　　玛南地区三叠系百口泉组储层物性一般，对 135 块岩石薄片统计可知，孔隙度主要分布在 $4\%\sim14\%$，占孔隙度总体积的 80% 以上，平均为 8.2%；渗透率变化较大，主要分布区间为 $0.07\times10^{-3}\sim45.0\times10^{-3}\,\mu m^2$（图 6.12）。玛南地区三叠系百口泉组储层孔隙度

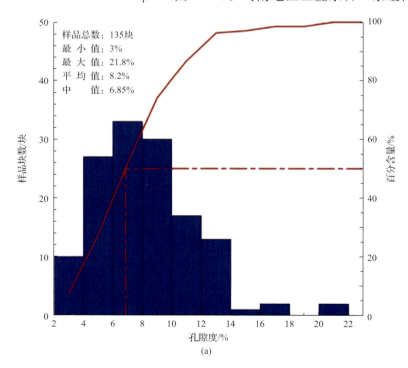

(a)

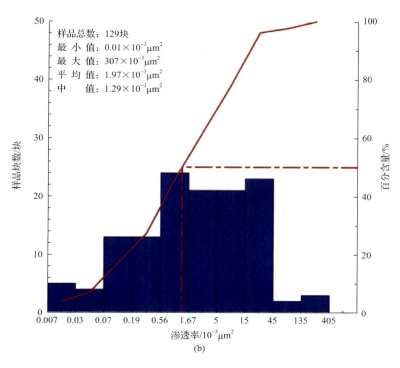

图 6.12　玛南地区三叠系百口泉组储层物性直方图

和渗透率的关系研究表明(图 6.13)，百口泉组孔隙度主要分布于 4%～10%，孔渗相关性较差，渗透率在 $0.01 \times 10^{-3} \sim 100 \times 10^{-3} \mu m^2$，杂乱分布，孔隙与喉道匹配较差，反映其储集空间以次生孔隙为主，原生孔隙为辅，成岩作用对储层物性的影响较大。孔隙度大于 10% 的样品孔渗相关性较好，说明玛南地区百口泉组高孔高渗储层以原生孔隙贡献为主。总体而言，玛南地区百口泉组仍然以次生孔隙为主，孔喉匹配低。

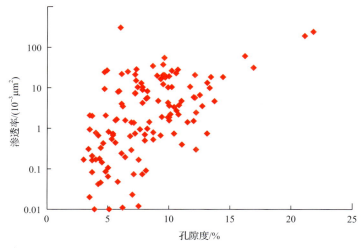

图 6.13　玛南地区三叠系百口泉组孔隙度与渗透率相关图

6.1.6 玛西地区三叠系百口泉组储层物性特征

玛西地区三叠系百口泉组 253 块孔隙度实测样品统计显示,孔隙度最小值 1.3%,最大值 22.3%,平均值 10.23%,孔隙度主要分布于 6%～12%,有四分之一的样品孔隙度大于 12%,孔隙度小于 6% 的不到 5%。219 块渗透率实测样品统计显示,渗透率最小值 $0.01 \times 10^{-3} \mu m^2$,最大值 $1043.02 \times 10^{-3} \mu m^2$,平均值 $2.26 \times 10^{-3} \mu m^2$,渗透率大于 $1 \times 10^{-3} \mu m^2$ 的样品占 50% 以上,且大于 $10 \times 10^{-3} \mu m^2$ 的约占 30%(图 6.14)。

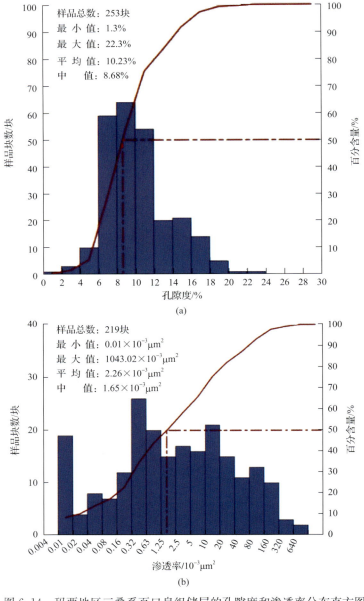

图 6.14 玛西地区三叠系百口泉组储层的孔隙度和渗透率分布直方图

　　玛西地区三叠系百口泉组储层的孔隙度与深度的相关性比较明显,孔隙度随着埋藏深度的增加呈有规律的降低,说明压实作用对储层孔隙度的降低具有明显的影响;渗透率也随着埋藏深度的增加呈现降低,但在 3200～3800m 附近有所增加,表明在该深度存在次生孔隙发育带(图 6.15)。百口泉组储层孔隙度与渗透率的相关性中等,说明储层储集空间较复杂,孔喉分选性较差,储集空间既有原生孔隙,也有次生孔隙,储层物性受到沉积环境与成岩作用的双重控制,沉积环境略占主导(图 6.16)。

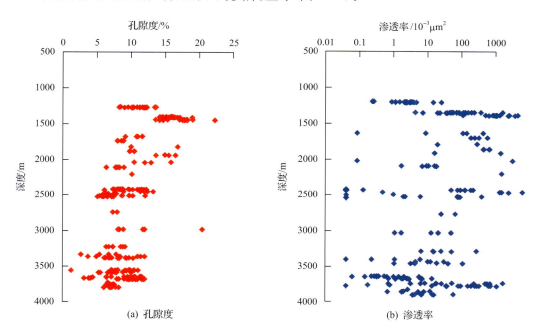

图 6.15　玛西地区三叠系百口泉组储层的孔隙度和渗透率与深度的关系

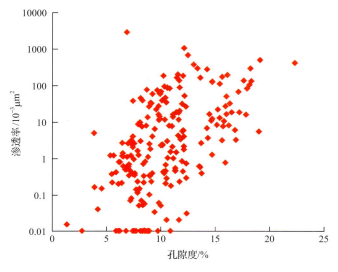

图 6.16　玛西地区三叠系百口泉组储层的孔隙度与渗透率之间的关系

6.1.7　玛东地区三叠系百口泉组储层物性特征

　　玛东地区三叠系百口泉组 159 块孔隙度实测样品统计显示,孔隙度最小值为 1.4％,最大值为 13.2％,平均值为 8.77％,孔隙度主要分布于 6％~12％;147 块渗透率实测样品统计显示,渗透率最小值为 $0.01×10^{-3}\,\mathrm{\mu m^2}$,最大值为 $45.35×10^{-3}\,\mathrm{\mu m^2}$,平均值为 $0.29×10^{-3}\,\mathrm{\mu m^2}$,渗透率大于 $1×10^{-3}\,\mathrm{\mu m^2}$ 的样品不到三分之一(图 6.17),说明该区三叠系百口泉组砂砾岩属于中低孔-低渗储层。

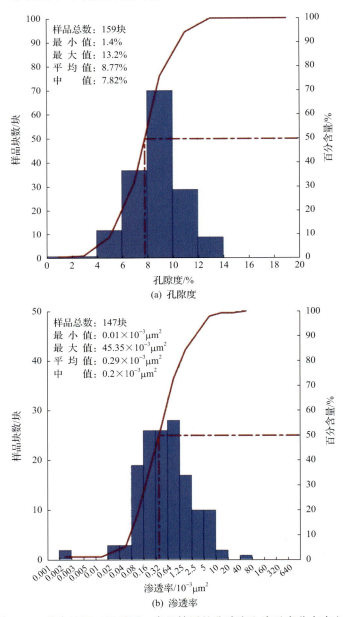

图 6.17　玛东地区三叠系百口泉组储层的孔隙度和渗透率分布直方图

从玛东地区三叠系百口泉组孔隙度与深度的关系图可以看出(图 6.18),该区砂砾岩储层的孔隙度随着埋藏深度的增加呈现有规律的降低,但在 4300~4500m 深度范围内孔隙度明显增加,说明在该深度存在次生孔隙发育带,后期的成岩改造作用特别是溶蚀作用对储层的影响较大[图 6.18(a)];渗透率也具有随着深度的增加呈现降低的趋势,大多的样品的渗透率小于 $1\times10^{-3}\mu m^2$[图 6.18(b)]。说明研究区百口泉组储层孔渗条件差,随着深度增加,储层物性变差,在 4300~4500m 处,由于溶蚀作用发育产生的次生孔隙对改善储层物性具有积极的意义,但总体该组储层仍然属于中低孔-低渗储层。

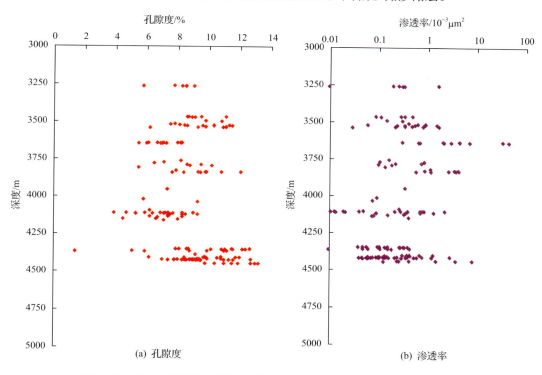

图 6.18　玛东地区三叠系百口泉组储层的孔隙度和渗透率与深度的关系

6.2　储层的孔隙类型及孔喉特征

碎屑岩的储集空间类型随着埋藏深度和成岩作用而变化,研究区不同区块储层的孔隙类型及孔喉特征存在差异。通过玛北地区百口泉组储层孔隙类型的统计表明,该区储层储集空间类型多样,残余粒间孔和粒内孔[图 6.19,图 6.20(a),图 6.20(d),图 6.20(f)],是最主要的孔隙类型,此外还见有微裂隙、接口孔[图 6.20(a),图 6.20(e),图 6.20(h)]、晶间孔[图 6.20(g)]、粒内溶孔[图 6.20(d),图 6.20(f),图 6.20(i),图 6.20(j)]、粒间溶孔[图 6.20(k),图 6.20(l)]及收缩孔[图 6.20(c),图 6.20(i)]等。其中微裂缝表现为顺层发育的微裂缝和纵向或斜交的微裂缝、沿砾石边缘发育的砾间缝和接口缝。微裂缝可成为油气运移通道或聚集场所,可有效改善储层物性条件。

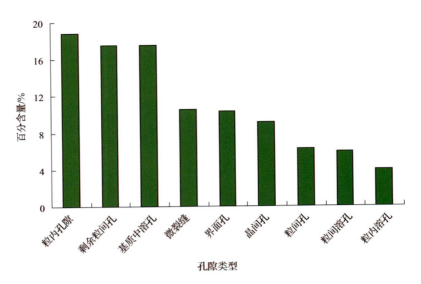

图 6.19　玛北地区百口泉组孔隙类型图

(a) 玛131井，3192.12m，T₁b，灰色砂砾岩，原生粒间孔及微裂缝发育

(b) 玛004井，3419.97m，T₁b₃，细中粒长石岩屑砂岩，粒间孔，面孔率2%，φ=13.71%，K=0.48×10⁻³μm²

(c) 夏89井，2477.27m，T₁b₃，粗中砂岩，硅质析出，粒间孔，黏土收缩孔，φ=11.9%，K=1.49×10⁻³μm²

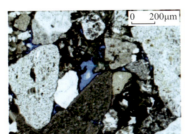

(d) 玛13井，3108.38m，T₁b，砾质不等粒岩屑砂岩，剩余粒间孔及溶孔较发育，孔隙边比残余有沥青质，φ=12.6%，K=0.131×10⁻³μm²

(e) 玛006井，3418.69m，T₁b，砾质，磨圆度较好，砾间缝和接口孔发育

(f) 达9井，4675.81m，T₁b，砂砾岩，剩余粒间孔和粒内溶孔发育，安山岩岩屑

(g) 达9井，4726.36m，T₁b，含砾粗粒长石岩屑砂岩，凝灰岩碎屑内长石斑晶溶蚀形成铸模孔

(h) 玛15井，3069.99m，T₁b，砂质细砾岩，粒间孔、压碎缝、泥杂基，$\phi=9.67\%$，$K=2.174\times10^{-3}\mu m^2$

(i) 玛6井，3875.10m，T₁b，×32，砾状中粗砂岩，粒内溶孔，粒间伊/蒙混层收缩孔

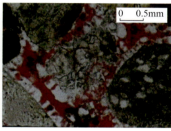

(j) 玛15井，3065.20m，T₁b，含砾质细砾中砾岩，岩屑粒内溶孔，$\phi=6.5\%$，$K=0.46\times10^{-3}\mu m^2$

(k) 夏29井，1560.60m，T₁b₃，岩屑细砾岩，粒间方沸石溶孔或半充填孔，$\phi=11.19\%$，$K=2.4\times10^{-3}\mu m^2$

(l) 夏89井，2477.27m，T₁b₃，粗中砂岩，粒间孔，石英加大早于铁方解石，$\phi=11.9\%$，$K=1.49\times10^{-3}\mu m^2$

图 6.20　玛北地区百口泉组孔隙类型微观特征

　　通过对玛北地区 1000 多张镜下薄片观察和统计发现，不同成因类型的砂砾岩相的孔隙类型差异较大。总体来看，百口泉组砂砾岩储层中以原生孔隙和剩余粒间孔为主，次生孔隙类型复杂，主要为粒间溶孔、粒内溶孔和基质中溶孔，其次裂缝也较常见，主要为压裂缝、砾间缝及接口缝（图 6.19）。泥质杂基含量少，分选和磨圆较好的砾岩，残余粒间孔较发育，粒间溶孔和粒内溶孔也较发育。而当砾岩分选性差、磨圆度低时，泥质杂基含量较高，粒间孔等原生孔隙随着埋藏深度的增加而减少，或被胶结物充填。粒间溶孔、粒内溶孔等次生孔隙也不发育。当砾岩被硅质胶结时，硬度较大，在后期成岩作用下，较易形成微裂缝。

　　玛南地区三叠系百口泉组储集岩孔隙类型中粒内溶孔占 58.9%，微裂缝和接口缝次之，分别占 16.1% 和 10.9%，原生的粒间溶孔只占 7.2%；储层孔隙类型复杂（图 6.21）。

　　玛南地区三叠系百口泉组碎屑岩溶蚀孔隙的产生主要是碳酸盐类及沸石类等胶结物的溶蚀、长石等碎屑颗粒的溶蚀、还有部分杂基的溶蚀共同作用，其中泥质杂基含量较少的扇三角洲前缘水下分流河道微相的砂砾岩的胶结物及颗粒往往容易发生溶蚀共同作用。该区扇三角洲前缘储集砂体沉积时水动力条件较稳定，泥质杂基含量低，有利于原生粒间孔的保存，这为成岩期富含有机酸孔隙水的流动及溶蚀孔隙发育创造了条件。

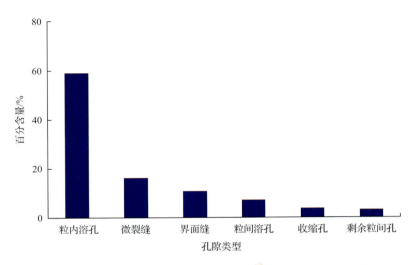

图 6.21　玛南地区三叠系百口泉组碎屑岩储集空间类型及含量

玛南地区三叠系百口泉组储层物性一般,对 135 块岩石薄片统计可知,孔隙度主要分布在 4%~14%,占孔隙度总体积的 80% 以上,平均为 8.2%,渗透率变化较大,主要分布区间为 $0.07 \times 10^{-3} \sim 45.0 \times 10^{-3} \mu m^2$,储集空间以粒内溶孔和微裂缝为主,孔喉半径明显偏小,主要分布在 $0.16 \sim 0.64 \mu m$,平均为 $0.35 \mu m$(图 6.22)。

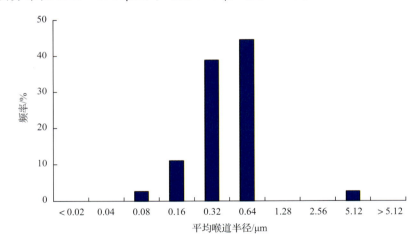

图 6.22　玛南地区三叠系百口泉组碎屑岩储层孔隙喉道特征

玛西地区三叠系百口泉组碎屑岩储集空间主要以粒内溶孔(占 34%)、粒间溶孔(占 18%)、剩余粒间孔(占 16%)为主,还有少量微裂缝、接口孔等(图 6.23)。

从压汞曲线特征来看,玛西地区三叠系储层的孔隙结构总体上以细-极细孔喉为主,孔隙喉道分选性差,排驱压力高,储层质量较差(图 6.24)。

玛东地区三叠系百口泉组储层埋藏程度达到了 3300~5000m,碎屑岩普遍经受了较强的压实作用改造,碎屑颗粒大都以点接触1线接触为主,砂岩和砾岩的物性普遍较差,其中原生孔隙已大量丧失,仅在砂岩中见到较发育的原生粒间孔,次生孔隙成为其中最主要的孔隙类型。该区储层的储集空间主要是粒内溶孔、粒间溶孔,还有少量的接口孔、粒间孔等(图 6.25)。在该地区碎屑岩中富含火山岩岩屑(特别是凝灰岩类岩屑),方沸石和片沸石等自生矿物普遍发育,方解石、含铁方解石胶结物常见。碎屑岩中碳酸盐类、沸石类和长石类等易溶矿物含量非常高,这些矿物的溶蚀作用是该地区砂砾岩次生孔隙的主要成因类型。此外在砂岩和砾岩的粒间孔隙中,高岭石、伊利石和绿泥石等自生黏土也比较常见。

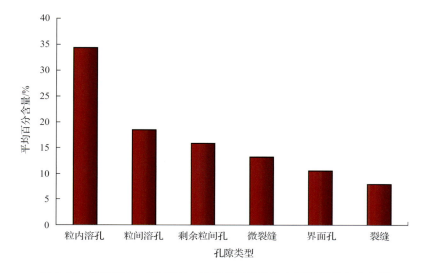

图 6.23　玛西地区三叠系百口泉组碎屑岩储集空间类型分布直方图

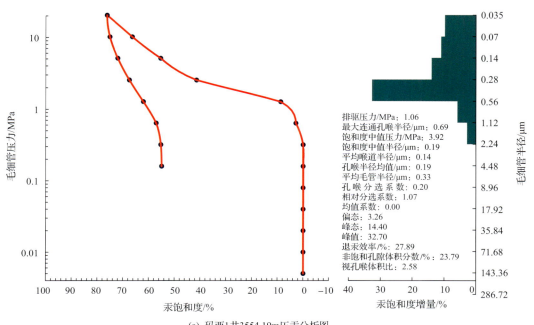

(a) 玛西 1 井 3554.19m 压汞分析图

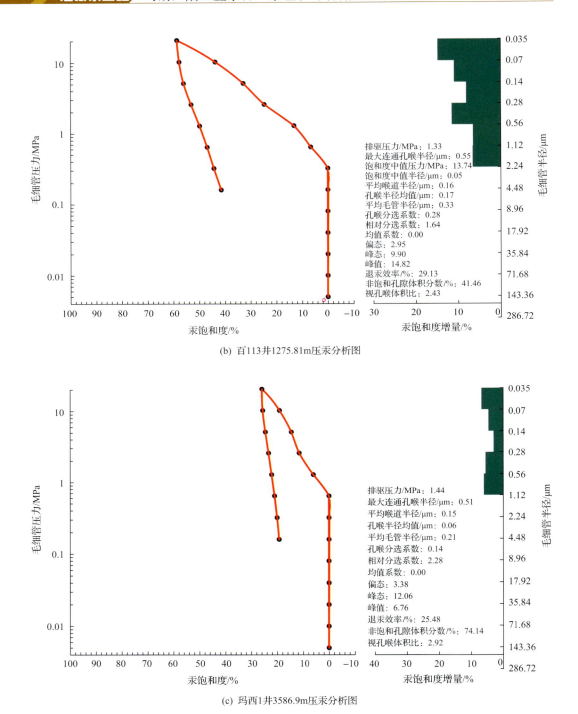

(b) 百113井1275.81m压汞分析图

(c) 玛西1井3586.9m压汞分析图

图6.24 玛西地区三叠系百口泉组储层的压汞曲线特征

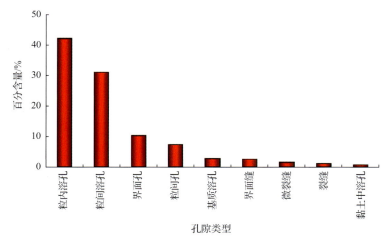

图 6.25 玛东地区三叠系百口泉组储集空间类型分布直方图

从玛东地区三叠系百口泉组砂砾岩储层的压汞曲线特征图上可以看到（图 6.26），该区砂砾岩储层的孔隙喉道总体上具有细歪度、细孔径、喉道半径较小、排驱压力较高、退汞效率相对较差的特点。从孔喉特征来看，其喉道半径很小，均分布于 2.24μm 以下，其中超过 80% 的储层的平均喉道半径小于 1.12μm，仅盐 001 井、玛 211 井的孔隙结构良好，排驱压力较低，但毛细管半径仍然小于 10μm。与三叠系百口泉组储层以中低孔-低渗储层为主相符合。

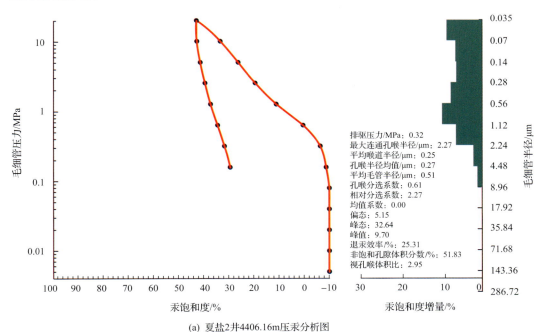

(a) 夏盐2井4406.16m压汞分析图

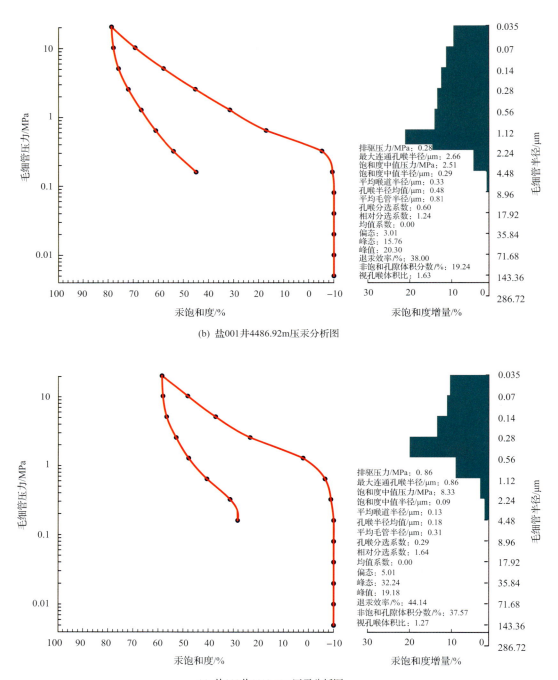

(b) 盐001井4486.92m压汞分析图

(c) 盐002井4418.59m压汞分析图

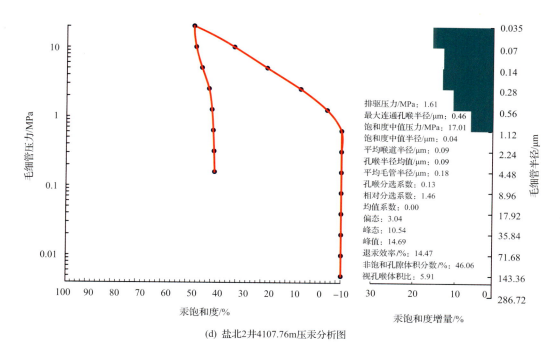

(d) 盐北 2 井 4107.76m 压汞分析图

图 6.26　玛东地区三叠系百口泉组储层的压汞曲线特征

6.3　储层评价参数连续定量表征

6.3.1　岩性识别

根据钻井取心分析资料和岩屑录井资料,可以判别岩石类型、各种层理特征及接触关系等。测井信息是地层岩性、物性和含流体性质等的综合响应,常规测井资料中包含有大量的地层岩性信息,因此,可以通过常规测井资料间接的判别地层岩性。

玛湖凹陷百口泉致密砂砾岩储层由不同粒级的岩石颗粒胶结而成,岩性复杂,储层非均质性强,给储层分类、评价参数计算和产能评价带来一定困难,因此准确的岩性识别显得尤为重要。

1. 交会图法识别岩性

交会图技术可快速、直观的识别岩性,在实际中有很好的实用性,是岩性识别的常用方法之一。交会图上能直观清晰地看出各种岩性的分界和所分布的区域。这样建立出的图版具有很强的针对性,可以反映研究对象具有普遍意义的规律性。

通过对研究区百口泉组关键井的取心分析资料,与测井曲线、岩屑录井、岩心描述资料等综合分析,根据不同岩性的测井响应特征,利用岩心标定测井资料做综合交会分析,确定了研究区百口泉组可划分出六类岩性,分别为泥岩、粗砂岩、细砾岩、小中砾岩、大中砾岩、平原相砾岩。

在研究区百口泉组的岩性识别中,本书选取对岩性测井响应比较好的中子测井(CNL)和深侧向电阻率测井(RT)曲线,建立了区域性岩性识别图版。

中子孔隙度-深侧向电阻率的交会图中,横坐标中子孔隙度反映了岩石物性的变化,纵坐标电阻率反映了岩石矿物成分的变化。从图中可以看出,储层物性最好的岩性为含砾粗砂岩、细砾岩和小中砾岩,与前期对不同岩性的岩石学特征研究相吻合(图6.27)。

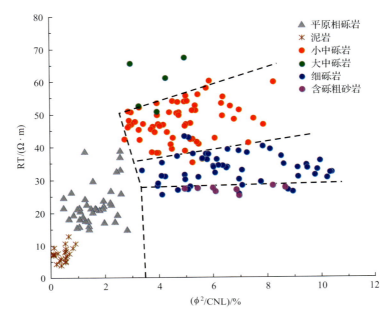

图 6.27　百口泉组岩性识别图版

对岩性测井响应特征分析中,发现GR测井响应特征异常,部分储层段的GR值比非储层段的值大,因此GR曲线不能直接用来作为岩性识别的敏感参数。但是一般而言,岩石中放射性同位素的含量越高,其放射性强度越大,对取心段的岩性对应的GR值进行了统计分析发现,利用自然伽马相对值(GRVOL)能较好反映岩性分布规律。

百口泉组岩石骨架密度(DEN)-自然伽马相对值(GRVOL)交会图中(图6.28),GRVOL是用总的GR值减去正常沉积所引起的GR值变化。从图上可以看出,当GRVOL小于40API时,不同的岩性在图版上无法区分;当GRVOL大于40API时,含砾粗砂岩、细砾岩、小中砾岩到大中砾岩,GRVOL值越来越大,这说明随着岩石颗粒粒级的增大,岩石放射性的影响也就越来越大。

在研究区域,通过分析不同岩性的测井响应特征做出交会图,能够比较方便直观地对研究区的岩性进行识别。

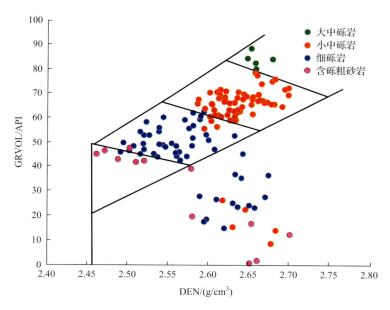

图 6.28　百口泉组不同储层岩性母岩火山岩成分含量变化图

2. 应用效果分析

　　图 6.29 为玛 18 井百口泉组的测井岩性解释成果图。依据岩性识别图版结合岩心资料，对该井进行了测井岩性识别。从该图可以看出，百口泉组百三段发育大套的泥岩和泥质粉砂岩 GR 值大于 75API，电阻率值十几Ω·m，密度一般在 2.65g/cm³，中子孔隙度一般为 0～3%，AC 一般为80 μs/ft，中间夹杂着细砾岩，储层段发育较少；百二段和百一段储层较为发育，以砂质细砾岩和小中砾岩为主，GR 值为 45～60API，电阻率值为几十Ω·m，密度为 2.4～2.55 g/cm³，中子孔隙度一般为 4%～11%，AC 一般为 80～100 μs/ft，结构构指数一般都大于 3，物性较好。在百口泉底部也有褐色平原相砾岩发育，从孔隙度曲线上可以看出，由于泥质含量较高，物性较差，GR 值出现异常偏低，电阻率在 10 Ω·m，为非储层。在百一段和百二段试油也都获得了高产工业油流。

　　图 6.30 为艾湖 1 井百口泉组的测井岩性解释成果图。依据岩性识别图版结合岩心资料，对该组进行了测井岩性识别。从图上也可以看出，百口泉组百三段基本都为泥岩和泥质粉砂岩，GR 值大于 60API，电阻率值为 10 Ω·m，密度为 2.58～2.68 g/cm³，中子孔隙度一般为 0～3%，AC 一般为 80 μs/ft，没有储层发育；百二段储层有所发育，岩性主要为细砾岩和小中砾岩，GR 值为 45～50API，电阻率值为 30～40 Ω·m，密度为 2.45～2.55 g/cm³，中子孔隙度一般为 4%～8%，AC 一般为 80～100 μs/ft，百一段储层相对百二

段较好,储层岩性有粗砂岩、细砾岩和小中砾岩,GR 值为 30～50API,电阻率值为 40～70 $\Omega \cdot m$,密度为 2.4～2.5 g/cm^3,中子孔隙度一般为 6%～11%,AC 一般为 90～110 $\mu s/ft$,物性要比百二段好。最终在百一段试油,获得了高产工业油流。

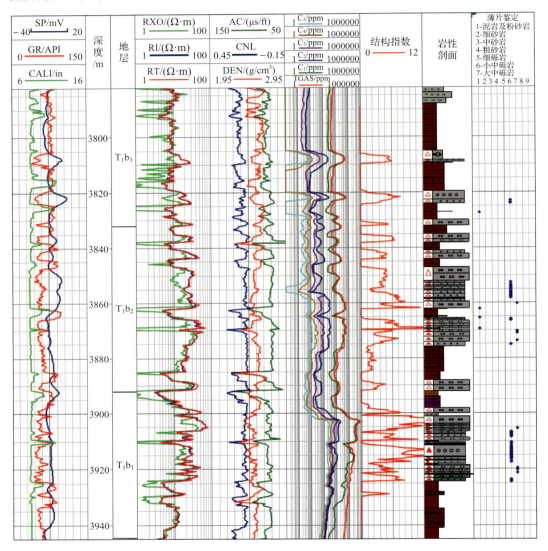

图 6.29　玛 18 井百口泉组测井岩性解释成果图

应用所建立的测井岩性识别方法,对全区已钻井百口泉组的岩性进行了综合测井解释。解释结果对了解已钻井岩性的纵向变化及储层的分布提供了重要的技术支撑,为后续百口泉组砂砾岩储层评价研究奠定了基础。

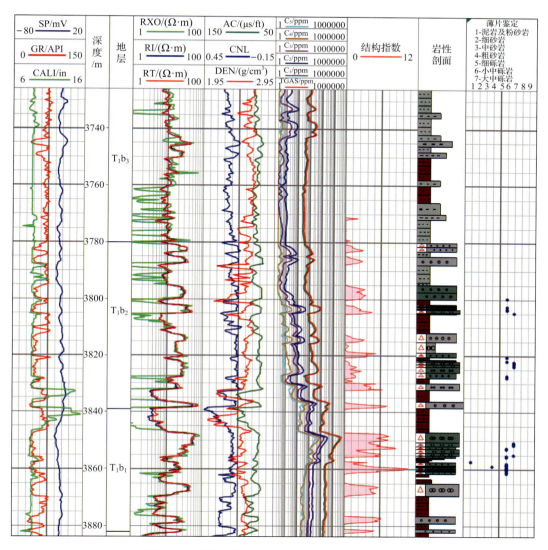

图 6.30　艾湖 1 井百口泉组测井岩性解释成果图

6.3.2　黏土含量

黏土矿物的种类复杂并且所含结晶水、束缚水情况变化较大,导致黏土对测井响应特征的影响十分复杂。除 GR 能谱测井外,单独运用其他的一种测井方法还难以有效分析岩石的黏土含量。在本书中利用核磁共振测井精确的计算黏土含量。理论认为,地层中黏土含量与黏土含氢孔隙度呈正相关,所以计算黏土含量可由黏土含氢孔隙度入手。中子探测全部的含氢指数,核磁探测不到黏土矿物中的结晶水,故二者只差代表结晶水的含量,结晶水含量越多,反映黏土含量越多。综上,黏土含量公式为

$$V_{clay} = a(\phi_N - \phi_{cmr}) + c \tag{6.1}$$

式中,a、c 为回归分析的系数和常数;ϕ_N 为中子孔隙度,%;ϕ_{cmr} 为核磁共振总孔隙度,%。

本书分地区对玛湖凹陷玛西斜坡和玛北斜坡建立了黏土含量和中子与核磁共振总孔隙度差的关系,经回归分析,得到了黏土含量的计算模型(图 6.31)。

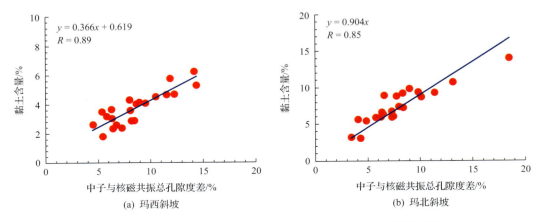

图 6.31　玛湖凹陷西斜坡百口泉砂砾岩储层黏土含量计算图版

依据图 6.31 建立的黏土含量计算公式,对玛西斜坡黄羊泉扇进行了全岩分析的玛18 井、玛 601 井、玛 602 井三口井 44 块岩样,玛北斜坡夏子街扇夏 89 井、玛 137 井、玛136 井三口井 25 块岩样,进行了回判分析,方法回判率达到 85% 以上,说明该方法与实验分析符合性较好(图 6.32)。

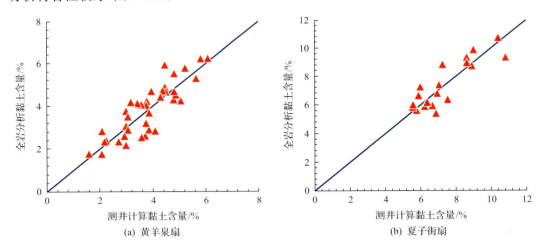

图 6.32　黄羊泉扇、夏子街扇计算黏土含量与全岩分析对比

选取玛西斜坡黄羊泉扇玛 602 井和玛北斜坡夏子街扇夏 89 井,进行黏土含量计算方法处理效果分析。

图 6.33 为玛 602 井常规方法计算黏土含量与核磁计算结果对比图,可以看出玛 602井有全岩分析黏土含量井段为 3840～3900m,两段储层段 3842.5～3867.25m、3875～3895.725m 显示,中子与密度孔隙度差值幅度上窄下宽,说明两段储层黏土含量上部小

于下部,全岩分析的黏土含量在两段储层段分布也是上部小于下部,说明中子-密度孔隙度法能较好地反映储层黏土含量。玛 602 井全岩分析黏土含量为 2%~7%,常规方法计算得到的黏土含量与全岩进行对比,符合率达到 88.7%,并且与核磁计算结果一致,说明黄羊泉扇黏土含量计算方法在该区块适用性较好。

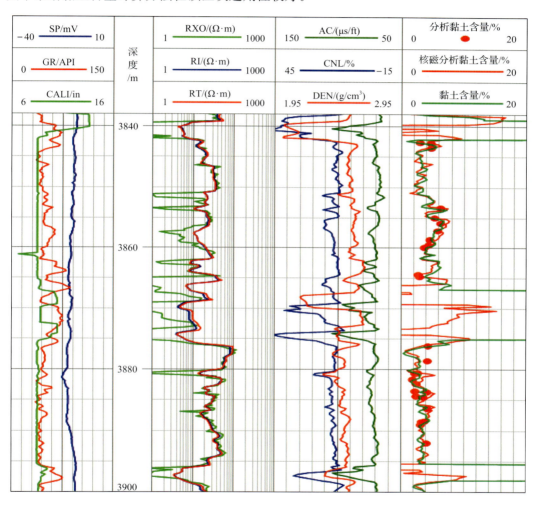

图 6.33　玛 602 井常规计算黏土含量与核磁对比成果图

图 6.34 为夏 89 井常规方法计算黏土含量与核磁计算结果对比图。从图中可以看出,中子与密度孔隙度差值幅度较大,且全井段储层段中子与密度孔隙度幅度差值上下变化不大。说明夏 89 井储层段黏土含量较高,全岩分析的黏土含量也较高,夏 89 井全岩分析黏土含量为 6%~10%,常规方法计算得到的黏土含量与全岩进行对比,符合率达到 80.3%,并且与核磁计算结果一致,说明夏子街扇黏土含量计算方法在该区块适用性较好。

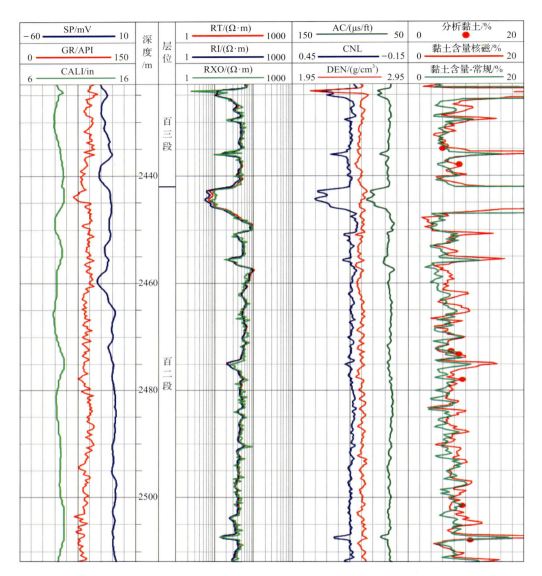

图 6.34　夏 89 井常规计算黏土含量与核磁对比成果图

6.3.3　溶蚀强度

1. 利用 AC 与密度差值识别溶蚀孔原理

补偿声波测井测量的是纵波的首波,根据声波测井的滑行波理论,纵波首波沿井壁滑行,传播速度最快,并首先到达接收探头。密度计算孔隙度是在密度测井仪探测范围内的总孔隙度,但密度测井仪是推靠性仪器,而它可能反映不到极板未遇到的裂缝、溶洞,也可能夸大所遇到的裂缝、溶洞的响应,因此当地层中有发育的裂缝等次生孔隙时,一般认为密度测井能反映次生孔隙,所计算的孔隙度是原生粒间孔隙度。因此利用密度孔隙度与 AC 孔隙度差值可以求出地层的次生孔隙度,即可以反映地层溶蚀孔强度的大小。

2. 应用效果分析

图 6.35(a)为玛 18 井溶蚀孔处理成果图,3902～3904m 深度段岩性为细砾岩,孔隙度差异大,从深度点为 3903.85m 薄片图[图 6.35(b)]可以看出,溶孔发育,孔隙度为 14.1%,渗透率为 $11.6 \times 10^{-3} \mu m^2$。该段密度计算孔隙度与 AC 计算孔隙度差值较大,说明该井段溶蚀作用强,与薄片分析的结果相吻合。

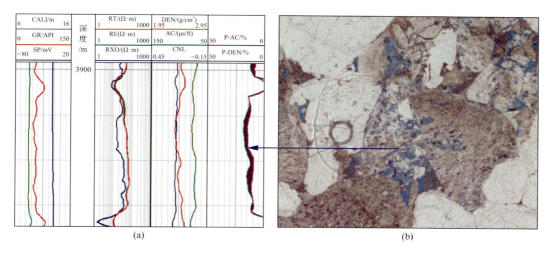

(a)　　　　　　　　　　　　(b)

图 6.35　玛 18 井溶蚀孔处理成果图

图 6.36(a)为玛 13 井溶蚀孔处理成果图,3106.5～3108m 深度段岩性为含砾粗砂岩,孔隙度差异小,从深度点为 3107.64m 薄片图[图 6.36(b)]可以看出,孔隙类型主要以剩余粒间孔为主,孔隙度为 12.2%,渗透率为 $2.87 \times 10^{-3} \mu m^2$,该段密度计算孔隙度与 AC 计算孔隙度差值小,说明该井段溶蚀作用弱,与薄片分析的结果相吻合。

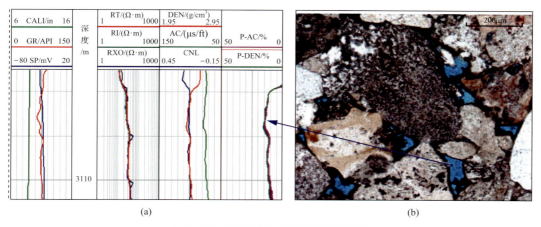

(a)　　　　　　　　　　　　(b)

图 6.36　玛 13 井溶蚀孔处理成果图

6.3.4 储层物性评价参数表征

储层参数计算是在储层定性评价的基础上进行的。通过准确的储层定性评价,储层的定量评价就减少了许多盲目性。储层参数的计算结果将最终用于储量计算,因此,储层参数计算过程中各种模型及相关参数的选择应力求符合客观实际。

储层参数计算的技术路线是通过岩心刻度测井,对有取心资料的各单井进行处理,建立各种解释模型及选取相关参数,进而建立区域构造上的解释模型及参数特征值,以保证无取心资料的井段(邻层)或构造邻井的储层参数计算结果的可靠性,为最终储量计算提供客观依据。基本流程简述如下。

1. 建立岩心-测井数据库

用岩心分析资料刻度测井信息是储层测井评价的关键。对岩心分析资料进行收集、整理,并进行分析、处理是非常必要的,因为岩心分析资料与测井响应存在以下差异。

(1)岩心分析资料为间断采样,样品间距不一;而测井信息为连续采样,采样间距均匀、一致。

(2)岩心分析资料基本代表某一深度点有限空间(岩样大小)的岩石(物性)特征,而测井信息反映某一深度点,具有一定空间展布的岩石(物性)特征,空间展布的大小取决于测井仪器的纵向分辨率和径向探测深度。

(3)由于取心过程不连续,有时伴有岩心破碎现象,造成岩心归位有可能深度不准确,而测井作业连续,测井响应与深度具有良好的对应关系。

岩心数据整理的关键是将岩心分析数据深度归位,使岩心数据与测井数据在深度上尽可能匹配。

1)岩心资料数据库建立

以井名、归位井深、黏土含量、孔隙度、含水饱和度、渗透率等作为数据库的字段名,建立起数据库结构然后将岩心样品分析数据收录入库,这样,就建立起了岩心分析资料数据库。

2)岩心资料分析处理

(1)对岩心分析数据进行插值处理。

为了便于测井资料与岩心分析资料的分析对比,需对岩心分析资料进行插值处理,以形成与测井资料相同采样间距的数据文件。本书采用线形插值方法:

$$Y_i = \frac{(D_{j+1} - D_i)X_j - (D_i - D_j)X_{j+1}}{D_{j+1} - D_j} \tag{6.2}$$

式中,D_i、Y_i分别为插值点的深度、插值;D_j、D_{j+1}分别为离插值点最近的前后两岩样的深度;X_j、X_{j+1}分别为离插值点最近的前后两岩样的物性值。

(2)对岩心分析数据进行平滑滤波处理。

由于岩心分析资料与测井信息所反映的地层特征的空间范围不一样,造成两者之间

不等价,为了解决这一问题,有必要对岩心分析资料(按孔隙度系列测井仪器的纵向分辨率)进行平滑滤波处理。即

$$Y_i' = \frac{1}{2m+1}(Y_{-m+i} + Y_{-m+i-1} + \cdots + Y_{i+m-1} + Y_{i+m}) \tag{6.3}$$

式中,Y_i'、Y_i 分别为滤波前后第 i 个采样点的数据;$2m+1$ 为滑动窗长。

(3)对岩心分析数据进行深度归位校正。

虽然输入到数据库的岩心分析资料是经过了深度归位的,但不是很准确,直接用来与测井信息进行对比分析,便会发现有错位现象。因此,还需结合测井信息对岩心资料作进一步的深度校正。

(4)形成岩心-测井数据库。

将处理后的岩心数据与测井数据合并,便可形成岩心-测井数据库。

3)测井解释模型的建立

建立合适的测井解释模型是储层参数计算的关键。建立测井解释模型通常用岩心分析资料来刻度测井资料,进而确定测井解释模型及解释参数。同时,充分利用直方图或交会图技术,研究给定井段内测井值或地层参数的统计分布特征,结合测井曲线特征来选取合适的解释参数。

根据多口井岩心与测井分析,针对玛湖斜坡百口泉组地层,分井区建立了岩石体积物理模型。在岩心资料分析的基础上建立了用测井资料计算黏土含量、孔隙度、含水饱和度及渗透率的测井响应方程。

2. 孔隙度计算模型

孔隙度是最重要的储层物性参数,常用的孔隙度测井方法有中子、密度、声波三种。在均质碎屑岩地层,中子、密度、声波三种测井方法计算的地层孔隙度没有本质的区别,核磁共振测井因其不用确定估计骨架密度参数就可以计算有效孔隙度而显现出巨大优势。在矿物不含铁磁物质的条件下,可以提供不依赖于岩性的孔隙度测井资料。核磁共振测井计算的地层总孔隙度可以分三个部分,即黏土束缚水孔隙度、毛细管束缚水孔隙度及可动流体孔隙度(图 6.37),其中毛细管束缚水孔隙度和可动流体孔隙度共称为有效孔隙度。根据上述理论,核磁共振测井测量的总孔隙度剔除黏土束缚水孔隙度(ϕ_{swir})即为有效孔隙度。其公式如下:

$$\phi_e = \phi_{cmr} - \phi_{swir} \tag{6.4}$$

理论认为黏土束缚水孔隙度和黏土含量(V_{sh})存在正相关的关系,即

$$\phi_{swir} = aV_{sh} \tag{6.5}$$

代入式(6.4)得

$$\phi_e = \phi_{cmr} - aV_{sh} \tag{6.6}$$

式(6.5)~式(6.6)中,a 为系数。

3. 渗透率影响因素分析

储层的渗透率与岩石颗粒粗细、孔隙度大小、孔隙几何形状、含流体性质、孔隙结构等

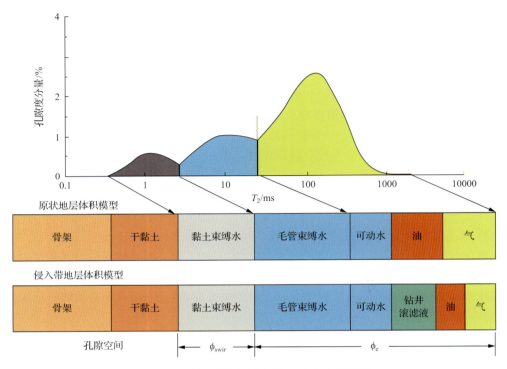

图 6.37　核磁共振测井评价理论方法原理图

因素有关。研究发现，影响玛湖凹陷渗透率的主要因素为孔隙度和黏土含量。

图 6.38 为利用黄羊泉扇和夏子街扇百口泉组计算的孔隙、黏土含量与岩性分析的渗透率建立的关系图。从该图可以看出，黏土含量与渗透率呈负相关，说明黏土含量越高储层渗透性越差；孔隙度与渗透率呈正相关，说明储层孔隙度越大，储层渗透率越好，且孔隙度、黏土含量与渗透的关系式均为幂函数。

1）渗透率计算模型建立

依据上文分析渗透率与孔隙度、黏土含量的关系，对渗透率、孔隙度、黏土含量取对数，对岩心分析的渗透率进行多元线性拟合，得到黄羊泉扇、夏子街扇渗透率计算公式：

$$玛西斜坡黄羊泉扇：K = e^{(2.869 + 2.158\ln\phi - 1.01\ln V_{sh})} \tag{6.7}$$

$$玛北斜坡夏子街扇：K = e^{(1.903 + 2.512\ln\phi - 1.375\ln V_{sh})} \tag{6.8}$$

其中，K 表示渗透率，$10^{-3}\ \mu m^2$；ϕ 表示孔隙度，小数；V_{sh} 表示黏土含量，小数。

核磁共振测井因其高分辨率在计算渗透率上比常规测井有很大优势。理论认为，渗透率与岩石的孔隙度以及孔隙的表面积与体积的比值有关，而岩石的核磁共振横向弛豫时间 T_2 与孔隙的表面积与体积的比值相关，这样就可以建立利用核磁共振估算岩石渗透率的方法。目前常用的计算渗透率的模型有两种，即 Coates 模型和 SDR 模型，本书主要利用 SDR 模型：

$$K = C\phi^4 T_{2GM}^2 \tag{6.9}$$

式中，T_{2GM} 为 T_2 分布的几何平均值；C 为系数，具有地区经验性，需要由岩心实验测得，在这里取 $C = 100000$。SDR 模型利用 T_2 分布的几何平均值估算渗透率，对油层和水层的估算效果都较可靠。

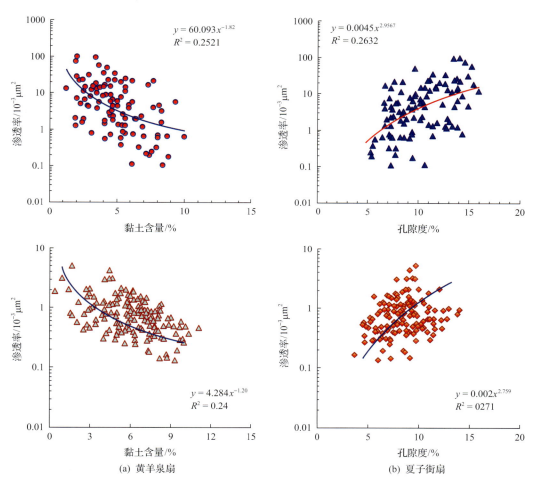

图 6.38　黄羊泉扇和夏子街扇孔隙度、黏土与渗透率关系图版

2）孔隙度、渗透率计算方法应用效果分析

根据建立的孔隙度、渗透率计算模型，玛西地区选取玛 18 井，玛北地区选取夏 89 井进行方法应用效果分析。图 6.39 为玛 18 井孔渗模型计算结果成果图，该井百口泉组取样分析主要在百二段、百一段，其中百一段物性较百二段物性要好。百二段声波时差均值为 70.5 μs/ft，密度均值为 2.54g/cm^3，中子平均值为 18.3%，分析孔隙度值为 6%～12%，渗透率为 $0.1 \times 10^{-3} \sim 10 \times 10^{-3}$ μm^2；百一段声波时差均值为 75 μs/ft，密度均值为 2.5g/cm^3，中子平均值为 20.1%，分析孔隙度值为 6%～15%，渗透率为 $0.4 \times 10^{-3} \sim 10 \times 10^{-3}$ μm^2。常规方法计算得到的孔隙度、渗透率与岩心分析的孔隙度、渗透率符合率较好。

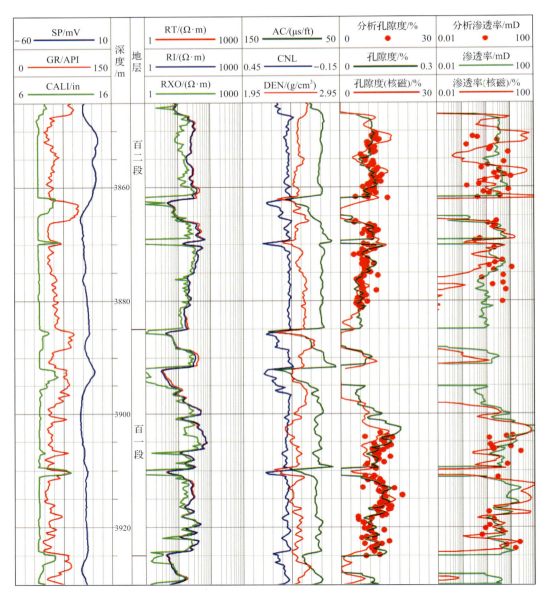

图 6.39　玛 18 井孔隙度、渗透率计算结果与核磁对比成果图

　　图 6.40 为玛 137 井孔渗模型计算结果成果图,该井百口泉组取样分析主要在百二段。百二段声波时差均值为 67.3 μs/ft,密度均值为 2.56g/cm³,中子平均值为 15%,分析孔隙度值为 3%~10%,渗透率为 0.1×10⁻³~10×10⁻³ μm²。常规方法计算得到的孔隙度、渗透率与岩心分析的孔隙度、渗透率符合率较好。

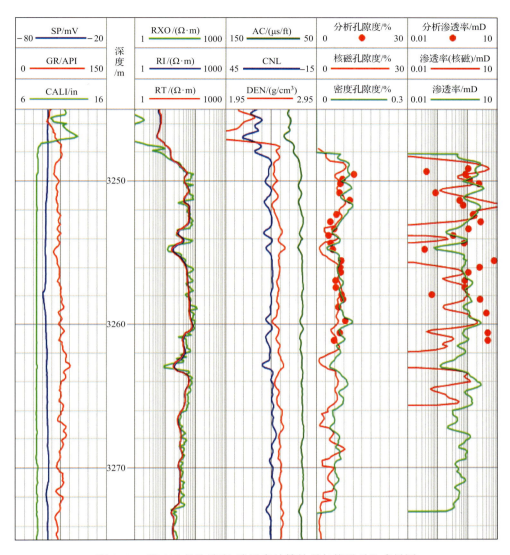

图 6.40　玛 137 井孔隙度、渗透率计算结果与核磁对比成果图

6.3.5　饱和度计算模型

1. 利用核磁共振测井计算饱和度

利用核磁共振测井评价常规储层的含油饱和度是基于浮力成藏的原理,尽管砂砾岩储层的成藏模式与常规油气藏有本质的区别,但对于储层的主要储集空间而言,其孔隙中的油气都是在外力的作用下以油驱水的方式注入的,其注入过程由易到难。在注入压力较低的情况下,首先注入孔喉较大的孔隙空间,随着注入压力的增大,油气逐渐进入孔喉尺寸较小的孔隙空间,储层孔隙中的饱和度逐渐增高。对于同一致密油藏,如果首先确定了注入压力对应的孔喉半径,再确定该孔喉半径对应的 T_2 阈值,就可以应用核磁共振的

波谱直接计算储层的含油饱和度。以此为依据,本书在岩心取饱和核磁共振实验资料及连续密闭取心资料分析的基础上,建立了确定致密油储层最大注入压力条件下对应的核磁共振横向弛豫最小时间阈值,从而形成了一种应用核磁共振横向弛豫时间 T_2 波谱直接计算致密油储层含有饱和度的方法。

直接应用核磁共振波谱计算致密储层含油饱和度的方法,包括以下三个步骤:

1)获取横向弛豫时间 T_2 波谱。根据致密油储层纳米孔隙发育的特点,一般采用仪器可以提供的最小波间隔采集,并控制测速,提高测井资料的信噪比,用测井资料获取氢核的横向弛豫时间 T_2 波谱。

2)确定饱和度计算对应的核磁共振横向弛豫时间 T_2 阈值:该步骤是该方法计算含油饱和度的关键技术,确定该 T_2 阈值有两种方法:一种为岩心样品的无氢减饱和与核磁共振联测法,另一种为密闭取心分析含油饱和度数据与核磁测井 T_2 阈值迭代法。前者适用于无系统密闭取心资料的情况,用常规取心即可完成,后者适用于有系统密闭取心的情况。两种方法也可同时应用,相互印证,以提高饱和度 T_2 阈值的确定精度。

3)综合应用确定的阈值和核磁共振 T_2 波谱连续计算致密油储层饱和度。岩心样品的无氢减饱和与核磁共振联测法实验步骤如下。

(1)保水无氢岩心加工:实验的核心是保水获得基本无烃条件下的含有样品的核磁共振水谱。致密油储层的特点是以纳米孔隙为主,含油饱和度较高,含油样品中含量较低的水赋存于孔隙直径更小的孔隙空间内,相对较易保存。另外,由于储层样品致密,取心过程中钻井液侵入较浅,极易获得有代表性的样品。

岩心加工方案:取心获得的全直径岩心在 30℃ 温度下低温保存,选取有代表性的岩心用液氮钻取 1 英寸的样品,去掉两端有一定污染的部分,中间 2cm 样品作为实验样品,测量原始状态下含油油水两相的核磁共振波谱(图 6.41)。

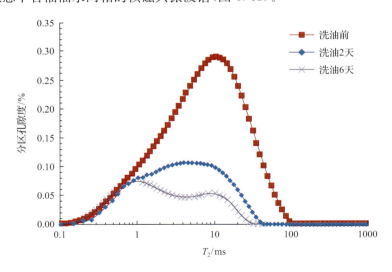

图 6.41 洗油过程中核磁共振波谱变化图

（2）保水无氢减饱和及核磁共振波谱测量：致密油储层样品渗透率极低，覆压渗透率通常小于 $0.1\times10^{-3}\mu m^2$，用驱替的方法减饱和无法实现。采用二氧化碳洗油的方法减饱和，先洗去大孔喉中的油气，再洗去较小孔喉中的油气，在这一过程中对应测量岩心样品的核磁共振波谱，直到基本洗去岩心样品中的烃类，获得基本不含烃类的剩余水谱。

（3）水谱的识别与 T_2 阈值的确定：分析剩余水谱的特征，确定含水体积，获取含油饱和度计算的 T_2 阈值。

密闭取心分析含油饱和度数据与核磁测井 T_2 阈值迭代法的步骤如下。

（1）饱和度数据的精确归位：首先，用每米不小于 3 个数据孔隙度分析资料进行饱和度分析数据的联合归位；然后，用微电阻率扫描成像资料进行岩心的归位的微调，确保归位误差不大 0.1m。

（2）用迭代法确定饱和度计算横向弛豫时间 T_2 阈值，按下列公式进行迭代计算均方误差：

$$AT_2(j) = \sum_{j=1}^{m} \frac{1}{n} \sum_{i=1}^{n} (SO_i - SSO_{ji})^2 \tag{6.10}$$

式中，$AT_2(j)$ 为第 j 个迭代 T_2 阈值的均方计算误差；n 为含油饱和度实验数据的个数；SO_i 为第 i 个样点的饱和度测量数据；SSO_{ji} 为第 j 个迭代 T_2 值的第 i 个计算饱和度。

计算均方误差最小的 T_2 值为确定的 T_2 饱和度计算阈值 AT_2。图 6.42 为一口井密闭取心井段应用不同的 AT_2 值计算的均方误差，均方误差最小时对应的的 AT_2 为10ms，与岩心实验结果完全一致。

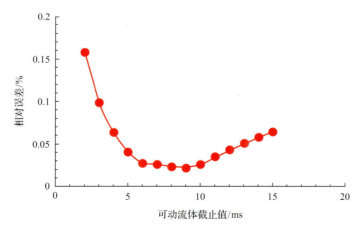

图 6.42　玛 18 井不同的 AT_2 值计算的均方误差变化图

应用确定的 AT_2 和核磁共振测井获得的连续 T_2 波谱按式（6.11）计算每个测点的饱和度：

$$SO = 1 - \left(\sum_{i=ATS}^{AT_2} \phi_i\right) / \left(\sum_{i=ATS}^{ATD} \phi_i\right) \tag{6.11}$$

式中，SO 为含油饱和度，小数；ϕ_i 为第 i ms 核磁共振弛豫时间对应的孔隙相对体积；AT_2

为所述横向弛豫时间阈值；ATS 为有效孔隙度的核磁共振横向弛豫起算时间；ATD 为有效孔隙度的核磁共振横向弛豫终止时间。

2. 饱和度计算模型应用效果分析

图 6.43 为玛 601 井常规计算饱和度与岩心分析饱和度、核磁计算饱和度进行对比成果图。从图中可以看出，玛 601 井主要取心岩心分析段为百二段和百一段，其中百一段的含水饱和度较百二段低，试油结果百一段产量高于百二段，说明分析化验的饱和度与实际规律相符。百二段电阻率均值为 25Ω·m，中子均值为 17.4%，密度均值为 2.5g/cm³，声波时差均值为 68.7，岩心分析饱和度为 37.9%～74.8%，利用核磁方法计算所得饱和度为 42.3%～70.3%，计算结果与岩心分析符合性较好。百一段电阻率均值为 53.1Ω·m，中子均值为 19.03%，密度均值为 2.47g/cm³，声波时差均值 69 μs/ft，岩心分析饱和度在

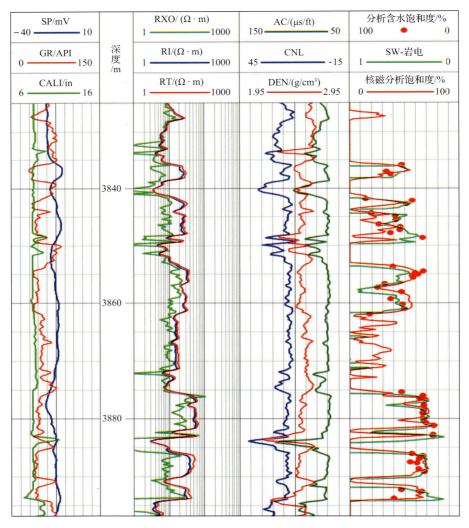

图 6.43　玛 601 井饱和度计算结果与核磁对比成果图

23.8%～53%,利用核磁方法计算所得饱和度在 28.1%～58.6%,计算结果与岩心分析符合性较好。

　　图 6.44 为玛 137 井常规计算饱和度与岩心分析饱和度、核磁计算饱和度进行对比成果图。从图中可以看出,玛 137 井主要取心岩心分析段为百二段,其中百一段的含水饱和度比百二段高。百二段电阻率均值为 52.93Ω·m,中子均值为 15%,密度均值为 2.53g/cm³,声波时差均值为 66.1 μs/ft,岩心分析饱和度为 25.3%～80.2%,利用核磁方法计算所得饱和度为 28.6%～84.3%,计算结果与岩心分析符合性较好。

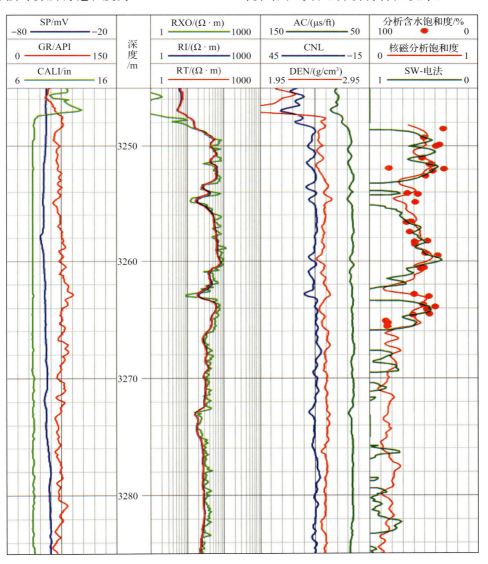

图 6.44　玛 137 井饱和度计算结果与核磁对比成果图

6.4　砂砾岩储层评价方法

玛北地区百口泉组砂砾岩储层为低孔、低渗,储层岩性和内部结构复杂、物性变化大、非均质性强,储层的评价和预测难度大。近年来随着高分辨三维地震、成像测井(FMI)和核磁共振测井技术的应用,使砂砾岩储集体的精细刻画、砂砾岩储层预测和评价等日臻完善。大多学者通过对储层沉积环境和特征的研究,深化分析砂砾岩储层非均质性及通过测井和地震方法评价砂砾岩储层(曹辉兰等,2001;鲜本忠等,2007;刘震等,2012;朱筱敏等,2013;冯子辉等,2013)。

根据沉积背景、地震、取心、测井和分析测试资料,从沉积微相-岩相模式的角度对不同沉积环境的砂砾岩相特征、岩相模式、成因机理及其物性特征和储集性能进行了详细分析。结合储层特征及成岩相的深入研究可知:①研究区扇三角洲前缘水下河道砂砾岩相最优,其孔隙度为 $10\%\sim15\%$,渗透率大多分布于 $10\times10^{-3}\,\mu m^2$ 左右;扇三角洲平原辫状河道砂砾岩相整体孔渗条件好,但渗透率变化大,储层致密,非均质性强,其储集性能略差于水下河道砂砾岩相;②河口坝-远砂坝砂岩相和水下河道末端砂岩相是研究区较为理想的储集岩相,但由于河口末端和河口坝砂岩往往碳酸盐胶结发育,致使储层的渗透率较低,并且由于受沉积环境影响,其分布范围有限,发育相对较少,难大规模的成藏;③重力流成因的平原水上泥石流和水下泥石流砂砾岩相虽然孔渗条件较好,但是孔隙结构差,分选差,泥质杂基含量高,储层致密;④平原和前缘分流河道间沉积物由于水动力较弱,泥质杂基含量较高,压实作用对储层破坏较强,后期溶蚀作用不发育,无储集性。

为了更加精确的评价研究区砂砾岩储层的储集性,通过储层物性、试油和常规测井资料,结合地震、成像测井和核磁共振测井,分析砂砾岩的特征和储层产能参数,确定其有效储层物性下限;利用核磁孔隙度、电阻率、波阻抗和电阻率参数构建新的储能评价参数,结合研究区 11 种不同沉积微相-岩相特征,建立砂砾岩储层评价模板,以此方法来厘定和评价研究区砂砾岩储层。

6.4.1　储层物性下限的确定

储层物性下限是指储集了烃类流体并可采出的临界物性,该临界物性为储层的物性下限,低于该下限,储集层为难动用不可开采或者开采难度较大。近年来,为了更加精准的评价储层和估算储量,通过实验测试法、泥质含量法、经验统计法、最小流动孔喉法、含油产状分析法、孔隙度-渗透率交会法、帕塞尔法及岩心产能模拟等方法确定储层物性下限(郭睿,2004)。针对研究区储层为低孔、低渗的特点,利用百口泉组试油、岩心油气显示与物性之间的分布关系,根据含油产状与孔隙度-渗透率关系图定量的确定研究区储层的物性下限。

一般孔隙性岩心的含油产状级别分饱含油、富含油、油浸、油斑、油迹、荧光六级;缝洞性岩心的含油级别分为富含油、油斑、油迹、荧光四级。根据研究区取心井试油结果与岩心含油级别、物性建立含油产状与孔隙度-渗透率关系图,确定有效储层的含油物性下限。根据研究区 20 多口井的试油结果与物性之间的关系(图 6.45)可知:干层和含油层段岩心的渗透率的分布明显低于 $0.5 \times 10^{-3} \, \mu m^2$，油层和油水同层的岩心渗透率明显大于 $0.5 \times 10^{-3} \, \mu m^2$，仅少部分油层和油水层渗透率低于 $0.5 \times 10^{-3} \, \mu m^2$；孔隙度分布在 $4\% \sim 12\%$，其中干层 80% 的样品孔隙度小于 7%，油层和油水同层的样品点大部分大于 7%；通过岩心含油级别与物性关系图（图 6.46）可知无油气显示的砂砾岩孔隙度小于 7%，确定孔隙度临界值为 7%，而渗透率分布无规律，综合考虑研究区砂砾岩岩心含油级别及其油气水产能，结合前人的研究成果（李红南等，2014），以油迹作为判断百口泉组储层临界渗透率的参考指标，可识别出渗透率的下限值约为 $0.5 \times 10^{-3} \, \mu m^2$。因此研究区砂砾岩储层的物性下限是孔隙度为 7%，渗透率为 $0.5 \times 10^{-3} \, \mu m^2$。

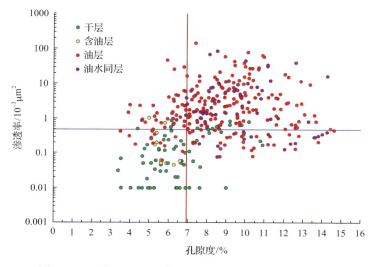

图 6.45　玛北地区百口泉组试油与孔隙度-渗透率交会图

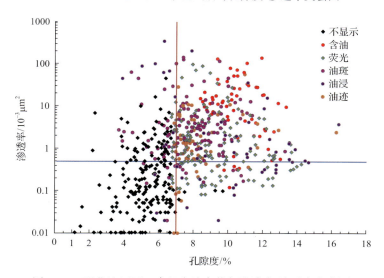

图 6.46　玛北地区百口泉组含油产状与孔隙度-渗透率交会图

分析各 11 种沉积微相-岩相孔渗相关图（图 6.47）可知：扇三角洲前缘水下分流河道

砂砾岩和扇三角洲平原水上辫状河道砂体储集性最好;扇三角洲前缘水下主河道砾岩相、水下河道末端砂岩相及河口坝-远砂坝砂岩相次之;水上泥石流砾岩相、水下泥石流砂砾岩相、前扇三角洲粉砂岩相是储集性差;水下河道间砂泥岩相、扇三角洲平原河道间砂泥岩相、前扇三角洲泥岩相为无效储集体,这与最初沉积微相-岩相综合分析对比结果较为相符。

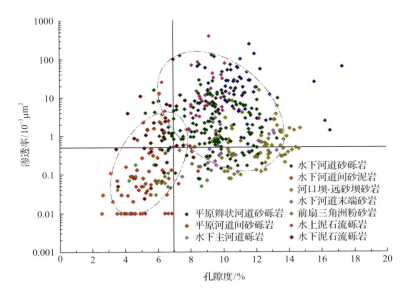

图 6.47 玛北地区百口泉组砂砾岩储层物性与沉积微相-岩性相关系分析图

6.4.2 储集层品质指数(RQI)参数

储集层品质指数(RQI)用来判别一定区域内具有相似孔隙结构、岩石物理特征相对均匀、流体渗流能力相当、在空间上连续分布的储集体,其概念来源于储层流动单元,主要表征储层的非均质性,旨在更加精细的划分储集层和预测储集体的分布。因此,RQI 是反映微观孔隙结构变化的特征参数,用其可有效划分储集层类型。

利用 Kozeny-Carman(Amaefule,et al,1993;Rodriguez and Maraven,1998)方程可求出地层流动带指数(FZI)与 RQI。张龙海等(2008)通过 FZI 和 RQI 对松辽盆地大情字井地区和鄂尔斯盆地姬塬地区典型低孔低渗储集层研究认为,RQI 比 FZI 能更准确地反映储集层孔隙结构和岩石物理性质的变化。通过对比研究发现应用 RQI 来定量识别和划分储集层较为理想,若 RQI 越大,储层的孔隙结构越好,孔喉匹配性强:

$$RQI = 0.0314(K/\phi_e)^{1/2}$$

式中 K 为渗透率,10^{-3} μm^2;ϕ_e 为有效孔隙度,小数。

通过对玛北地区百口泉组 RQI 计算可知:RQI 值变化较大,与孔隙度无相关性,与渗透率呈良好正相关。通过渗透率与 RQI 的关系(图 6.48)可知:RQI 集中分布于 0.07~0.5,当 RQI>0.5 时,渗透率大于 20×10^{-3} μm^2,储层储集性最优;0.24<RQI<0.5 时,渗透率介于 6×10^{-3}~20×10^{-3} μm^2 时,储层储集性较优;当 0.07 <RQI<0.24

时,渗透率介于 $0.5\times10^{-3}\sim6\times10^{-3}$ μm^2 时,储集性能较差;RQI <0.07 时,渗透率小于 0.5×10^{-3} μm^2 时,储层几乎没有储集性能。

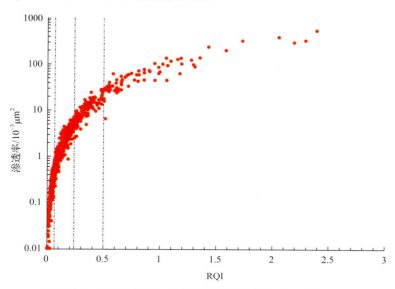

图 6.48　玛北地区百口泉组储层品质指数与渗透率关系图

6.4.3　储层的测井评价参数

由于玛北地区三叠系百口泉组砂砾岩储层的特殊性,常规测井中利用电阻率(RT)曲线来划分砂砾岩相,RT 曲线的形态和幅度分别对应不同的沉积环境和水动力条件下沉积的砂砾岩,具有不同的储集性能。

1. 核磁共振测井

核磁共振测井由于直接测量储层中的流体,测量结果几乎不受岩石骨架矿物的影响,能提供反映孔喉特征的 T_2 分布和各种组分孔隙度、渗透率等参数,在识别储层和参数计算方面具有常规测井无法比拟的优越性(谭茂金和赵文杰,2006)。根据核磁共振理论分析,T_2 截止值将赋存在岩石孔隙中的流体分为自由流体和束缚流体,在 T_2 截止值选取合理的情况下,核磁共振测井提供的有效孔隙度、束缚流体孔隙度和自由流体孔隙度可直观的判别储层和非储层。通过对比分析研究区 MRIL-P 型和 CMR 两种核磁测井方法所获得 T_2 谱图,取 30ms 为 T_2 截止值,大于 30ms 的 T_2 谱积分面积为自由流体体积,小于 30ms 的部分面积为束缚水体积,确定核磁总孔隙度(TCMR)和核磁有效孔隙度(CMRP)及自由流体体积百分数(CMFF),然后利用 SDR 和 Coates 模型计算核磁渗透率。

通过研究区玛 19 井 MRIL-P 型核磁测井综合解释图(图 6.49),其中 T_2 谱(绿色为短 T_2 谱,红色为长 T_2 谱)在含油段多为双峰结构,总孔隙度(TDAMSIG)小于 15%,核磁孔隙度(SHUFU)为 8.4%~11.5%,平均 9.89%,气测 TG 为 0.09%~7.62%,含油饱和度大于 20%的是主要含油层,岩心显示为灰色荧光砂砾岩,可见核磁测井可有效识别储层与非储层。

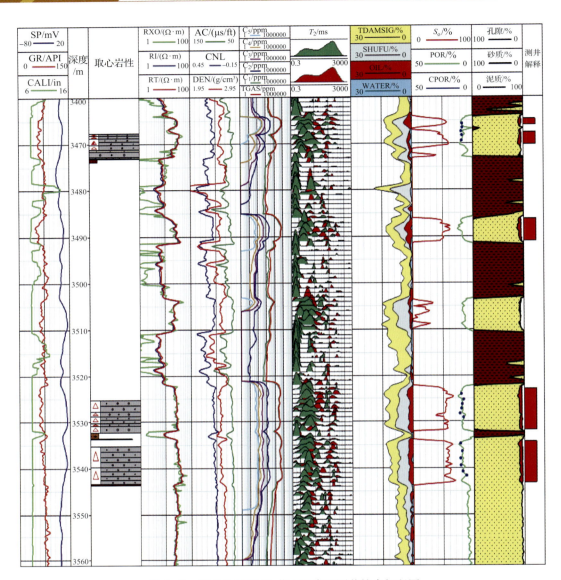

图 6.49　玛北地区玛 19 井百口泉组测井综合解释图

　　本书在核磁测井有效识别储层的基础上利用常规测井(反映储层宏观因素)和核磁测井(反映储层微观因素),采用多元算法建立储层分类模型,构建品质因子,实现砂砾岩储层分类连续测井表征。具体为利用常规电阻率测井、波阻抗(AI)、核磁孔隙度(CMRP)进行拟合建立品质因子对储层进行分类。其中波阻抗反演一般以 AC 和密度之间的差异程度为基础和依据(付建伟等,2014)。由于研究区电阻率参数与储层物性响应特征好,利用电阻率和波阻抗作为储层评价参数,可有效地消除砂泥岩薄互层对储层孔隙度的影响(图 6.50)。其中根据品质因子 f(RT,AI,CMRP)多元算法拟合得:

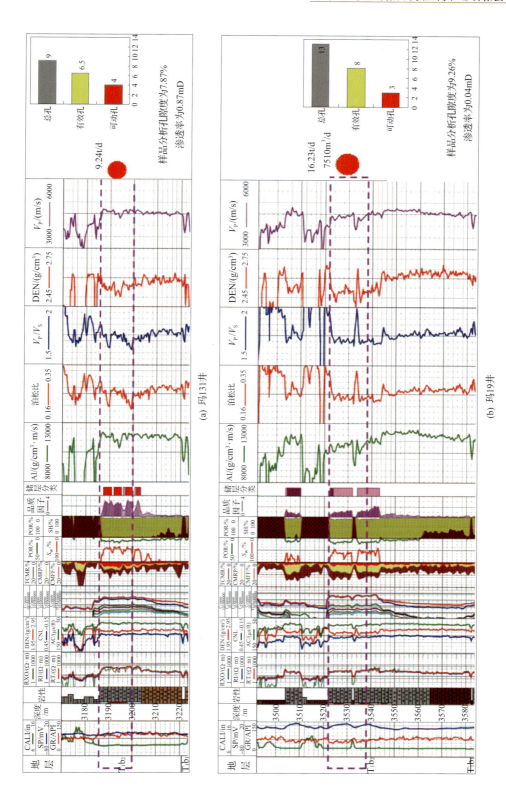

(a) 玛131井

(b) 玛19井

图 6.50　玛北地区玛 131 井和玛 19 井百口泉组核磁拟合因子分析图

$$品质因子 = A(BRT - CAI)CMRP \qquad (6.13)$$

式中,A、B、C 为待定系数,无量纲;RT 为电阻率,$\Omega \cdot$m;AI 为阻抗,$g/cm^3 \cdot$m/s;CMRP 为核磁孔隙度,小数。

　　根据核磁品质因子以 1 和 2 为界将研究区有效储层分为三类。从好到差依次为Ⅰ类储层、Ⅱ类储层、Ⅲ类储层。在有效厚度范围内。品质因子>2 为Ⅰ类储层,1<品质因子<2 为Ⅱ类储层,品质因子<2 为Ⅲ类储层,进而实现砂砾岩储层分类对比各种评价指标。品质因子可有效的划分储层类型,具有较大的优越性和可行性(图 6.51,图 6.52,图 6.53,图 6.54)。

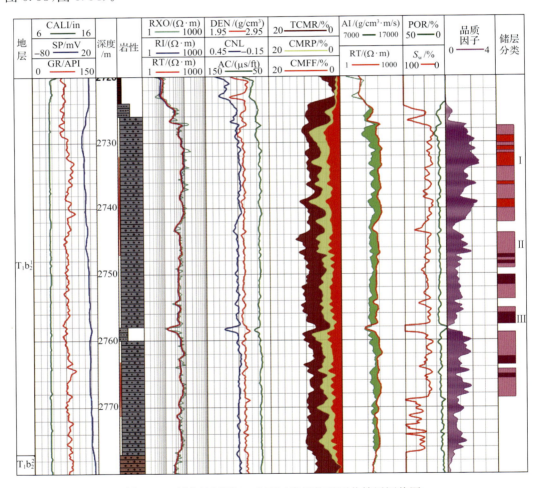

图 6.51　玛北地区夏 93 井百口泉组核磁测井储层评价图

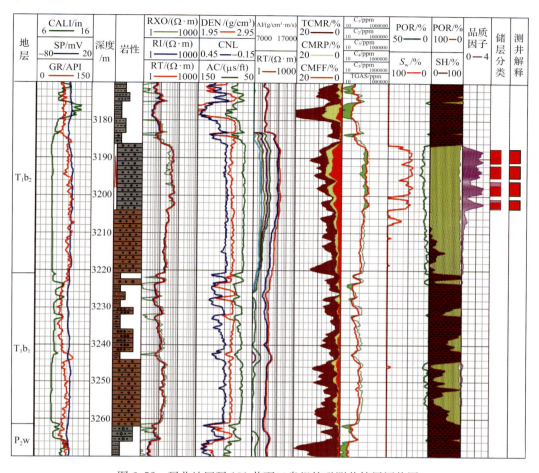

图 6.52　玛北地区玛 131 井百口泉组核磁测井储层评价图

2. FMI 测井

　　FMI 测井与常规测井相比,分辨率高,可较好的响应岩石的沉积结构和构造特征。利用 FMI 图像的亮度、形状及其组合特征可识别不同的岩石类型。电阻率的差异导致 FMI 图像亮暗色背景的差异,高阻充填物(如砂砾质)成像上多为亮色斑状,低阻充填物(如泥质)在成像上多为暗色。FMI 图像上亮斑的形状能够很好反应砾石的形状轮廓,进而判断砾石的磨圆和分选。研究区砂砾岩或河口坝砂岩中常发育碳酸盐和钙质胶结,FMI 图像以高亮背景或高亮块状模式为特征。同时 FMI 图像上可直观地显现沉积构造,一般厚层块状砂砾岩体发育的冲刷构造表现为亮暗截切模式;大型块状构造为斑状组合模式、块状模式或递变模式;水平层理、交错层理和波状层理为组合线状或条带状模式;突发性事件引起的滑塌变形构造及揉皱变形等构造则为不规则条纹模式(张占松等,2003)。通过对玛北地区三叠系百口泉组储层大量的岩心观察,FMI 测井和常规测井的精细刻画,建立研究区不同成因类型的砂砾岩相的 FMI 成像特征及模式(表 6.1,图 6.55),为储层评价的关键依据。

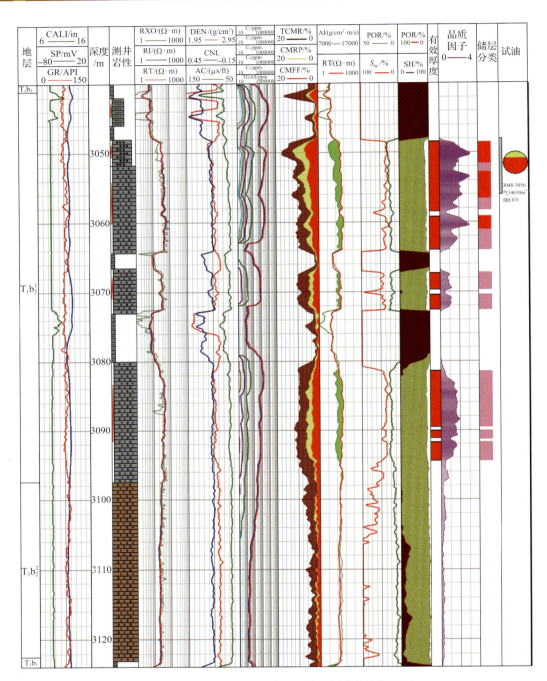

图 6.53 玛北地区玛 15 井百口泉组测井综合解释图

表 6.1　典型岩相及沉积物构造的 PMI 成像特征模式表

岩相	沉积构造	FMI 特征
砂砾岩-砾岩相	块状构造、杂基支撑	暗块背景下不规则组合亮斑模式
	块状构造、颗粒支撑	组合斑状模式、亮块背景下组合斑状模式
	板状交错层理	规则组合斑状模式、组合线状模式
	（复合）正粒序	下亮上暗正递变模式、下粗上细组合斑状模式
砂岩相	厚层块状构造	单一亮块模式、暗块背景下亮条带模式
	水平层理、砾级纹层	亮块背景下规则组合线状、条带状模式
	板状交错层理	亮块背景下组合线状模式
泥岩-粉砂岩相	波状层理	组合亮暗相间条带装模式
	平行层理	暗块背景下规则组合现状模式
	块状构造	单一暗块模式、亮块背景下暗条带模式
	（复合）反粒序	下暗上亮（复合）反递变模式
	滑塌变形	不规则条纹模式、暗块模式

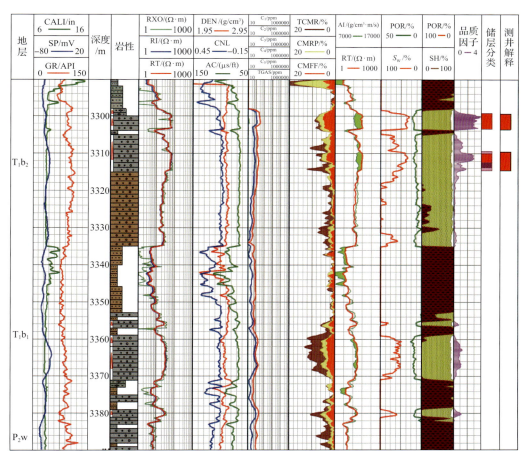

图 6.54　玛北地区玛 133 井百口泉组测井综合解释图

6.4.4　砂砾岩储层评价标准

　　为进一步弄清储层岩性、物性、含油性与产能相关关系,构建测井、地质、地震间的桥梁,必须建立能够对储层的有效性进行分类评价的标准。通过对研究区百口泉组砂砾岩储层分布规律的分析,确定储层物性下限,评估流动单元的连续性,结合测井数据构建了砂砾岩储层的评价方法。将研究区三叠系百口泉组砂砾岩储层分为三大类(Ⅰ、Ⅱ、Ⅲ),并通过综合分析沉积韵律特征、沉积相和沉积微相的平面和空间展布规律,结合砂砾岩储层物性特征、岩性特征及储集性能,将三大类储层细分为8个亚类(图6.55)。需要说明的是8亚类岩石名称是代表一类岩石的总称,并不单独指该岩性,各类储层的特征如下。

　　Ⅰ类储层为优质储层,孔隙度大于12%,渗透率高于$6 \times 10^{-3} \mu m^2$,RQI大于0.5,品质因子大于2,包括扇三角洲前缘水下分流河道砂砾岩(Ⅰ-1)和平原辫状河道砂砾岩(Ⅰ-2)两种亚类。其中Ⅰ-1亚类主要发育于扇三角洲前缘水下分流河道微相,由厚层块状灰色和灰绿色砂砾岩、含砾砂岩、砂质砾岩和粗砂岩组成,RT曲线呈高幅齿化钟形,代表持续稳定的水动力条件,核磁孔隙度为10%~15%,可动自由流体为2%~8%,储层品质约可达5,FMI图像表现为亮色斑状规则组合模式,表示泥质杂基含量少,可识别出块状层理以及砾级纹层,孔隙以粒间孔和粒间溶孔为主;Ⅰ-2亚类主要发育于扇三角洲平原辫状河道间,由褐色、杂色砂砾岩、砂质砾岩和砾状砂岩构成,RT曲线为齿化或弱齿化箱形,核磁孔隙度为10%~12%,可动自由流体为2%~7%,储层品质大致为4,FMI图像表现为亮暗块状或不规则斑状组合,代表泥质含量较多,可见明暗截切状,代表辫状河道底部,发育下粗上细粒序层理,成像上为下亮上暗正递变模式,以及块状层理,交错层理等,孔隙以粒间孔为主。

　　Ⅱ类储层为有利储层,孔隙度为9%~12%,渗透率为$1 \times 10^{-3} \sim 6 \times 10^{-3} \mu m^2$,RQI在0.24~0.5,品质因子约为1~2,包括前缘水下主河道砾岩(Ⅱ-1)、水下河道末端砂岩(Ⅱ-2)和河口坝-远砂坝砂岩(Ⅱ-3)三种亚类。其中Ⅱ-1亚类由厚层灰绿、杂色砾岩、砂砾岩和粗砂岩组成,RT曲线为高幅齿状钟形与箱形组合,水动力条件较强,核磁孔隙度可约达到8,自由流体体积百分数约为5%,核磁渗透率较高,品质因子为1~2,部分可高达4。FMI图像表现为亮暗块状或不规则斑状组合,可见明暗截切状,和下亮上暗正递变模式,代表底冲刷和粒序层理构造,孔隙以溶蚀孔为主,扫描电镜上可见长石溶蚀孔发育。Ⅱ-2和Ⅱ-3亚类主要发育于扇三角洲前缘水下分流河道末端和河道向湖盆延伸的部分,主要由灰色中粗细砂岩组成,夹杂砾质砂岩和粉砂岩等,水下河道末端砂岩RT曲线为中幅钟形与指状组合,河口坝-远砂坝砂岩RT曲线为中幅齿状漏斗形,代表沉积时期水动力较强或者湖浪等的淘洗作用较好。核磁总孔隙度大体为9%,核磁渗透率大致为$0.9 \times 10^{-3} \mu m^2$,略低于常规实测孔隙度。这主要是由于水动力条件稳定,泥质杂基淘洗的较为充分,但碳酸盐胶结物较为发育,导致渗透率相对较低,FMI图像表现为亮色背景上少量的暗色条纹带或者不规则小斑块,代表泥质含量低,发育水平层理和波纹层理及夹杂部分亮色不规则斑状的砂质砾岩,发育粒间溶孔和粒内溶孔。由于受沉积环境影响,Ⅱ-2和Ⅱ-3分布范围有限,发育相对较少。

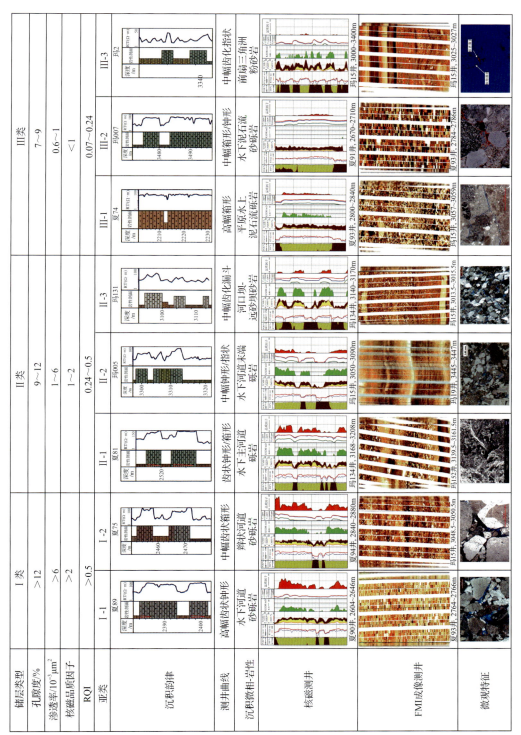

储层类型	I 类			II 类			III 类		
孔隙度/%	>12			9~12			7~9		
渗透率/10⁻³μm²	>6			1~6			0.6~1		
核磁品质因子	>2			1~2			<1		
RQI	>0.5			0.24~0.5			0.07~0.24		
亚类	I-1 夏89	I-2 夏75		II-1 夏81	II-2 玛005	II-3 玛131	III-1 夏74	III-2 玛007	III-3 玛2
沉积韵律									
测井曲线									
沉积微相-岩性	高幅齿状钟形水下河道砂砾岩	中幅齿状箱形辫状河道砂砾岩		齿状钟形/箱形水下主河道砾岩	中幅钟形/指状水下河道末端砾岩	中幅齿化漏斗河口坝-远砂坝砂岩	高幅箱形平原水上泥石流砾岩	中幅箱形/钟形水下泥石流砂砾岩	中幅齿化指状前扇三角洲粉砂岩
核磁测井									
FMI成像测井									
微观特征									

图 6.55　研究区砂砾岩储层分类评价综合图

Ⅲ类储层物性最差,是较差储层或非储层,部分Ⅲ类储层经改造后可获低产油流,但是大部分为非储层。该类储层的孔隙度为 $7\% \sim 9\%$,渗透率低于 $1 \times 10^{-3} \sim 6 \times 10^{-3}\ \mu m^2$,RQI 为 $0.07 \sim 0.24$,核磁品质因子小于1,岩性主要由平原水上泥石流砾岩(Ⅲ-1)、水下泥石流砂砾岩(Ⅲ-2)和前扇三角洲粉砂岩(Ⅲ-3)三种亚类。其中Ⅲ-1类和Ⅲ-2类是研究区较为特殊的一类储层,是重力流成因的厚层块状混杂沉积体,FMI 成像上明显反映出沉积物无规律排列、砾砂泥质混杂堆积的亮暗不规则组合,杂基含量高、粒径差别较大,储层致密,测井曲线代表强水动力的中高幅箱形或箱形钟形组合,核磁总孔隙度较大,可达 10%,但核磁有效孔隙度和自由流体体积百分数很低,大体都小于 1%,核磁渗透率大体小于 $0.1 \times 10^{-3}\ \mu m^2$,说明储层非均质性很强。平原水上泥石流砾岩和水下泥石流砂砾岩发育于 T_1b_2 底部,水下泥石流砂砾岩是平原泥石流砾岩相的继承性发育,原生孔隙不发育,偶见微裂缝;Ⅲ-3 亚类发育于扇三角洲前缘向浅湖区或深湖区过渡的斜坡带,主要沉积灰色、深灰色粉砂岩和泥岩夹粉砂质泥岩,RT 曲线为中幅齿化指状,FMI 成像为明暗交替的规则线性组合,暗色块状模式代表湖泊泥岩,亮色代表粉砂岩,可清晰的识别出波纹层理,水平层理,发育粒内微孔和粒缘微缝,具有一定的储集性能。

6.4.5 百口泉组砂砾岩储层评价

研究区百口泉组砂砾岩为典型的扇三角洲沉积,砂砾岩储层往往具有多期发育、多次沉积的特点,岩性常呈交替出现,形成砂砾岩、砂质砾岩、砾岩等岩性交互层。这种岩性变化大、非均质性强的特征将给储层的纵向分类评价表征及优质储层分布预测造成极大困难。

为进一步弄清储层岩性、物性、含油性与产能相关关系,构建测井、地质、地震间的桥梁,按照上述砂砾岩分类评价标准及方法,在对玛北地区三口重点探井进行单井储层纵向分类评价基础上,开展该区主要钻井取心段储层的分类评价对比,分析储层评价结论与钻井试油及产能状况的内在关系,为优质储层分布预测奠定基础。

1. 单井储层分类评价

1) 玛13井储层评价

从沉积亚相分析来看,玛13井从百一段到百三段沉积亚相从扇三角洲前缘过渡到扇三角洲平原最后为前扇三角洲,为一水进过程,岩性有砾岩、砂岩、粉砂岩和泥性,岩相有分流河道砾岩相、分流河道砂砾岩相、水下分流河道砾岩相、水下分流河道砂砾岩相、水下分流河道砂岩相和前扇三角洲泥岩相。

依据孔隙度评价标准和岩相分析,玛13井百一段为扇三角洲平原亚相分流河道微相水上泥石流砾岩岩相和扇三角洲平原亚相分流河道间砂泥岩岩相,分流河道微相的高幅箱形的水上泥石流砾岩岩相为Ⅲ-1类储层类型;百二段沉积微相为扇三角洲前缘亚相分流河道微相和分流河道间微相,岩相为水下主河道砂砾岩岩相和河道间砂泥岩岩相,其中主河道砂砾岩岩相其测井曲线为齿状钟形(如 3105～3115m)和箱形(3138～3150m)为Ⅰ-1类储层;百三段沉积微相为扇三角洲前缘分流河道和分流河道间微相及前扇三角洲泥沉积微相,岩相为分流河道主河道砂砾岩岩相和水下河道末端砂岩岩相及前扇三角洲泥岩岩相,分流河道主河道砂砾岩岩相 RT 曲线为齿状钟形,为Ⅱ-1 类储层,水下分流河道末端砂岩岩相 RT 曲线为中幅钟形,为Ⅱ-2 类储层(图 6.56)。

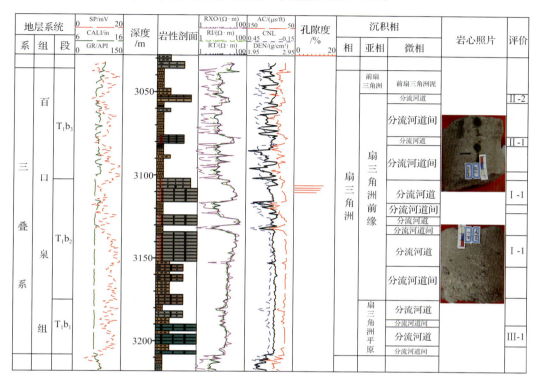

图 6.56 玛 13 井百口泉组储层综合评价柱状图

　　玛 13 井的百口泉组油气显示活跃,百口泉组二段 3105.95～3111.27m 取心 1 筒,获荧光级岩心 5.32m,测井解释油层 3 层共 20.6m。完井后在百口泉组二段 3106～3129m 试油,获日产油 2.92m³,日产气 5210m³。井段 3134.0～3146.0m 地层试油日产油 1.212m³,产出水 5.15m³,为含油层。上述储层评价结果将这两个试油层段确定为Ⅰ-1 类储层,符合度较高。

　　2)玛 133 井储层评价

　　玛 133 井百一段为扇三角洲平原亚相分流河道微相辫状河道砂砾岩岩相和扇三角洲平原亚相分流河道间泥砂岩岩相,分流河道微相的 RT 测井曲线为箱形,由测井和录井综合分析来看,玛 133 井百一段扇三角洲平原亚相分流河道微相储层被评价为Ⅰ-2 类储层类型。百二段沉积微相为扇三角洲前缘亚相分流河道微相和分流河道间微相,岩相为水下主河道砂砾岩岩相、水下河道砂砾岩岩相和河道间砂泥岩岩相,其中扇三角洲前缘水下分流河道微相水下主河道砾岩岩相 RT 测井曲线为箱形(如 3305～3335m),储层评价为Ⅱ-1 类型储层;扇三角洲前缘水下河道砂砾岩岩相测井曲线为齿状钟形(如 3260～3263m),为Ⅰ-1 类储层。百三段沉积微相为扇三角洲前缘河口坝和分流河道间微相及前扇三角洲砂泥岩沉积微相,岩相为扇三角洲前缘河口坝砂岩岩相、扇三角洲前缘水下分流河道间沉积微相泥岩岩相和前扇三角洲砂泥岩沉积微相砂泥岩岩相,前扇三角洲砂泥岩沉积微相 RT 测井曲线为中幅齿化指状,储层类型为Ⅲ-3 类储层。玛 133 井百口泉组储层类型多样,有Ⅰ-1、Ⅰ-2、Ⅱ-1、Ⅲ-3 类储层(图 6.57)。

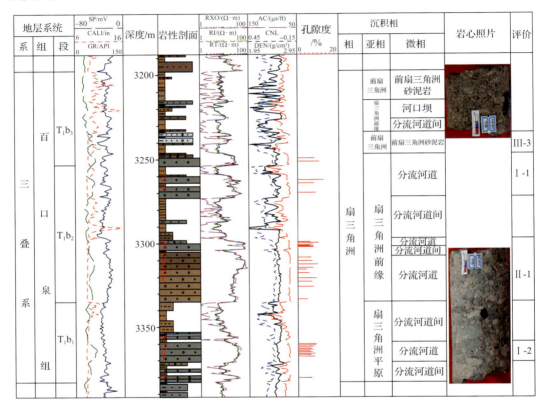

图 6.57　玛 133 井百口泉组储层综合评价柱状图

　　玛 133 井的百口泉组油气显示较活跃,百口泉组二段 3299～3313m 压裂抽汲,日产油 6.96 吨,累计产油 352.54 吨。上述储层评价结果将该试油层段确定为Ⅱ-1 类型储层,也与实际试油情况较符合。

　　3）夏 72 井储层评价

　　夏 72 井百一段为扇三角洲平原亚相分流河道、分流河道间和平原泥石流沉积微相,岩相为主河道砂砾岩岩相、河道间砂泥岩岩相和扇三角洲平原泥石流岩相。其中扇三角洲平原亚相主河道砂砾岩岩相 RT 测井曲线为齿状钟形,由测井和录井综合分析来看,该段储层被评价为Ⅱ-1 类储层类型;扇三角洲平原亚相泥石流微相泥石流岩相 RT 表现为高幅箱形,该段储层特征被评价为Ⅲ-1 类储层类型。百二段沉积微相为扇三角洲前缘亚相分流河道微相和分流河道间微相,岩相为水下主河道砂砾岩岩相、水下河道砂砾岩岩相和河道间砂泥岩岩相。其中扇三角洲前缘水下分流河道微相水下主河道砾岩岩相 RT 测井曲线为箱形(如 2818～2848m),储层评价为Ⅱ-1 类型储层;扇三角洲前缘水下河道砂砾岩岩相测井曲线 RT 为高幅齿状钟形(如 2799.8~2810.8m),为 I-1 类储层。百三段沉积微相为扇三角洲前缘水下分流河道和扇三角洲前缘水下分流河道间沉积微相,岩相为扇三角洲前缘水下分流河道微相辫状河道砂砾岩岩相,RT 测井曲线为中幅齿状箱形,储层类型为 I-2 类储层。夏 72 井百口泉组储层类型多样,有 I-1、I-2、II-1、III-1 类储层(图 6.58)。

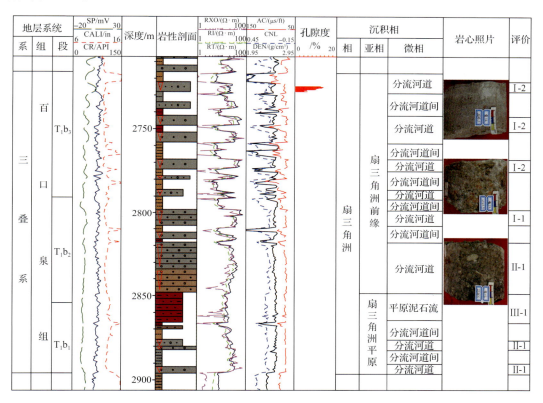

图 6.58　夏 72 井百口泉组储层综合评价柱状图

夏 72 井在 2798~2830m 井段分段、分级压裂,油管抽汲求产、套管自喷试产获日产油 3.44t,累计产油 131.48t。上述储层评价结果将该段的 2798~2810.8m 确定为 I-1 类储层,2818~2830m 确定为 II-1 类储层,符合实际试油情况。

2. 取心井段储层分类评价

由于取心段储层的岩性特征、结构构造、物性特征及沉积微相明确,运用上述综合评价方法对该段储层进行分类评价,不仅可了解该评价方法的合理性及不足之处,还可为非取心段储层评价提供经验。

通过对玛北地区 25 口钻井取心段储层的分类评价,可见该评价标准三大类储层的 8 个亚类在取心段均可见到(表 6.2),但是各亚类储层所占比例变化极大,这主要由于钻井位置、岩相及取心段差异较大所致。

表6.2　玛北地区百口泉组取心井段储层分类评价结果　　　　（单位：%）

井名	I 类储层		II 类储层			III 类储层		
	I-1	I-2	II-1	II-2	II-3	III-1	III-2	III-3
玛002	7.14		14.29	28.57	42.85		7.14	
玛004	25.00		50.00	12.50			12.50	
玛005	54.54		27.27	9.10	9.10			
玛006	35.29		21.57	25.49	9.80		9.80	
玛009				62.50	12.50			25.00
玛2	50.00			30.00	20.00			
玛5		66.67				23.33		
玛7		59.10				49.90		
玛13	23.81		14.29	14.29	28.57		19.05	
玛15	27.27		36.37				27.27	
玛16	20.00			60.00	10.00			10.00
玛131	15.00			25.00	40.00			10.00
玛132	33.33			33.33	33.33			
玛133	38.46			46.15	15.38			
玛134	30.77			38.46	15.38		15.38	
夏9	21.21		63.63				15.15	
夏10		80.00				20.00		
夏13	33.33		33.33			16.67	16.67	
夏15		75.00				25.00		
夏62	37.50			25.00	37.50			
夏82			16.67	16.67	16.67		33.33	
夏89			54.55				45.45	
夏90	83.33		16.67					
夏93	57.15		42.85					
夏94	16.67		66.67		16.67			

　　通过岩心观察及镜下薄片研究，可发现不同亚类储层的岩性特征、碎屑类型、填隙物组分及结构特征均存在较大差异（表6.3）。这些差异主要是由于其沉积环境不同造成的，储层的成岩作用也对其产生了一定影响，这也是储层影响储层非均质的内因。因此本书提出的砂砾岩储层分类评价标准也充分考虑了上述差异对储层物性的影响。

　　通过对上述25口钻井储层评价结果与其含油性及产能相关关系分析可见，I-1类储层的优势岩性为灰色含砾粗砂岩及灰色砂砾岩，具有分选较好、泥质杂基含量低、原生粒间孔发育的特点。这类储层压裂后往往能自喷，或抽汲试油后可获相对高的产量。I-2类储层的岩性主要为褐色砂砾岩及褐色砂质砾岩，这类储层虽发育于扇三角洲平原，但由于接近湖平面，位于主要分流河道，岩石的分选较好，泥质杂基含量较低，原生粒间孔也

表 6.3 玛北地区百口泉组各类储层的岩石特征与储集性能关系

| 储层类型 | 典型岩性 | 碎屑组分/% | | 填隙物组分/% | | 分选性 | 结构特征 | | 碎屑粒径/mm | 单井油产量/(t/d) | 储层评价 |
		砾石	砂质	泥质	钙质		磨圆度	胶结类型			
I-1	灰色含砾粗砂岩 灰色砂砾岩	10~25	>75	<2	<2	较好	次圆状	孔隙式	0.25~4	>10	好
I-2	褐色砂砾岩 褐色砂质砾岩	70~90	<30	<2	<2	较好	次圆状	孔隙式	0.25~5	>7	较好
II-1	灰色细砾岩 灰色砂质砾岩	>75	10~25	<2	<2	中等	次圆状	孔隙式	0.5~5	5~7	中等
II-2	灰色中粒砂岩 灰色含砾砂岩	5~15	>85	<3	<3	中等	次圆状	孔隙式	0.25~3	3~5	中等
II-3	灰色细砂岩 灰色钙质砂岩	5~50	50~90	<3	2~5	中等	次圆状	孔隙式	0.1~3	1~3	中差
III-1	褐色砾岩 杂色砂砾岩	>90	<10	4~7	<2	较差	次棱角状	孔隙式	>2	<1	非储层
III-2	灰绿色泥质砾岩 灰色泥质砂岩	>85	<15	>5	<2	差	次棱角状	基底式	>2	<1	差
III-3	灰色钙质细砂岩 灰色粉砂岩	<5	>95	<5	>5	较好	次圆状	孔隙式	0.05~0.25	<3	较差

发育。这类储层经改造后常可获相对较高的产量。Ⅱ-1 类储层的优势岩性为灰色细砾岩及灰色砂质砾岩,砾石具有较好的磨圆度和分选性,泥质杂基含量较低,粒间和粒内溶孔较发育。这类储层经改造后常也可获相对相对较高的产量。Ⅱ-2 类储层岩性主要为灰色中粒砂岩和灰色含砾砂岩,该类储层的分选性较好,泥质杂基含量略高,方解石胶结物常见,粒间和粒内溶孔较发育,但孔喉较细。这类储层经改造后可达工业油流。Ⅱ-3 类储层岩性主要为灰色细砂岩和灰色钙质砂砾岩,储层的分选性较好,泥质杂基含量略高,方解石胶结物发育,粒间孔较少,但粒内溶孔较发育,孔喉较细。这类储层经改造后也可达工业油流,或低产油流。Ⅲ-1 类储层岩性主要为褐色砾岩及杂色砂砾岩,该类储层砾石的粒径较粗,分选性和磨圆度较差,泥质杂基含量较高,粒间孔和粒间溶孔不发育。这类储层主要为非储层,常为油藏的底板。Ⅲ-2 类储层优势岩性为灰绿色泥质砾岩及灰色泥质砾岩,具有砾石粒度粗、分选性和磨圆度差、泥质杂基含量较高的特点,储层粒间孔不发育,但粒内溶孔较常见。这类储层经改造后部分可获低产油流。Ⅲ-3 类储层岩性主要为灰色钙质细砂岩及灰色粉砂岩,该类储层虽具有较好的分选性和磨圆度,但是泥质杂基含量或钙质胶结物含量较高,储层粒间孔不发育,但粒内溶孔较常见。这类储层经改造后部分可获低产油流。

综上,3 类储层物性明显受岩性及结构的控制,与其沉积环境存在关系密切,储层评价类型与含油性及产能相关性明显.因此可以认为对储层的有效性进行分类评价可为构建测井、地质、地震间的桥梁以及有利储层分布预测奠定基础。

储层主控因素及有利区分布 第7章

7.1 砂砾岩储层的主控因素

由于准噶尔盆地玛湖凹陷各个地区勘探开发程度不同,三叠系百口组储层主控因素分析重点针对玛北地区进行,而后对整个玛湖凹陷有利储层发育区开展预测。准噶尔盆地玛湖凹陷三叠系百口泉组储层主要由砂砾岩、砾岩、含砾砂岩和砂岩等组成,总体上属于中等-较差的储层,但不同岩性储层的物性特征差异较大。前人研究证实,砂岩储层物性的优劣是由砂岩的沉积环境(相)、成岩作用、砂岩岩石学特征等因素所决定(张顺存等,2014;曲永强等,2015;邹妞妞等,2015a,2015c;邹志文等,2015)。沉积环境属于宏观因素,而成岩作用和砂砾岩岩石学特征属于微观因素,并且后者可具体分为岩石类型、颗粒成分与特征、填隙物成分和含量、成岩作用类型、成岩改造程度等。通过对玛湖凹陷三叠系百口泉组储层的研究,认为研究区三叠系百口泉组碎屑岩类储层(主要是指砂砾岩储层)物性与上述因素关系密切。本书通过岩石学特征、沉积环境、成岩作用三个方面,讨论了研究区储层物性主控因素。

7.1.1 岩石学特征对储层的控制作用分析

1. 确定优势岩性

玛湖凹陷百口泉组储层岩性主要为灰色、灰绿色砂岩及砾岩,录井及现场岩心描述一般统称为砂砾岩,而非储层岩性主要为泥岩及褐色砂砾岩,储层与非储层主要以相带、颜色划分,命名统称为砂砾岩,既不规范,也无法确定优势岩性,从而难以进行定量表征及物性控因分析。因此本次研究首先对玛湖凹陷 60 多口井 1300m 百口泉组岩心对行详细观察及描述,掌握了第一手最真实的地下资料,在岩心观察描述中充分利用八步描述法:①综合定名为颜色+层厚+粒度+成分+岩性;②接口划分为不整合、冲刷面、暴露面;③旋回分析垂向变化规律和水体沉积变化;④构造识别成层构造(层理)及非成层构造变形;⑤鉴别化石类型、大小与产状来判断环境;⑥描述识别特殊矿物对形成环境作用极大;⑦初步获得水体深浅、能量等背景;⑧综合岩性、结构、等特征,推断沉积环境。

由于岩心观察工作量大,肉眼识别定名岩性存在一定的误差,因此本次通过岩石图像粒度分析技术来对岩性进行二次校正,使定名更加科学准确。岩石薄片粒度分析是沉积学研究的基础,在取得岩石样品后,一般通过经验进行判断,结果往往因人而异,缺乏可靠的数据证明;或者通过实验进行分析和测量,但需要较长的时间;或者是在岩石薄片上手动测量各个颗粒的直径,再统计薄片的颗粒分布,工作繁琐。因此,提出了一种基于岩石图像空间自相关系数法的粒度分析方法。其原理为:采用椭圆随机生成的方法,在 10mm×10mm 的范围内模拟了不同粒径的岩石薄片图像[图 7.1(a),图 7.1(b),图 7.1(c)],岩石颗粒的灰度值为 255(白色),填充物或泥质的灰度值为 0(黑色)。对 3 种粒径 0.5~1.0mm、1.0~1.5mm 和 1.5~2.0mm 进行粒度分布的定量计算。取最大偏移距离 k 为 100 像素,分别计算得到了 3 种粒径的颗粒模拟薄片图像的空间自相关系数[图 7.1(d)]。根据空间自相关系数,采用带约束条件的最小二乘法计算到这 3 种粒径的颗粒所占百分含量分别为 55.8%、24.6% 和 20.2%。3 种粒径的实际百分含量分别为 61.3%、32.3% 和 6.5%。计算结果与实际值接近,总体变化趋势与实际一致。

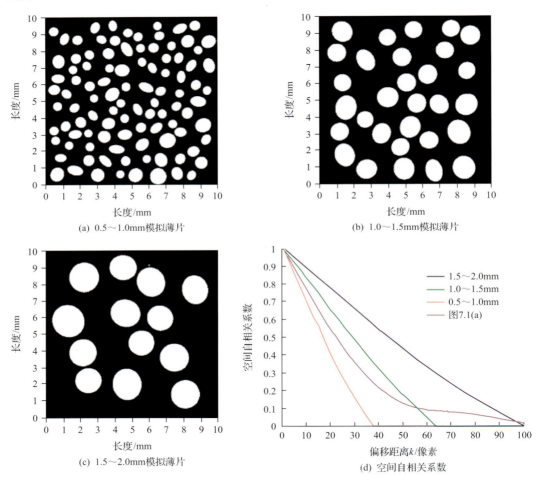

(a) 0.5~1.0mm模拟薄片

(b) 1.0~1.5mm模拟薄片

(c) 1.5~2.0mm模拟薄片

(d) 空间自相关系数

图 7.1　计算粗砂岩岩石薄片粒度分布

　　实际识别过程中,将岩心扫描图像经过预处理后形成灰度图像,分析其空间自相关系数与颗粒粒径的关系;利用带约束条件的最小二乘法求解空间自相关系数方程组,从而定量计算得到不同粒径颗粒所占的百分含量,图 7.2 中将该段岩性综合定名为含细砾小中砾质大中砾岩。

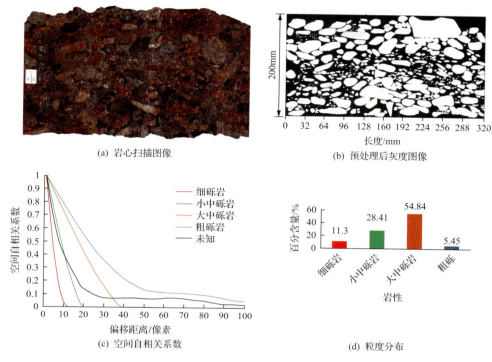

(a) 岩心扫描图像　　　　　(b) 预处理后灰度图像

(c) 空间自相关系数　　　　　(d) 粒度分布

图 7.2　计算岩心扫描图像粒度分布

　　通过上述两种关键技术的支持,完成了 61 口井 1253m 的岩心描述,结合化验分析数据,发现玛湖凹陷百口泉组岩性储层粒度主要分布在 0.5～8mm,从岩性上看从粗砂岩至中砾岩均有发育。如果按照 1998 国家发布的碎屑岩粒级划分标准来看,中砾岩的粒径分布在 4～32mm,一半粒径的中砾岩为非储层,中砾岩范围标准在玛湖凹陷偏大,不太适合该区砂砾岩研究。因此通过岩心观察结合物性分析资料,在 1998 年碎屑岩分类基础上对中砾岩细分为了小中砾及大中砾,建立了符合玛湖凹陷的岩性划分标准(表 7.1)。

表 7.1　玛湖凹陷百口泉组碎屑岩分类命名方案

自然粒级标准/mm	Φ值粒级标准		陆源碎屑名称
＞128	＜-7		巨砾
32～128	-5～-7		粗砾
16～32	-4～-5	砾	大中砾
8～12	-3～-4		小中砾
2～8	-3～-4		细砾
0.5～2	1～-1		粗砂
0.25～0.5	2～1	砂	中砂
0.06～0.25	4～2		细砂
0.03～0.06	5～4	粉砂、泥	粗粉砂
＜0.06	＞5		细粉砂、泥

结合新的岩性分类方案,通过岩性分析物性来看,物性具有随粒度增大及从小变大再减小的特征:即物性从细砂岩向粗砂岩及细砾岩变大后再向大中砾岩及粗砾岩变小,这与前期的认识一致,孔隙度大于 7.5% 的岩性主要为细砾岩、粗砂岩及小中砾岩(图 7.3)。另外从粒度分析数据模态来看,单峰且适度的粒径是形成优质储层的关键,即细砾岩及粗砂岩物性最好,如图 7.4,可以看出艾湖 1 井粒径主要集中在粗砂及细砾,其对应的物性孔隙度和渗透率均比较好;而玛 152 井显示出双峰特征,且粒度分布从小中砾到大中砾均有发育,对应的孔隙度和渗透率明显较差。

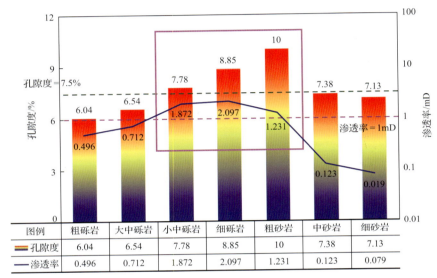

图例	粗砾岩	大中砾岩	小中砾岩	细砾岩	粗砂岩	中砂岩	细砂岩
孔隙度	6.04	6.54	7.78	8.85	10	7.38	7.13
渗透率	0.496	0.712	1.872	2.097	1.231	0.123	0.079

图 7.3 玛湖凹陷百口泉组不同岩性物性统计直方图

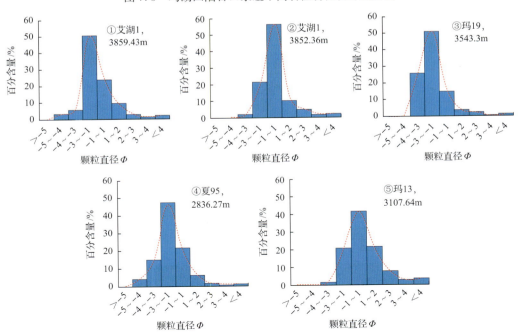

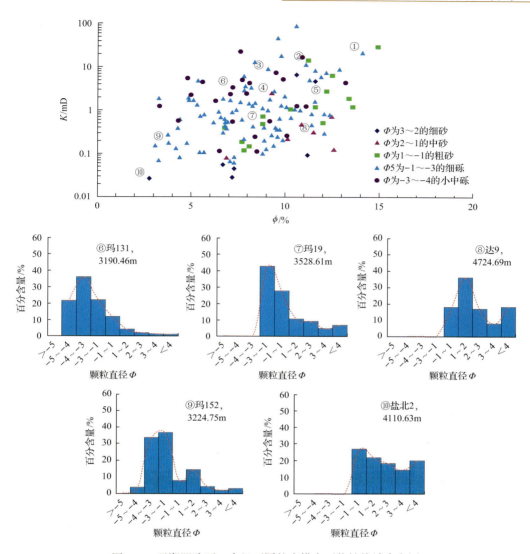

图 7.4　玛湖凹陷百口泉组不同粒度模态下物性统计直方图

本区岩心录井表明,主要的含油级别为油浸、油斑、油迹和荧光,对应的含油性依次变差,根据研究区岩心录井统计结果表明:含油性受粒度控制明显,含油级别较高,油气主要集中在细砾岩及小中砾岩中,且随着含油级别的提高,趋势更加明显(图 7.5)。

2. 黏土含量对储层物性的影响

前期研究一直认为储层物性受相带影响,仅停留在表面现象上,即褐色的砂砾岩物性普遍差于灰色、灰绿色砂砾岩。本次研究通过岩石薄片及铸体薄片观察发现,褐色砂砾岩多数位于扇三角洲平原,为砾、砂、泥混杂堆积,杂基含量普遍较高,而灰色及灰绿色前缘相的砂砾岩杂基含量较少,物性相对较好。如图 7.6 铸体薄片可以看出,同样为细砾岩,泥质杂基含量低的孔隙较发育,而杂基含量高的孔隙基本不发育,储层物性明显较差。通过薄片岩心定量分析可知该区杂基主要以泥质和钙质为主,而钙质发育区相对较小,多以泥质为主,因此本书尝试用黏土含量代替杂基含量便于进行定量分析。

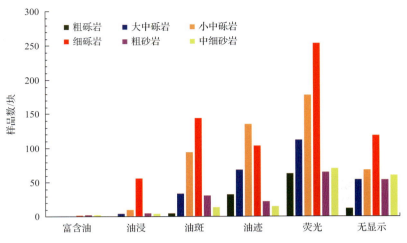

图 7.5 玛湖凹陷百口泉组储层-含油性关系

(a) 灰色含砾中粗砂岩,发育剩余粒间孔,泥质杂基含量低 $\phi=13.6\%$,$K=1.23\times10^{-3}\mu m^2$(Ⅰ类),玛13井,3108.38m,(−),蓝色铸体,×50

(b) 灰色细砾岩,发育剩余粒间孔,及粒内溶孔,泥质杂基含量低,$\phi=9.2\%$,$K=2.37\times10^{-3}\mu m^2$(Ⅰ类),玛131井,3192.26m,(−),蓝色铸体,×50

(c) 灰色砾岩,淘洗充分,泥质杂基含量低 $\phi=7.2\%$,$K=4.89\times10^{-3}\mu m^2$(Ⅱ类),玛133井,3301.48m,(+),岩石薄片,×25

(d) 灰绿色含砾砂岩,粒间被渗流泥质充填,$\phi=8.3\%$,$K=0.258\times10^{-3}\mu m^2$(Ⅲ类),玛133井,3300.35m,(−),岩石薄片,×25

(e) 钙质细砾岩，碎屑颗粒被方解石胶结，$\phi=4.7\%$，　　　　(f) 褐色小中砾岩，碎屑颗粒大小混杂，泥质含量较高，
$K=0.044\times10^{-3}\mu m^2$，玛152井，3159.65m，(+)，　　　$\phi=4.2\%$，$K=0.208\times10^{-3}\mu m^2$，玛133井，3302.20m，(+)，
岩石薄片，×25　　　　　　　　　　　　　　　　　　　岩石薄片，×25

图 7.6　储层杂基与物性关系图

　　另外通过百口泉组全岩定量分析数据中黏土含量与孔隙度及渗透率关系图可以看出，随着黏土含量的增加，孔隙度及渗透率均呈现出明显下降趋势，特别是储层的渗透率表现更加明显，基本上呈指数级递减，反映了黏土含量对物性影响比较明显(图7.7，图7.8)。

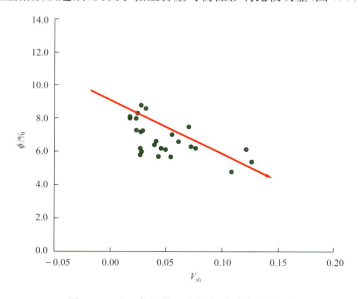

图 7.7　百口泉组黏土含量与孔隙度关系图

3. 次生溶蚀作用对储层物性改造明显

　　前期勘探开发工作中发现，百口泉组发育长石颗粒溶孔作为储集空间的补充，对储层物性起很好的改善作用。据显微薄片观察与统计分析，玛湖凹陷三叠系百口泉组母岩存在一定的差异，岩石成分成熟度整体偏低，母岩类型以中、酸性火成岩、沉积岩为主，岩石碎屑成分主要为岩屑砂岩(表7.2，图7.9)。百口泉组埋深最深在 4500m 以下，平均埋深

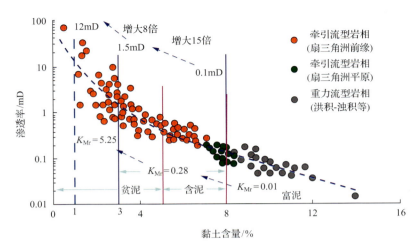

图 7.8　百口泉组黏土含量与渗透率关系图

K_{Mr} 为渗透率随黏土含量的上升速率，10^{-3}mD/%

约为 3000m，压实作用比较明显，但较深的区域仍存在物性较好储层，特别是玛西斜坡区，突破以往砂砾岩有效储层埋深下限认识，在 3200m 以下仍存在优质储层。分析表明其岩石组分中长石含量相对较高，并且下倾方向贴近烃源岩排烃、排酸路径，因此溶蚀作用是提高储层物性的重要成岩作用。长石溶蚀作用的模拟实验(见前文)也证明了次生溶蚀作用对研究区储层物性具有明显的改善。

从取心及薄片资料来看，玛湖凹陷百口泉组油气为多期油源，部分岩心见黑色沥青残留，前期排烃形成的酸性环境对储层改造具有明显的作用，另外早期原油充注在一定程度上也可以减缓压实作用带来的负面影响。通过多口井铸体薄片来看，颗粒溶孔和粒间溶孔是提高储层物性的有效途径(图 7.10)。

表 7.2　玛湖凹陷斜坡区百口泉组碎屑岩成分含量统计表　　(单位:%)

区块	井号	石英	长石	岩屑								
				安山岩	英安岩	流纹岩	花岗岩	凝灰岩	泥质板岩	石英岩	泥质砂岩	硅质岩
玛北斜坡	玛13	14.65	11.25	5.75		11.75	3.25	21	17.75	1.33	7.75	0.25
	玛131	1.63	0.61	2.2	7	44.6	3.8	17.8	13.6		6.4	0.4
玛东斜坡	盐北2	3.16	1.05			23	3	27	22		16	
	夏盐2	11.57	8.20	7.81		28.94	5.44	13.88	11.94		5	0.44
玛西斜坡	艾湖1	8.89	6.91			2.22	27.67	9.11	26.67		8	0.67
	艾湖2	7.92	3.17	1		1.5	42	5.5	20.5		13.5	
玛南斜坡	玛湖2	17.85	15.56				36.33		9		11	2
	玛9	13.74	7.43			5.82	26	14.64	21.55	1.18	5.64	0.36

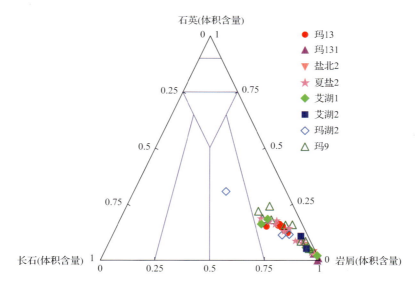

图 7.9　玛湖凹陷斜坡区百口泉组碎屑岩分类三角图

(a) 剩余粒间孔、粒内溶孔；艾湖1井，T_1b_1，3859.75m，砂质细砾岩；$\phi = 14.0\%$，$K = 94.8mD$，(−) 蓝色铸体×100

(b) 剩余粒间孔、粒内溶孔；艾湖1井，T_1b_1，3860.17m，砂质细砾岩；$\phi = 14.9\%$，$K = 30.3mD$，(−) 蓝色铸体×100

(c) 粒间溶孔 (杂基溶蚀) 及溶缝；玛15井，T_1b_2，3088.2m，砂砾岩；$\phi = 10.5\%$，$K = 0.613mD$，(−) 蓝色铸体×100

(d) 粒内溶孔及粒间溶孔 (泥质杂基溶蚀)；夏93井，T_1b_2，2730.52m，砂质砾岩；$\phi = 9.4\%$，$K = 0.809mD$，(−) 蓝色铸体×100

图 7.10　玛湖凹陷百口泉组部分井铸体薄片

7.1.2 沉积环境对储层的控制作用分析

通过对玛湖凹陷玛北地区三叠系百口泉组储层沉积和成岩作用研究,结合其与储层物性相互关系分析,可以将玛湖凹陷三叠系百口泉组砂砾岩储层的基本特点总结如下(图7.11,图7.12,图7.13)。

(1)储集岩主要形成于扇三角洲前缘及平原沉积环境,以水进序列扇三角洲相的中厚层砂砾岩为主,岩石的成分成熟度较低,结构成熟度中等。储集砂体具有厚度变化快、粒度变化大、储层非均质性强的特点。

(2)储集砂体以发育于扇三角洲平原分流河道微相的褐色砂砾岩、扇三角洲前缘水下分流河道微相的灰色砂砾岩、扇三角洲前缘河口坝及远砂坝的灰色砂岩为主,其中砂砾岩砂体呈中层块状叠置。优质储集岩主要发育于水动力条件较强、稳定性较好的沉积环境,在粒度概率曲线上表现出滚动和跳跃特征。

(3)储集岩物性条件为差-较差,平均孔隙度为7%~10%,平均渗透率为0.5×10^{-3}~2.0×10^{-3}μm^2。其中扇三角洲前缘砂砾岩储层的物性稍好,平均孔隙度9%~10%,平均渗透率0.5×10^{-3}~2×10^{-3}μm^2;扇三角洲平原砂砾岩储层的物性稍差,平均孔隙度7%~8%,平均渗透率0.5×10^{-3}~1×10^{-3}μm^2。

(4)储集岩的孔隙喉道偏细,进汞压力较高,退汞效率较差。储集岩的孔隙类型中,扇三角洲前缘砂砾岩以残余粒间孔隙和次生溶蚀孔隙为主,扇三角洲平原砂砾岩以残余粒间孔隙和次生溶蚀孔隙为主。

玛北地区三叠系百口泉组主要含油气储层发育于百二段上部(高阻段)和百三段。通过对该区百口泉组百二段和百三段储集岩的物性分析数据统计表明,百二段上部高阻段的孔隙度主要分布于5%~13%,平均孔隙度为8%;百二段下部低阻段的孔隙度主要分布于4%~9%,平均孔隙度为6.5%。然而百二段储集岩的渗透率变化不是很大。百三段的孔隙度主要分布于7%~15%,平均孔隙度为9.5%。百二段上部高阻段储层物性明显好于百二段下部的低阻段,而百三段又略好于百二段上部的高阻段(图7.13)。

玛北地区三叠系百口泉组储层主要是灰色砂砾岩,其次为灰色中粗砂岩,但其物性存在差异。从不同颜色的砂砾岩及中粗砂岩的孔渗相关图来看(图7.14),储集岩孔隙度与渗透率相关性不是很好,表明储集岩孔隙与喉道的匹配性较差,储层的储集空间既有原生孔隙,也有次生孔隙,储层物性受到沉积环境和成岩作用的双重影响。

百口泉组储层主要发育于扇三角洲前缘及平原,前者主要有灰色泥质砂砾岩、灰色泥质砾岩、灰色砂砾岩(泥质含量低,主要是钙质胶结)、灰色砾岩(泥质含量低,主要是钙质胶结),后者主要有褐色泥质砂砾岩、褐色泥质砾岩、褐色砂砾岩(泥质含量较低,主要钙质胶结)、褐色砾岩(泥质含量较低,主要是钙质胶结)。从砾岩和砂砾岩的孔渗相关图上可以看到(图7.15和图7.16):对于砾岩来说,褐色泥质砾岩的物性明显差于褐色砾岩,灰色泥质砾岩的物性明显差于灰色砾岩,而褐色泥质砾岩与灰色泥质砾岩、褐色砾岩与灰色砾岩的物性差别不明显(图7.15)。说明对于砾岩来说,发育于水上环境的扇三角洲平原和发育于水下环境的扇三角洲前缘对物性的影响不明显,关键的影响因素是其泥质含量。

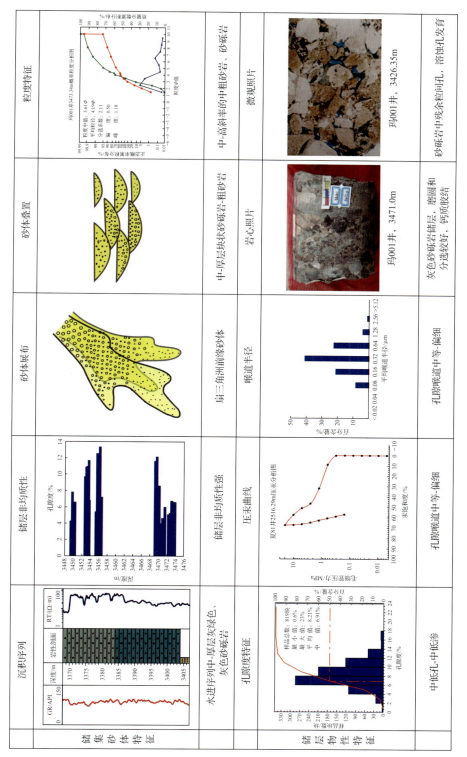

图 7.11　玛北地区三叠系百口泉组扇三角洲前缘储集砂体综合特征

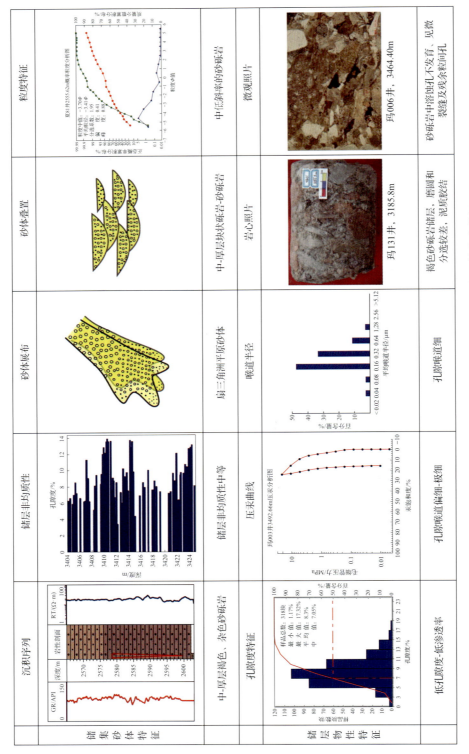

图 7.12 玛北地区三叠系百口泉组扇三角洲平原储集砂体综合特征

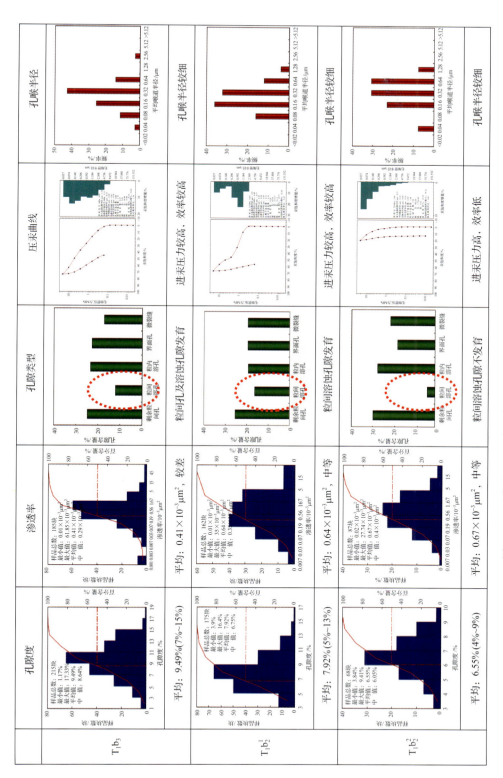

图 7.13　玛北地区百口泉组各岩性段储层物性及孔喉特征对比图

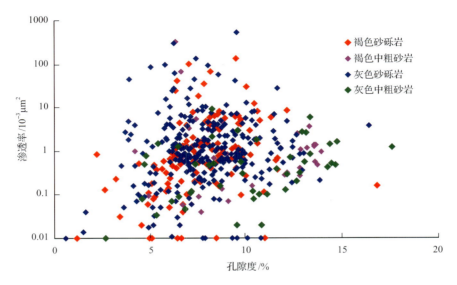

图 7.14 玛北地区三叠系百口泉组储层孔渗关系图

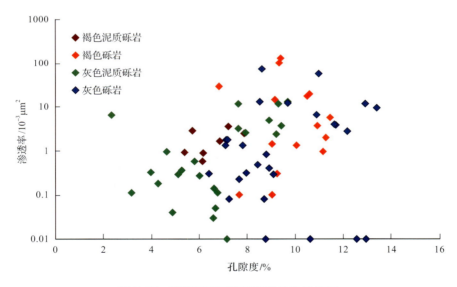

图 7.15 研究区不同类型砾岩的物性特征

由于褐色砾岩及灰色砾岩主要发育于扇三角洲平原分流河道(特别是主河道)及扇三角洲前缘水下分流河道(特别是主河道)中,水动力条件较强,受到河水(前者)及湖水(后者)不间断的淘洗作用,泥质含量较低,因而在成岩作用过程中压实作用对储层物性的破坏相对较弱。

对于砂砾岩来说,褐色泥质砂砾岩与褐色砂砾岩、灰色泥质砂砾岩与灰色砂砾岩之间的物性差别较小,总体上看褐色泥质砂砾岩、灰色泥质砂砾岩的物性略低;与砾岩类似,褐色泥质砂砾岩与灰色泥质砂砾岩、褐色砂砾岩与灰色砂砾岩的物性差别不明显(图7.16),说明发育于水上环境的扇三角洲平原和发育于水下环境的扇三角洲前缘对物性的影响不明显,关键的影响因素也是砂砾岩中的泥质含量,由于褐色砂砾岩及灰色砂砾岩主要发育于扇三角洲平原分流河道及扇三角洲前缘水下分流河道中,沉积时的水动力条件较强,受到河水(前者)及湖水(后者)不间断的淘洗作用,泥质含量往往较低,因而在成岩作用过程中压实作用对储层物性的破坏相对较弱,储层物性较好(于兴河等,2014;唐勇等,2014;宫清顺等,2010)。

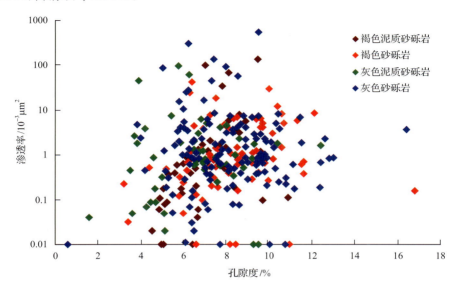

图 7.16　研究区不同类型砂砾岩的物性特征

从研究区砾岩和砂砾岩孔隙度与 RT 的关系图上可以看到(图 7.17 和图 7.18),褐色泥质砾岩、褐色泥质砂砾岩与灰色泥质砾岩、灰色泥质砂砾岩的 RT 值明显低于褐色砾

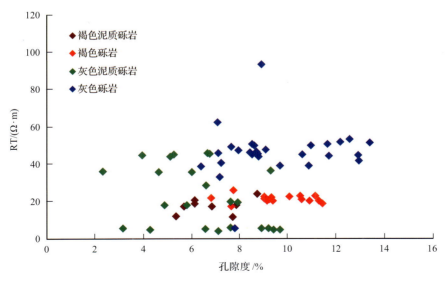

图 7.17　研究区不同类型砾岩的孔隙度与 RT 的关系

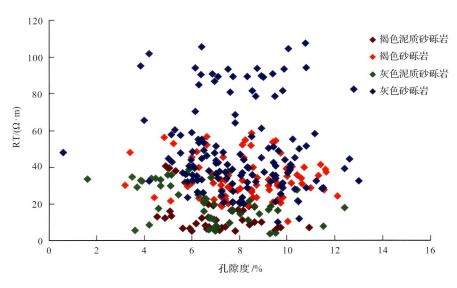

图 7.18　研究区不同类型砂砾岩的孔隙度与 RT 的关系

岩、褐色砂砾岩及灰色砾岩、灰色砂砾岩。两种颜色的泥质砾岩、泥质砂砾岩的 RT 值基本都在 $40\Omega\cdot m$ 以下,褐色砾岩的 RT 值约为 $20\Omega\cdot m$,灰色砾岩的 RT 值主要为 $40\sim 60\Omega\cdot m$,褐色砂砾岩的 RT 值主要为 $20\sim 60\Omega\cdot m$,灰色砂砾岩的 RT 值最高,除了部分为 $20\sim 60\Omega\cdot m$ 外,还有一部分为 $80\sim 100\Omega\cdot m$。说明砾岩及砂砾岩中泥质杂基的含量对储层的 RT 值的影响非常明显,随着储层中泥质含量的增加,钙质含量的较低,储层的 RT 值也随之降低。

7.1.3　成岩作用对储层的控制作用分析

成岩作用划分为成岩早期(又划分为 A 期和 B 期)、成岩中期(可划分为 A 期和 B 期)、成岩晚期。碎屑岩的成岩作用主要有压实作用、压溶作用、胶结作用、交代作用、重结晶作用、溶解作用、矿物多形转变作用等。在这一系列的成岩作用过程中,碎屑岩经历的一系列成岩变化,对其孔隙形成、演化、保存和破坏起着极为重要的作用,同时会对其原生的和次生的裂缝产生重要的影响,这些都将对碎屑岩储层的物性产生决定性的影响。因此,成岩作用的研究也是储层控制因素研究的重要组成部分。本书通过对研究区储层物性和成岩作用关系的综合分析研究,发现对玛北地区三叠系百口泉组砂砾岩储层物性和孔隙演化影响最大的成岩作用主要是压实作用、胶结作用和溶蚀作用。

1. 压实作用对储层物性的影响

压实作用是一种物理成岩作用,是指沉积物沉积后在其上覆水层或沉积层的重荷下,或在构造形变应力的作用下,发生水分排出、孔隙度降低、体积缩小的作用。在沉积物内部可以发生颗粒的滑动、转动、位移、变形、破裂,进而导致颗粒的重新排列和某些结构构造的改变。压实作用在沉积物埋藏的早期阶段表现得比较明显。在研究区,对砂砾岩储层储集性能影响最大的成岩作用便是压实作用,主要原因有以下几点。

首先,研究区三叠系百口泉砂砾岩的结构成熟度较低,泥质杂基含量较高(特别是褐色泥质砂砾岩和砾岩、灰色泥质砂砾岩和砾岩)。泥质杂基的含量是影响储层物性的主要因素之一,也是影响压实作用的主要因素之一。当泥质杂基含量少时,压实作用对储层的物性影响较弱;而当泥质杂基含量高时,压实作用的影响便大大增强。其原因在于:一方面,大量的泥质杂基能够抑制碳酸盐类等早期胶结作用的发育,这样,在成岩早期,由于沉积物缺少了作为支撑骨架的碳酸盐类等早期胶结物的支撑,使压实作用更易破坏沉积物中的原生孔隙,造成原生孔隙度下降;另一方面,由于结构成熟度较低,颗粒大小混杂,加上泥质杂基具有良好的润滑作用,造成机械压实作用对储层物性的破坏力增强。这与研究区褐色砂砾岩和砾岩、灰色砂砾岩和砾岩的物性好于褐色泥质砂砾岩和砾岩、灰色泥质砂砾岩和砾岩的特征相符合(张顺存等,2014;曲永强等,2015)。

其次,研究区三叠系砂砾岩的成分成熟度较低,含有较多的半塑性颗粒。研究区砂砾岩颗粒中有较多的凝灰岩等半塑性颗粒(图7.19),这些半塑性颗粒在埋藏深度达到3000m以下时,很容易受压变形,导致砂砾岩储层物性急剧变差,进一步加大了压实作用对储层物性的破坏力。根据对研究区三叠系百口泉组砂砾岩储层的显微观察和镜下估算,结合砂砾岩储层物性分析数据的分析,压实作用对玛北地区三叠系砂砾岩储层物性的孔隙损失量可达10%～15%,对部分埋藏深度3500m以上砂砾岩储层,压实作用造成其孔隙度的损失量可达15%以上。

(a) 玛152井,3161.45m,含灰质砂质砾岩,砾石为火山岩岩　　　(b) 玛152井,T_1b_2,3245.70m,砂质砾岩,砾
屑,压实作用中等,出现方解石交代碎屑颗粒现象,(-27)　　　　　石为火山岩岩屑,受压变形较明显

图 7.19　研究区砂砾岩中砾石的微观特征

从玛北地区三叠系百口泉组孔隙度与埋藏深度关系图可以看出,百口泉组砂砾岩储层的孔隙度与埋藏深度存在一定关系(图7.20)。3000m以上,孔隙度随着埋藏深度的增加,逐渐减小,说明随着埋藏深度的增加,砂砾岩中的凝灰岩等半塑性岩屑受压后,发生塑性变形造成了储层物性变差,因而压实作用对储层物性有较明显的破坏作用;约在3500m处,孔隙度又有所增大,说明在该深度段发育次生溶蚀孔隙,溶蚀作用对储层物性具有较好的建设性作用。

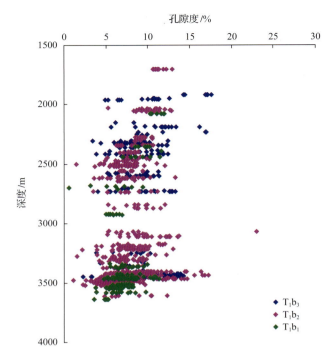

图 7.20 玛北地区三叠系百口泉组储层孔隙度与埋藏深度关系

2. 胶结作用对储层物性的影响

胶结作用是指从孔隙溶液中沉淀出的矿物质(胶结物)将松散的沉积物固结起来的作用。胶结作用是沉积物转变成沉积岩的重要作用,也是使沉积层中孔隙度和渗透率降低的主要原因之一,它发生在成岩作用的各个时期。通过孔隙溶液沉淀出的胶结物种类很多,但就数量而言,主要的有二氧化硅和碳酸盐两类。其他较常见的胶结物有氧化铁、石膏、硬石膏、重晶石、磷灰石、萤石、沸石、黄铁矿、白铁矿等。此外,自生黏土矿物也是碎屑岩中最常见的一类胶结物。

显微观察和研究表明,三叠系百口泉组砂砾岩储层中的胶结物类型多样,常见的有沸石类(主要为方沸石和片沸石)、碳酸盐类(包括方解石和白云石)、硅质(包括石英增生)、自生黏土矿物(常见伊蒙混层、高岭石、绿泥石和伊利石)等。研究发现,胶结物的类型和含量与砂砾岩物性关系比较密切。主要原因是在沉积物埋藏的初期,适当含量的化学胶结物可以起到支撑碎屑颗粒骨架的作用,抵御压实作用的影响。此外,一些早期化学胶结物也是砂砾岩中的主要易溶组分,在埋藏达到一定深度后,在合适的孔隙流体、环境介质及成岩温度作用下,这些胶结物将发生溶蚀作用,使得储层的次生孔缝增加,提高了岩石的孔隙度。研究区所发生的主要溶蚀作用有沸石类矿物的溶蚀、碳酸盐类矿物的溶蚀、长石类矿物的溶蚀等(图 7.21)。

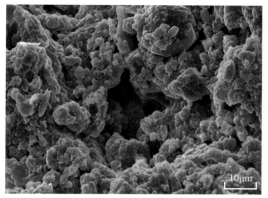 

(a) 玛131井，T₁b，3193.54，长石颗粒被溶蚀形成　　　(b) 夏89井，2370.2m，T₁b，油迹砂岩中自生
　　的粒内溶孔特征，扫描电镜×1390　　　　　　　　　　石英颗粒和发生溶蚀作用的高岭石

图 7.21　研究区百口泉组储集岩的溶蚀作用特征

3. 溶蚀作用对储层物性的影响

在一定的成岩环境中，碎屑岩中的颗粒、杂基、胶结物、自生矿物等都可以发生一定的溶蚀作用，这是造成碎屑岩储层次生孔隙发育最主要的成岩作用。溶蚀作用过程中，岩石组分发生选择性溶解，矿物中残留下来的未溶组分的成分有所改变，并形成与被溶矿物成分相近的新矿物。研究区三叠系百口泉组砂砾岩储层中的溶蚀作用比较发育，主要原因在于以下几个方面。

1) 三叠系百口泉组砂砾岩储层中有较多的易溶组分

在研究区，三叠系百口泉组砂砾岩储层中所含有的易溶组分主要有碎屑颗粒（如火山岩岩屑、长石碎屑等颗粒）、易溶胶结物（如沸石类胶结物、碳酸盐类胶结物等）、易溶杂基等。这些组分在合适的条件下都会发生一定的溶蚀作用，并将造成次生孔隙的发育和储层物性的提高（图 7.21）。同时，这些组分的溶蚀作用还可以将原来没有连通的孔缝的连通，为油气的运移创造条件。

2) 成岩期具有酸性流体运动的良好条件

溶蚀作用的发育除了要有大量的可溶组分外，还要有大量酸性流体的运动。玛北地区位于二叠系生烃凹陷的边缘，油气水活动非常活跃，这为砂砾岩储层发生溶蚀作用、产生大量次生孔隙创造了有利条件。

3) 沉积环境有利于溶蚀作用的发育

研究区位于玛湖凹陷北斜坡，百二段沉积期，该区扇三角洲前缘所在的水下部分相当于一个坡度不大的平台，因而与百一段和百三段相比，百二段时期发育大量灰色砂砾岩和砾岩，并且受到了湖水不间断的淘洗作用，泥质杂基含量较低，成岩作用早期，容易形成碳酸盐、沸石类的胶结，部分抵御了早期成岩作用的影响，并为成岩后期溶蚀作用的发育提供了物质基础。

在上述的这些有利条件以及合适的温度、压力、介质环境等条件下,研究区的砂砾岩储层将发生一定的溶蚀作用。研究区三叠系和侏罗系百口泉组砂砾岩的显微观察和扫描电镜分析,发现溶蚀作用和溶蚀孔隙非常常见,既有碎屑岩颗粒如火山岩岩屑、长石颗粒、石英颗粒的溶蚀,又有沸石、方解石等胶结物的溶蚀,这些溶蚀作用产生的大量溶蚀孔隙将明显提高砂砾岩储层的储集性能。但是,与此同时在溶蚀过程中还常常会伴随一些自生黏土矿物(如绿泥石、水云母、高岭石等)的生成,并将造成孔隙喉道的堵塞,对储层物性产生不利影响。

玛北地区三叠系百口泉组砂砾岩储层物性变化较大,储层非均质性较强,这主要是由于:①研究区储集砂体形成环境既有扇三角洲平原亚相,也有扇三角洲前缘亚相,储集砂体形成时水动力条件变化较大,因此造成储集砂体颜色、粒度、厚度、分选性及泥质杂基含量多变(特别是泥质杂基含量对储层物性的影响明显)。②玛北地区三叠系百口泉组储层的埋藏深度较大,压实作用对储层物性具有较大的影响,特别是褐色和灰色的泥质砂砾岩、砾岩受到的影响更大。③由于研究区三叠系百口泉组储层所处的沉积环境不同,沉积时的水体盐度、深度、温度也不同,因而造成该区砂砾岩储层的胶结物含量、成分变化较大,并且这些因素对砂砾岩储层后期的溶蚀作用具有明显的影响(图 7.22,图 7.23)。

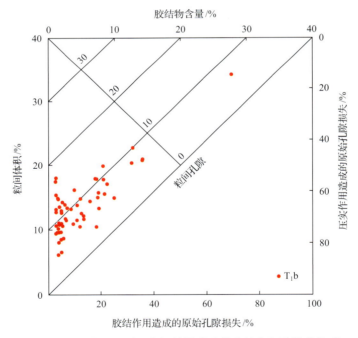

图 7.22　玛北地区百口泉组储层碳酸盐胶结物与孔隙度关系

通过以上对研究区三叠系百口泉组碎屑岩储层物性的影响机理和孔隙演化过程的深入研究,已经比较明确了该区碎屑岩储层物性的主控因素,并可以归纳为以下几点。

(1)水动力条件较强和相对稳定的沉积相带是优良储层发育的条件。研究表明,扇三角洲前缘水下分流河道、扇三角洲平原分流河道微相的砂砾岩储层结构成熟度较高、泥质杂基含量较少,是最主要的优良储层发育相带,该微相的砂砾岩储层主要分布于扇三角

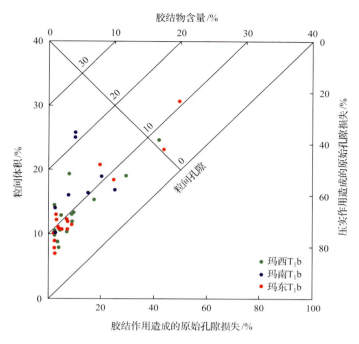

图 7.23 玛西、玛南、玛东地区百口泉组储层碳酸盐胶结物与孔隙度关系

洲平原分流河道和扇三角洲前缘水下分流河道中,特别是在扇三角洲前缘水下分流河道中。

(2) 沉积微相所控制的泥质杂基含量是储层优劣的主要影响因素。发育于扇三角洲平原分流河道的褐色砂砾岩、褐色砾岩及发育于扇三角洲前缘水下分流河道的灰色砂砾岩、灰色砾岩,由于沉积时的水动力条件较强,导致泥质杂基含量较低,后期的成岩压实作用对储层物性的破坏有限。而发育于扇三角洲平原分流河道间的褐色泥质砂砾岩、褐色泥质砾岩及发育于扇三角洲前缘水下分流河道间的灰色泥质砂砾岩、灰色砾岩,由于沉积时的水动力条件较弱,河水及湖水不间断的淘洗作用较弱,泥质杂基含量较高,在成岩压实过程中,泥质杂基的润滑作用导致储层物性受压实作用影响明显。

(3) 压实作用导致储层物性不可逆的降低,溶蚀作用对改善储层物性具有积极意义。研究区三叠系百口泉组储层主要是褐色砂砾岩、灰色砂砾岩及褐色泥质砂砾岩、灰色泥质砂砾岩,该区三叠系埋深较大,因此压实作用对储层物性的破坏较明显。特别是对于褐色泥质砂砾岩和灰色泥质砂砾岩来说,由于它们主要发育于扇三角洲平原分流河道间及扇三角洲前缘水下分流河道间,河水及湖水的淘洗作用不明显,砂砾岩的结构成熟度较低、成分成熟度很低,往往含有大量的泥质杂基,这些泥质杂基在成岩作用早期,抑制了碳酸盐类、沸石类等胶结物的发育,导致这类砂砾岩在成岩作用早期胶结物不发育,胶结物起不到支撑颗粒骨架作用;再加上泥质杂基的润滑作用,在成岩过程的压实作用对储层具有不可逆的明显的破坏作用。相比之下,褐色砂砾岩及灰色砂砾岩由于发育于扇三角洲平原分流河道及扇三角洲前缘水下分流河道中,水动力条件较强,河水及湖水的淘洗作用较强,泥质杂基含量较少,在成岩作用早期,容易发生碳酸盐类、沸石类胶结,这些胶结物在成岩压实过程中，往往起到支撑颗粒骨架作用，抵御了部分压实作用对储层的破坏；同时这些胶结物在后期的溶蚀过程中，可以成为易溶组分，大大改善储层的储集性能及连通性能。因此，研究区三叠系百口泉组储层以褐色砂砾岩、灰色砂砾岩为最优质储层，而褐色泥质砂砾岩、灰色泥质砂砾岩储层的物性相对稍差。

通过以上对玛北地区三叠系百口泉组的沉积环境和成岩作用对储层物性的控制机理综合分析，明确了研究区砂砾岩储层的主控因素。从储集岩的孔隙类型特征来看，储集岩以残余粒间孔和粒间溶孔为主，且储集岩的面孔率较低，孔隙喉道偏细，残余粒间孔含量不高，孔径较小，溶蚀孔隙非常发育，已成为储集岩最主要的储集空间；结合储层目前的埋藏深度大都在3000m以下，约在3500m深度存在一个明显的次生孔隙发育带。由此可以确定，玛北地区三叠系百口泉组储集岩主要形成于扇三角洲相，优良储层主要是发育于扇三角洲前缘水下分流河道微相的储集砂体（灰色砂砾岩）及发育于扇三角洲平原分流河道微相的储集砂体（褐色砂砾岩），储集岩经受了较强的成岩作用改造，储层物性条件较差，非均质性较强。储集岩的上述特征反映出该区百口泉组储层物性受沉积和成岩作用共同控制，而且沉积作用和成岩作用对储层物性条件影响均较大。相比之下，沉积作用影响略大，因为沉积作用不仅决定了储集岩的原始物性条件，而且也影响了储集岩的分选度、磨圆度、杂基含量以及砂体厚度和空间展布的稳定性。这些因素均会影响成岩作用过程中储集岩的原生孔隙保存状况及次生孔隙的发育程度。因此相比之下，沉积环境对该区百口泉组储层物性影响更为重要（图7.24）。

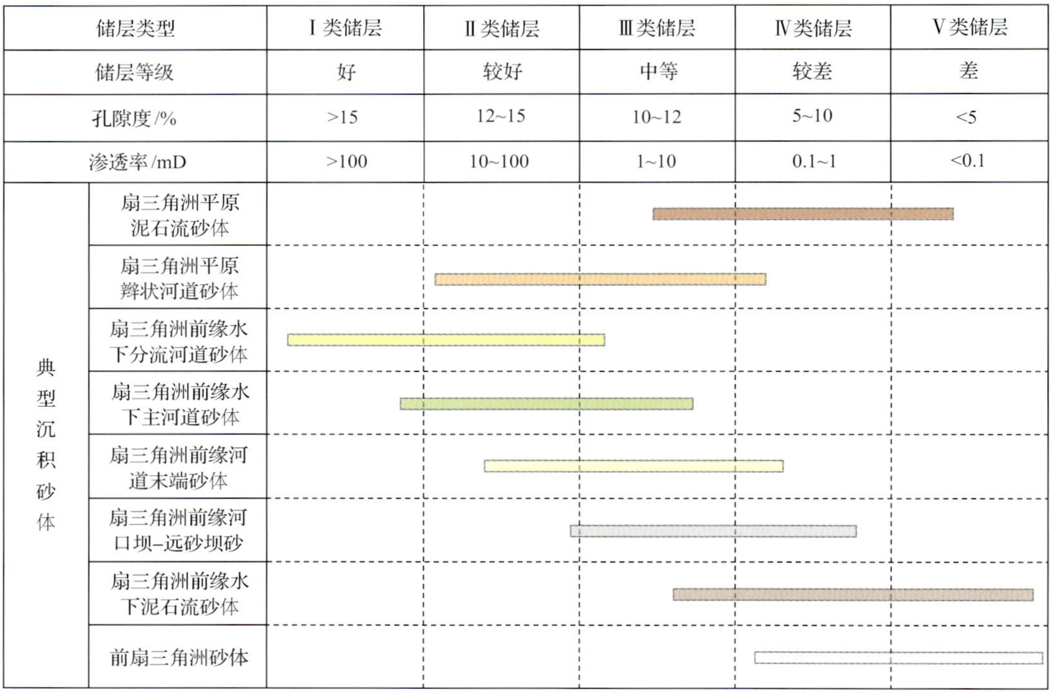
储层类型
Ⅰ类储层
Ⅱ类储层
Ⅲ类储层
Ⅳ类储层
Ⅴ类储层
储层等级
好
较好
中等
较差
差
孔隙度/%
>15
12~15
10~12
5~10
<5
渗透率/mD
>100
10~100
1~10
0.1~1
<0.1
典型沉积砂体
扇三角洲平原泥石流砂体
扇三角洲平原辫状河道砂体
扇三角洲前缘水下分流河道砂体
扇三角洲前缘水下主河道砂体
扇三角洲前缘河道末端砂体
扇三角洲前缘河口坝–远砂坝砂
扇三角洲前缘水下泥石流砂体
前扇三角洲砂体

图7.24 环玛湖三叠系百口泉组典型砂体储层类型特征

7.1.4　优质储层发育区预测

在分析玛北地区三叠系百口泉组 11 种沉积微相-岩相的基础上,结合研究区砂砾岩储层特征及储层成岩相的特点,对研究区砂砾岩储层进行了资源分级评价。综合分析可知,百口泉组砂砾岩储层存在着明显的平面分区与垂向分带性,储层质量受时间和空间上众多因素控制。其中沉积构造背景和沉积相带是控制研究区储层质量的主导因素,属于影响储层发育的宏观控制因素;而成岩作用属于微观因素,它与岩石类型、颗粒成分和特征、填隙物成分和含量、成岩作用类型、成岩改造程度等密切相关,是影响储层微观孔隙结构、储集空间的主要因素。

玛北地区百口泉组为扇三角洲沉积环境,储集岩以水进序列块状砂砾岩为主,发育于扇三角洲平原辫状河道和前缘水下分流河道微相,其次为河口坝的砂岩。砂砾岩平面的分区性主要表现在由于低孔、低渗砂砾岩储层非均质性较强,从储层孔隙度平面分布图(图 7.25)可知靠近物源方向的砂砾岩储层埋藏深度较浅,储层非均质性较小,平均孔隙度与最大孔隙度差别不大,但优质储层所占比例较低。在扇三角洲前缘地带,储层的非均质性较强,由于埋藏深度相对较大,平均孔隙度并不高,但是优质储层所占比例较高,是优质储层发育地带。优质储层主要分布于前缘砂砾岩和粗砂岩发育地带。在平原地带,平均孔隙度较低,但是由于埋藏较浅,在主河道也发育有少量优良储层。储层垂向上的分带性主要表现在(图 7.25)扇三角洲平原不同类型的砂砾岩储层孔隙度为 8%～11%,平均渗透率为 $0.5 \times 10^{-3} \sim 100 \times 10^{-3}$ μm²,储层非均质性较强;扇三角洲前缘孔隙度为 7%～15%,渗透率为 $0.5 \times 10^{-3} \sim 100 \times 10^{-3}$ μm²,相对于平原砂砾岩储层,前缘储层次生孔隙发育,是研究区的主要储集岩。

1. 玛北地区三叠系百口泉组储层含油性分析

玛北斜坡区三叠系百口泉组的新井与老井恢复试油已证实该区整体大面积含油。其中,玛 13 井 T_1b 日产油 2.9m³,日产气 0.521×10^4 m³;玛 131 井 T_1b 日产油 11.1m³(稳产工业油流)。

老井恢复试油主要有:风南 4 井、夏 7202 井、夏 72 井已获工业油流。新钻井有玛 132 井、玛 133 井、玛 134 井、夏 89 井、夏 90 井、玛 15 井、玛 16 井、玛 18 井等,均见良好油气显示。测井重新解释玛 3 井、玛 005 井、夏 81 井、夏 201 井,均为油层。

1)玛 131 井试油情况

玛 131 井的 T_1b_2,3186～3200m 井段,采用二级加砂压裂工艺,总用压裂液 714m³,加高强陶粒 70m³,改造裂缝长度达到了 191m,缝高 58m。到目前为止,地层欠液241.97m³ 未退出。压裂液为 19.63m³。3.5mm 油嘴,平均日产油 11.2m³;2.5mm 油嘴,平均日产油 7.5m³。原油密度为 0.8258g/cm³,黏度为 4.87mPa·s(50℃),目前试产 83天,累计产油 590m³(图 7.26)。

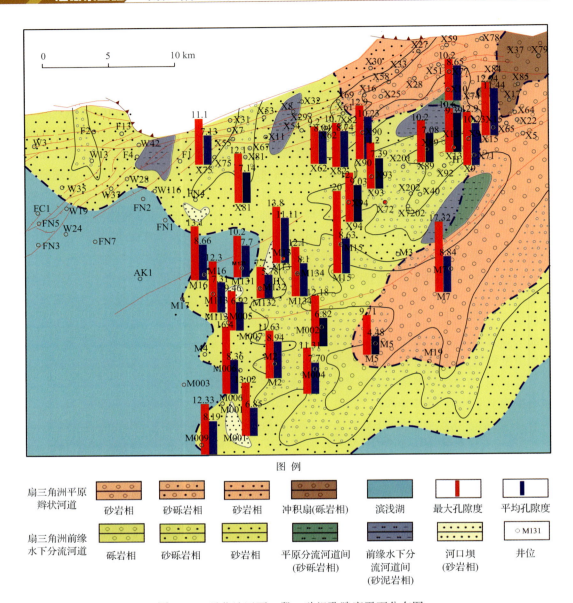

图 7.25　玛北地区百二段一砂组孔隙度平面分布图

2）夏 7202 井试油情况

夏 7202 井在 2675～2728m 试油，总用压裂液为 1334.4m³，加陶粒 188.5m³。截至 2012 年 10 月 19 日，抽汲日产油 9.64m³，累计产油 213.96m³。在 2754～2767m 井段试油，总用压裂液为 575.5m³，加陶粒 70m³。日产油 6.95t/d，累计产油 141.45t。上述两个油层有效厚度达到 44.9m（图 7.27）。

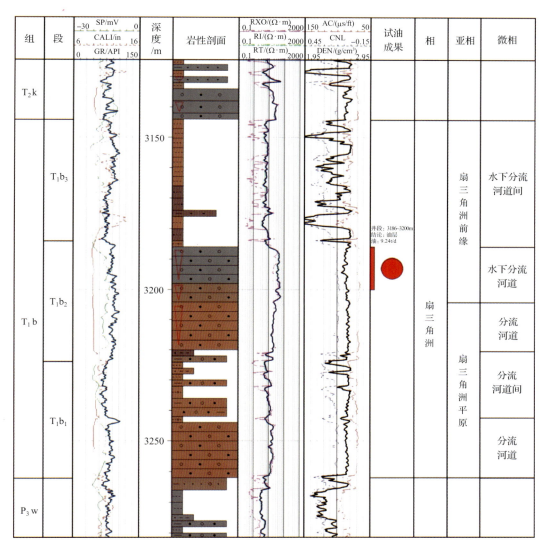

图7.26　玛131井三叠系百口泉组单井综合柱状图

3）风南4井老井恢复试油情况

风南4井在2540～2594m井段可见：①灰色荧光砂砾岩，荧光2%，暗黄色，弱发光。取获4颗荧光级壁心，其中在T_1b_2 2581m、2588m、2591m处取到荧光级壁心3颗，孔渗分析2581m孔隙度为6.4%，渗透率为0.135×10^{-3}μm^2，2588m孔隙度为7.7%，2591m孔隙度为7.5%。②气测显示（TG）：0.1193↑0.7585%，组分为nC_5。③测井解释：T_1b_3，油层2层为12.9m；T_1b_2，油层1层为7.1m（图7.28）。在风南4井老井恢复试油已获得工业油气流，在2550～2570m井段试油，日产油3.99t/d。在2580～2587m井段试油，日产油3.14t/d。

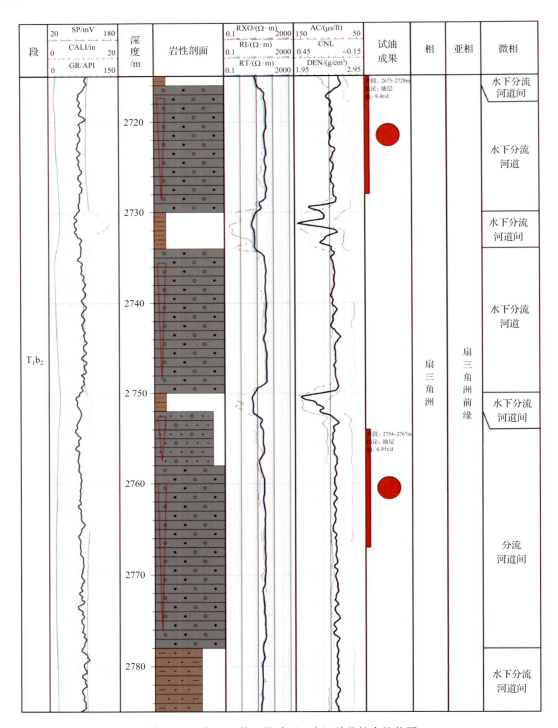

图 7.27 夏 7202 井三叠系百口泉组单井综合柱状图

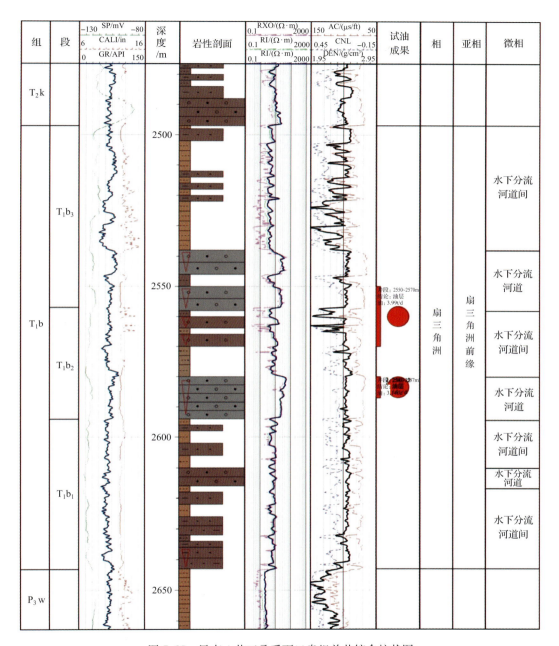

图 7.28　风南 4 井三叠系百口泉组单井综合柱状图

2. 玛北地区三叠系百口泉组有利储层分布区预测

通过对玛湖凹陷玛北地区三叠系百口泉组储集岩的岩性特征、成岩作用、孔隙类型及物性和孔喉特征分析,已经明确了玛北地区三叠系百口泉组储集岩的基本特征。玛北地区三叠系百口泉组优良储层(Ⅰ类储层)主要是发育于扇三角洲前缘亚相,包括扇三角洲前缘水下分流河道微相的灰色砂砾岩、河口坝和远砂坝的砂岩,该类储层由于沉积时水动力条件较为稳定,砂砾岩经过淘洗,杂基含量较低,压实作用对该类储层的影响较弱,粒间孔得到较好保存,并有利于溶蚀孔隙发育。玛北地区三叠系百口泉组较优质储层(Ⅱ类储层)主要是发育于扇三角洲前缘水下分流河道主河道微相的灰色砾岩、扇三角洲前缘水下分流河道末端的灰色砂岩、扇三角洲平原辫状河道的褐色砂砾岩。该类储层沉积时的水动力较强,但由于砾岩受水体淘洗作用相对较弱,结构成熟度较低,压实作用对储层物性的破坏较大,溶蚀作用不够发育,因而难以发育成优质储层。玛北地区三叠系百口泉组Ⅲ类储层的物性相对较差,主要是发育于扇三角洲平原环境的褐色水上泥石流砾岩、扇三角洲前缘环境的灰色水下泥石流砂砾岩、前扇三角洲环境的灰色粉砂岩。

结合前文对研究区沉积微相、储层特征、储层评价的结果,在上述分析的基础上,绘制了研究区百二段二砂组、百二段一砂组、百三段的有利储层分布图。其中百二段二砂组的储层主要是分布于该时期的扇三角洲平原(主河道)和扇三角洲前缘亚相(水下分流河道)相的褐色和灰色砂砾岩。其中最有利的优良储层主要是分布于夏72井、夏7202井、夏202井一带的扇三角洲前缘亚相的砂砾岩,玛13井、玛131井、玛132井至玛7井一带的扇三角洲前缘亚相砂砾岩,以及玛133井、玛003井至玛009井一带的扇三角洲前缘河口坝微相的中细粒砂岩(图7.29)。

百二段一砂组的储层也是主要分布于扇三角洲前缘亚相(水下分流河道)的灰色砂砾岩,其次是扇三角洲平原亚相(主河道)的褐色砂砾岩。其中最有利的优良储层主要是分布于夏9井-夏91井-夏72井一带和玛15井-玛132井一带的扇三角洲前缘亚相的砂砾岩,以及玛13井-玛131井-玛132井一带和玛006井以南的扇三角洲前缘亚相河口坝微相的中细粒砂岩(图7.30)。

百三段的有利储层分布区域已明显向东部退缩,其分布面积也有所减小,储层的分布范围与沉积微相关系密切。最有利的优良储层主要是分布于夏9井-夏201井-夏72井一带和玛5井以南的扇三角洲前缘亚相砂砾岩,以及夏94井、玛131-玛002井和玛004井以南的扇三角洲前缘亚相河口坝微相的中细粒砂岩(图7.31)。

7.2　百口泉组油气成藏条件及有利区分布

本书充分吸纳玛湖凹陷成藏方法研究成果,结合玛13井、玛18井百口泉组砂砾岩盐水包裹体测温-埋藏史/热史,分析玛湖凹陷三叠系百口泉组砂砾岩油气充注过程和成藏期次,并通过解剖玛北油田、玛6井区块、夏9井区块三叠系百口泉组油气成藏条件的前提下,结合现阶段钻探成果,总结玛湖凹陷玛北斜坡区百口泉组具有大面积含油的基本条件,提出玛湖凹陷三叠系百口泉组有利勘探区块。

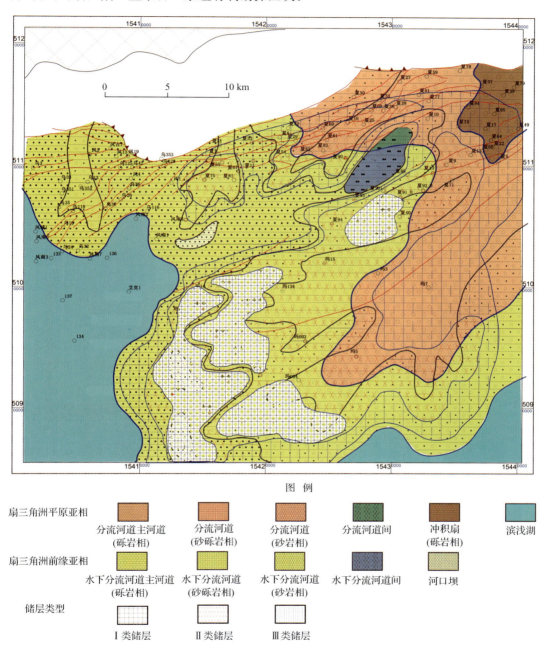

图 例

扇三角洲平原亚相

分流河道主河道
(砾岩相)　　　　分流河道
(砂砾岩相)　　　　分流河道
(砂岩相)　　　　分流河道间　　　冲积扇
(砾岩相)　　　　滨浅湖

扇三角洲前缘亚相

水下分流河道主河道
(砾岩相)　　水下分流河道
(砂砾岩相)　　水下分流河道
(砂岩相)　　水下分流河道间　　河口坝

储层类型

Ⅰ类储层　　　Ⅱ类储层　　　Ⅲ类储层

图 7.29　玛北地区百二段二砂组有利储层分布预测平面图

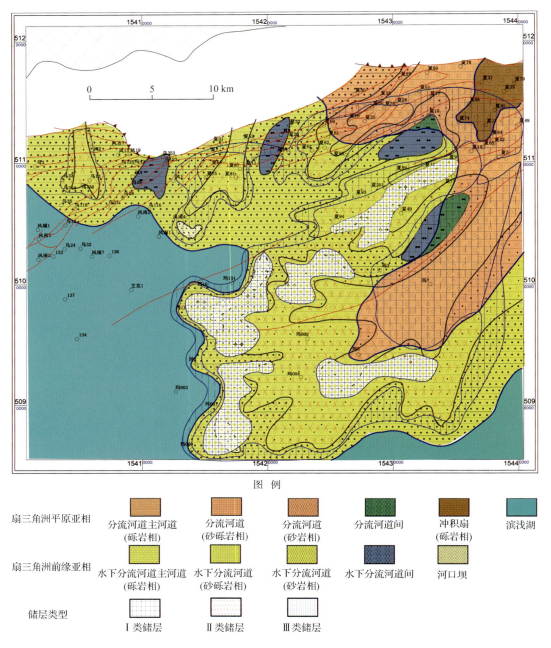

图 例

扇三角洲平原亚相　　分流河道主河道　　分流河道　　　分流河道　　　分流河道间　　冲积扇　　　滨浅湖
　　　　　　　　　　（砾岩相）　　　（砂砾岩相）　（砂岩相）　　　　　　　　　（砾岩相）

扇三角洲前缘亚相　　水下分流河道主河道　水下分流河道　水下分流河道　水下分流河道间　河口坝
　　　　　　　　　　（砾岩相）　　　（砂砾岩相）　（砂岩相）

储层类型　　　　　　　Ⅰ类储层　　　　Ⅱ类储层　　　Ⅲ类储层

图 7.30　玛北地区百二段一砂组有利储层分布预测平面图

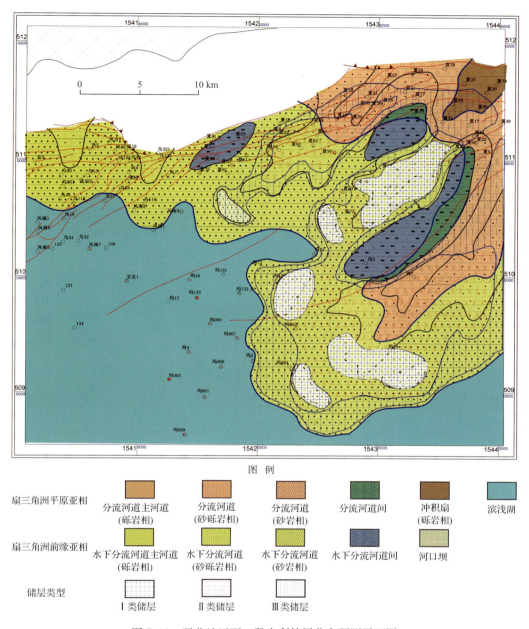

图 7.31 玛北地区百三段有利储层分布预测平面图

7.2.1 三叠系百口泉组油气充注过程

针对玛北地区百口泉组样品，通过成岩观察识别流体包裹体在成岩矿物中的产状、分布位置及其交切关系，在此基础上对不同成岩序次中所捕获的流体包裹体进行显微荧光观察和均一温度测试，进而进行油气充注成藏期次的划分。油气包裹体的成岩序次观察和显微荧光观察识别出研究区百口泉组存在两期油气充注。

玛北地区百口泉组总体上微观油气显示丰富,在多种产状中见到发不同荧光颜色油包裹体,早期形成的砂砾岩颗粒边缘及杂基发黄绿色荧光(图7.32),不等粒粗砂岩粒间充填轻质油(图7.32),夏90井砂砾岩颗粒内黄色荧光包裹体呈蜂窝状产出,指示早期发生的成熟油充注,随着成岩作用的持续发生,砂砾岩颗粒边缘可见到蓝白色荧光包裹体和褐色荧光的烃类(图7.32),指明晚期存在成熟-高成熟油充注。

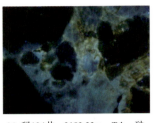

(a) 玛134井,3193.33m,T₁b,砂砾岩颗粒边缘及杂基发黄绿色荧光显示,少量杂基发褐色荧光显示(具两期成藏特点)

(b) 玛006,3407.37m,T₁b,不等粒粗砂岩粒间充填轻质油,颗粒边缘常见沥青质残余(具有两期成藏特点)

(c) 玛13井,3106.07m,×50,砂岩粒间孔有两种颜色荧光,发生了两期油气充注

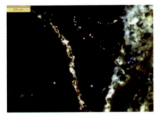
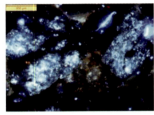
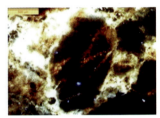

(d) 夏75井,T₁b,早侏罗世黄色荧光包裹体

(e) 达9,T₁b,早白垩世蓝白色荧光包裹体

(f) 玛131,T₁b,3186m,×10,发橘色、褐色荧光的烃类与发黄色荧光的烃类共存

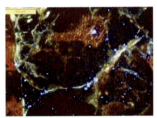
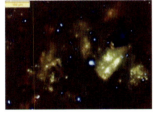

(g) 玛131,T₁b,3186m,×10,发橘色、褐色荧光的烃类与发黄色荧光的烃类共存

(h) 夏90,T₁b,2612.4~2602.22m,×10,颗粒内包裹体呈蜂窝状产出,发黄色荧光

(i) 夏盐2,T₁b,4347~4351m,×5,长石颗粒被油气浸染,发黄色荧光

图7.32 玛湖凹陷百口泉组典型流体包裹体显微荧光现象照片

成岩序次观察和显微荧光观察表明,玛北地区百口泉在成岩作用早期及成岩作用晚期均存在较为活跃的油充注,且早期以成熟油(黄色荧光)充注为主,晚期以高成熟油(蓝白色荧光)充注为主(齐雯等,2015);相对而言,早白垩世烃类充注形成的黄色荧光游离烃及包裹体在斜坡区百口泉组储层中普遍发育,反映了该期烃类充注范围较广、强度也较大。

在成岩序次观察和显微荧光观察的基础上,对不同产状中捕获的油包裹体及同期盐水包裹体进行显微测温分析。玛13井、玛18井百口泉组砂砾岩盐水包裹体测温-埋藏史/热史演化数据表明,该区存在两期盐水包裹体,其均一温度分别为 70～90℃和 100～120℃(图 7.33),它们指示了两期油气充注,分别对应早侏罗世和早白垩世(图 7.34),即玛湖凹陷北斜坡区三叠系百口泉组经历了早侏罗世和早白垩世两期油气充注成藏过程。

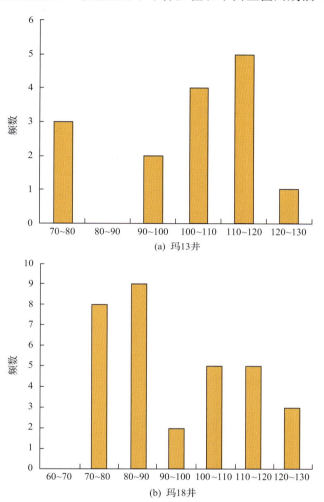

(a) 玛13井

(b) 玛18井

图 7.33　玛 13 井与玛 18 井油包裹体及同期盐水包裹体均一温度分布直方图

7.2.2　三叠系百口泉组油气成藏条件

在深入解剖玛北油田、玛 6 井区块、夏 9 井区块三叠系百口泉组油藏的前提下,结合现阶段钻探成果,分析认为玛湖凹陷玛北斜坡三叠系百口泉组具有大面积含油的基本条件:①三面遮挡为大面积成藏提供宏观的成藏背景;②良好的顶底板为大面积成藏提供了有效的储盖组合;③构造平缓、储层致密、底水不活跃为大面积成藏创造了基本条件(匡立春等,2014)。

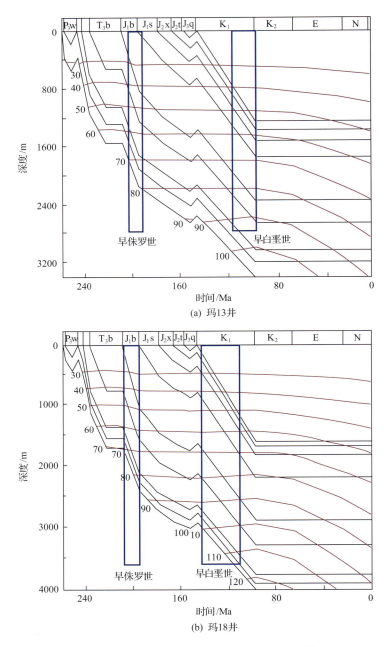

图 7.34　玛 13 井与玛 18 井埋藏史/热史演化剖面

1. 三面遮挡为大面积成藏提供宏观的成藏背景

　　玛北斜坡区北侧为乌-夏断裂带，东侧为受扇三角洲平原亚相控制的致密砂砾岩，西南侧为湖相泥岩带，形成了三面遮挡的封闭条件，为玛北斜坡区油气成藏提供了宏观的成藏背景(图 1.8 和图 7.35)。

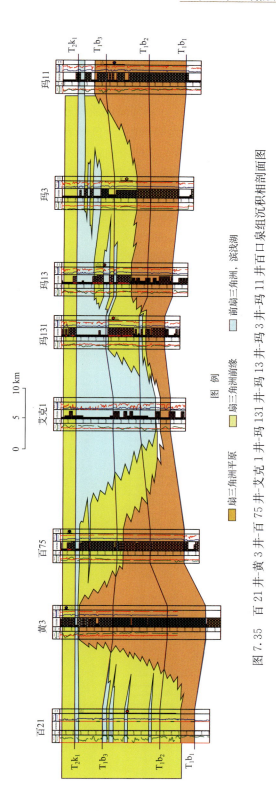

图 7.35　百 21 井-黄 3 井-百 75 井-艾克 1 井-玛 131 井-玛 13 井-玛 3 井-玛 11 井百口泉组沉积相剖面图

2. 良好的顶底板为大面积成藏提供了有效的储盖组合

玛北斜坡区百口泉组具有典型的扇三角洲沉积特征,相带对储层质量的影响明显。在黄羊泉及夏子街物源的整体影响下,扇三角洲前缘水下分流河道微相对水下灰绿色砂砾岩储层的展布起到重要的控制作用,在这一相带储层质量较高,形成良好的储层。百二段下部与百一段为扇三角洲平原亚相,多为棕褐色、杂色砾岩,富砾贫砂,泥质杂基较多,物性相对较差,为致密层;而百三段顶部主要为扇间及湖相泥岩,可以作为区域性盖层,为玛北斜坡区油气大面积成藏提供有效的储盖组合(图1.9和图7.36)。

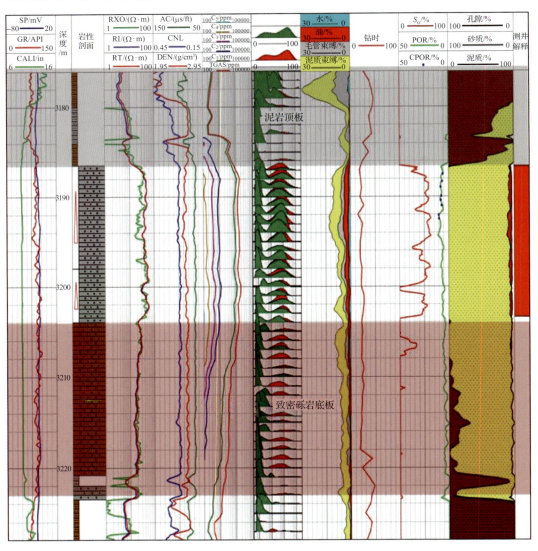

图 7.36　玛 131 井三叠系百口泉组储盖组合图

3. 构造平缓、储层致密、底水不活跃为大面积成藏创造了基本条件

玛北斜坡区北接乌-夏断裂带,构造格局形成于白垩纪早期,构造较为简单,基本表现为东南倾的平缓单斜,地层倾角约为 4.3°,局部发育低幅度平台、背斜或鼻状构造,断裂较少(图 7.37)。

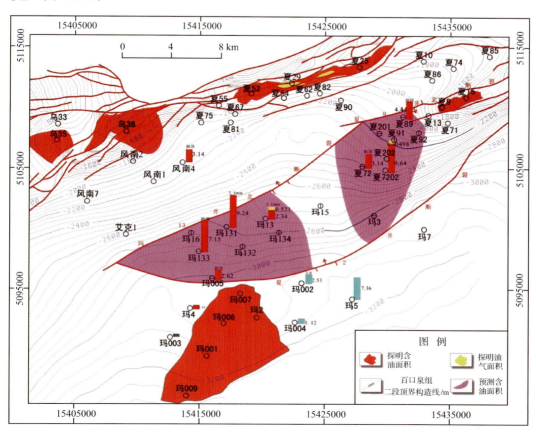

图 7.37　玛北斜坡区百口泉组二段顶界构造图

玛北斜坡区百一段 98 块样品分析结果表明,孔隙度为 3.9% ～ 13.8%,平均为 8.01%;89 块样品分析渗透率为 $0.018 \times 10^{-3} \sim 28.8 \times 10^{-3} \, \mu m^2$,平均为 $0.93 \times 10^{-3} \, \mu m^2$。百二段 70 块样品分析结果表明,储层孔隙度为 6.8% ～ 13.8%,平均为 9.01%;62 块样品分析储层渗透率为 $0.093 \times 10^{-3} \sim 28.8 \times 10^{-3} \, \mu m^2$,平均为 $1.28 \times 10^{-3} \, \mu m^2$,玛 131 井试油出油段(3186～3200m)岩性密度达到 $2.58 g/cm^3$,岩性致密,均属低孔隙度、低渗透率储层。

从玛北斜坡区已钻井试油结果来看,该区百口泉组油层在纵向上百三段、百二段、百一段均有分布,横向上百二段油层大面积分布,且试油过程中均未见明显的含水特征,说明该区底水不发育(表 7.3)。

表 7.3　玛北斜坡区百口泉组试油成果表

井号	层位	试油井段/m	求产方法	增产措施	日产油/t	日产气/m³	累产油/t	试油结果
玛001	T_1b_1	3525~3536	自喷		17.21		208.79	油层
	T_1b_2	3458~3474	抽汲	压裂	5.53		114.06	油层
玛2	T_1b_1	3462~3473	自喷		12.54	3080	217.68	油层
	T_1b_2	3442~3449	自喷	压裂	13.25	2450	179.28	油层
	T_1b_2	3414~3449	自喷	压裂	12.84	2470	350.43	油层
玛6	T_1b_1	3871~3880	自喷	压裂	6.02		122.59	油层
	T_1b_2	3814~3836	自喷	压裂	6.06	1360	187.86	油层
	T_1b_3	3792~3798	测液面	压裂				干层
玛13	T_1b_2	3106~3129	抽汲	压裂	2.34	5210	114.77	含油层
玛131	T_1b_2	3186~3200	自喷	压裂	9.24		491.36	油层
玛133	T_1b_2	3299~3313	抽汲	压裂	6.96		352.54	油层
玛3	T_1b_2	3200~3216		压裂				干层
夏9	T_1b_3	2010.4~2062.4	自喷	压裂	5.15	840	75.74	油层
夏7202	T_1b_2	2754~2767	抽汲	压裂	6.95		141.45	油层
	T_1b_3	2675~2728	自喷	压裂	7.37	2030	358.05	油层
风南4	T_1b_2	2580~2587	抽汲	压裂	3.14		81.3	油层
	T_1b_2	2550~2570	抽汲	压裂	3.99		113.02	油层

综上所述,三面遮挡的宏观成藏背景、良好的顶底板条件及构造平缓、储层致密、底水不活跃等诸多有利因素,为玛北斜坡三叠系百口泉组大面积成藏创造了基本条件。

7.2.3　百口泉组油气成藏主控因素分析

玛北斜坡处于准噶尔盆地二级构造单元西部隆起与玛湖凹陷的过渡带,该区受区域构造条件和沉积条件所限,断裂较少。三叠纪时期,该区发生多次水进水退,形成了砂泥岩互层的储盖组合类型,所形成的油藏也往往与岩性有关,多为构造岩性油藏(赵白,1979,1992;蔡忠贤等,2000;陈新等,2002)。结合现有勘探认识,分析认为古构造坡折带、深大断裂体系、有利沉积相带展布是百口泉组油藏的主要控制因素。

1. 古构造坡折带的控制作用

古构造研究表明,玛湖凹陷构造演化与西准噶尔造山带发展息息相关。早二叠世初期,西准噶尔褶皱带强烈隆升并向准噶尔地块冲断推覆,在造山带前缘与地块缝合带附近形成大型前陆盆地,其前缘位于现今玛湖凹陷,盆地拗隆格局已初具规模。早二叠世晚期,构造运动相对减弱,继承前期构造格局,沉降中心向东迁移,盆地内部拗隆格局基本被填平,统一的沉积基地形成。早印支运动使盆地整体抬升,随后均匀沉降,统一接受三叠纪沉积,抬升挤压作用不明显,盆地内部及周缘构造活动较为平静,沉积连续,层序完整;侏罗世时期,盆地继承三叠系构造格局,继续均匀沉降,构造活动相对较弱(陈发景等,

2005；邢强等，2008；郭华军和刘庆成，2008）；中晚侏罗世时期，受印支造山期塌陷作用的影响，本区处于伸展构造背景，盆地基地整体沉降（图 7.38）。

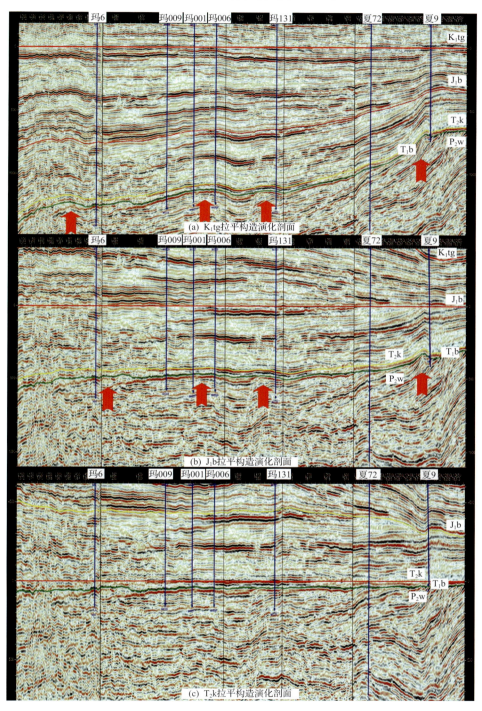

图 7.38　玛 6 井-玛 009 井-玛 001 井-玛 006 井-玛 131 井-夏 72 井-夏 9 井构造演化剖面

　　三叠系沉积完成后,特别是白碱滩组泥岩覆盖后,区域保存条件良好,古地貌平缓,玛湖背斜、玛北背斜及夏子街鼻隆隆升微弱,初具形态。上部地层尚未沉积,地层尚未压实,孔隙保存良好;下部深大断裂体系已经存在,油源条件良好,玛湖斜坡区三叠系可能大范围成藏。晚三叠世—早白垩世,区域内构造格局发生改变,玛湖背斜、玛北背斜及夏子街鼻隆隆升明显,形成大型背斜与鼻状构造,主要发育有三大正向构造单元:①玛纳斯湖古长轴鼻隆区;②玛北油田古背斜区;③玛13井古鼻隆区。玛纳斯湖古长轴鼻隆为南西-北东向构造,南宽北窄,南部最高,且为背斜构造。油气向这些正向构造单元聚集,可能形成大面积高丰度构造油藏,形成大型油气聚集区。

　　玛北斜坡百口泉组末期古地貌三维可视化图显示(图7.39),在百口泉组沉积末期,研究区受两大坡折带的控制,玛北地区东西向可分为夏子街、风南两大复合扇体,夏子街主扇南北又可分为夏9井、夏72井区与玛13井区三大次扇,在这些扇体冲刷下形成了一系列古背斜、古隆起及低势谷地,这些古地貌影响着扇体的展布和相带的分布。从连井砂体对比来看(图7.40),风南扇的风南4井百二段及百三段砂体发育,夏子街扇玛131井区百口泉组三段均有砂体发育。另外从目前试油情况来看,位于两个坡折带之间的玛131井、夏72井、夏7202井等试油普遍见到工业油流,也说明了坡折带具有明显的控砂、控藏作用。

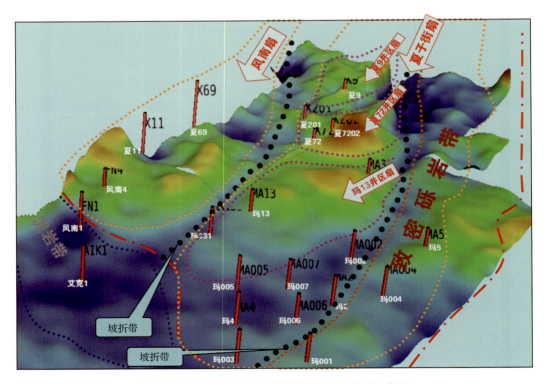

图7.39　玛北地区百口泉末期古地貌三维可视化图

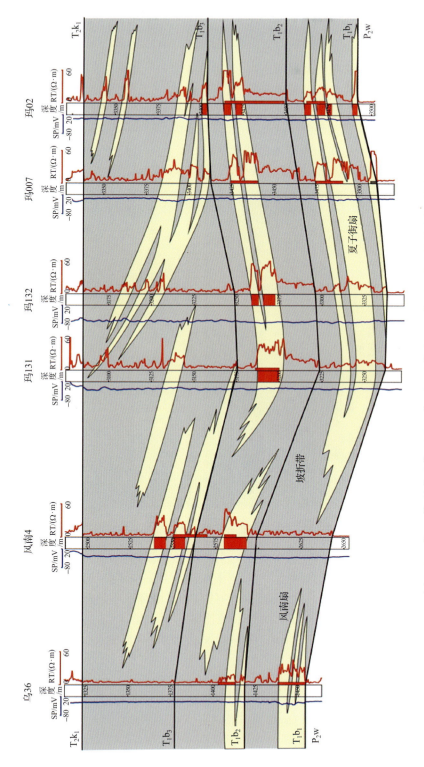

图 7.40　乌 36 井-风南 4 井-玛 131 井-玛 132 井-玛 007 井-玛 2 井百口泉砂体对比图

　　玛湖烃源岩研究表明,玛湖凹陷生烃主要时期为白垩纪沉积时期。根据玛北斜坡白垩纪沉积前的三叠系古构造研究,在主要生烃期,玛北斜坡三叠系已经形成了一系列鼻隆区和背斜区,主要有玛纳斯长轴鼻隆区、玛北油田背斜区和玛131井鼻隆区(图7.41)。这些古背斜和鼻隆均处于玛湖凹陷生烃的运移指向区,是形成大型油气聚集区的有利条件。玛纳斯湖长轴古鼻隆为南西-北东向构造,南宽北窄,南部最高,且为背斜构造,玛6井区处在古鼻隆北翼,白垩纪晚期地层掀斜,油气向北调整,玛6井区位置有利,钻探证实该区已经成藏。玛北油田古背斜区与现今宽缓平台区近似重合,后期掀斜,玛006井区现今仍存在局部小背斜形态,油气向北调整,但玛北油田仍保存部分原生油藏。玛131井位于古鼻隆区倾末段,已经成藏,构造高部位的夏72井、风南4井三叠系百口泉组恢复试油均见工业油流。

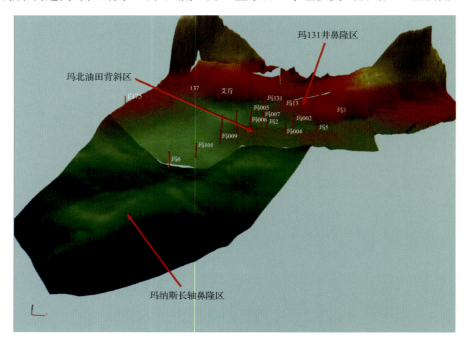

图7.41　玛6井-玛13井区白垩系沉积前百口泉组顶界古构造图

　　玛北斜坡现今构造较为简单,基本表现为东南倾的平缓单斜,受后期乌-夏断裂带抬升影响,古构造向北掀斜形成宽缓平台。构造形态上玛131井区块三叠系百口泉组为夏2井断裂、玛13井北断裂、夏9井北断裂控制的低幅度宽缓鼻状构造形成的断凸带,断凸带呈北东-南西走向。玛湖古构造带对油气聚集控制作用明显,目前已在二叠系风城组、乌尔禾组、三叠系百口泉组、克拉玛依组、侏罗系八道湾组聚集成藏,区域已发现三级石油地质储量 7954×10^4 t。

2. 深大断裂体系的控制作用

　　断裂在形成早期往往作为油气运移的有效通道。玛湖凹陷西斜坡断裂体系活动期具有从凹陷中心向外地质年代逐渐变新的趋势。从准噶尔盆地玛湖凹陷二叠系断裂分级图看(图7.42),石炭纪及早二叠纪,现今的玛湖凹陷中心断裂活动比较明显,主要在玛6井-

玛 2 井区附近,断裂主要在石炭系内部或石炭系至早佳木河组;中晚二叠纪,断裂活动主要发育在现在的斜坡区,特别是玛北斜坡区,发育较大规模的断裂,断裂主要发育在二叠系内地层中;至三叠纪,较大的断裂活动主要发生在山前造山带附近,对斜坡区影响较小。

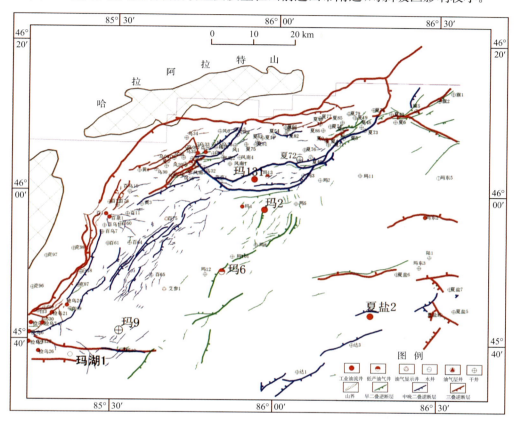

图 7.42　准噶尔盆地玛湖凹陷二叠系断裂分级图

玛湖凹陷深大断裂体系对玛湖凹陷控藏作用显著,共有四大深层断裂体系,自南向北分别为:玛湖深大断裂体系、玛北油田深大断裂体系、夏 72 井区深大断裂体系和夏 9 井区深大断裂体系(图 7.43)。这些断裂体系向下断至石炭系,向上断至二叠系顶部,佳木河组、风城组及乌尔禾组成熟-过成熟油气通过深大断裂体系,多期次向上沿断裂及不整合面运移,在背斜与鼻状构造带聚集成藏,玛北斜坡正好处于该断裂体系上方(陈永波等,2015)。二叠纪末期强烈的构造抬升运动造成的大型角度不整合在区内广泛分布,为油气运移提供了有利的条件。

玛北斜坡具备良好的烃源岩及大面积沟通条件,沿玛 6 井-玛 001 井-玛 13 井-夏 72 井-夏 9 井形成多个构造台阶并逐级抬升,油源断裂发育,油气沿三叠系与二叠系不整合面运移,成带聚集(图 7.44)。

3. 沉积相带的控制作用

通过对玛北斜坡相邻玛 6 井区块、玛北油田、夏 9 井区块三叠系百口泉组沉积特征的

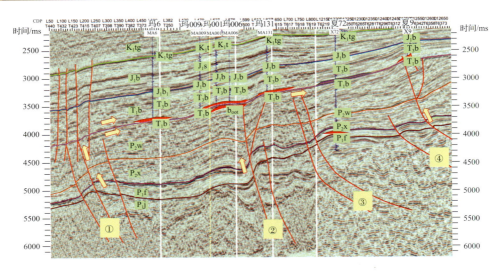

图 7.43 玛 6 井-玛 009 井-玛 001 井-玛 006 井-玛 131 井-夏 72 井-夏 9 井连井地震地质解释剖面

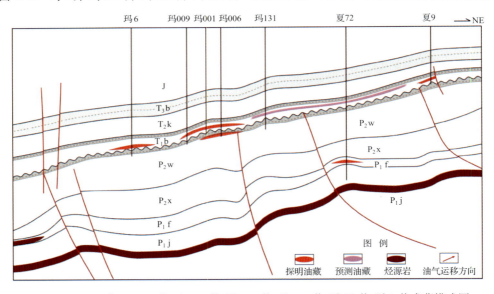

图 7.44 玛 6 井-玛 009 井-玛 001 井-玛 006 井-玛 131 井-夏 72 井-夏 9 井成藏模式图

深入研究,结合玛北斜坡新老钻井沉积相的研究,玛北斜坡百口泉组具有典型的扇三角洲沉积特征。根据研究区沉积特征,百口泉组发育扇三角洲平原和扇三角洲前缘亚相,其中扇三角平原相是扇三角洲的水上部分,具有冲积扇沉积特点,发育褐色细砾岩、砂砾岩、含砾细砂岩和泥岩,砂砾岩厚度几米至十几米。测井曲线上,砂砾岩自然电位与电阻率曲线组合为箱形。平原上的河道沉积是洪水期携带大量沉积物的洪水冲积扇面所形成的,是一种季节性的河道,河道不断交切、聚散。河道内沉积褐色细砾岩、砂砾岩和含砾砂岩,河道间沉积主要为褐色不等厚泥岩,偶尔在泥岩中也见砾岩或砂岩夹层。前扇三角洲亚相与湖泊相沉积物性岩性基本一致,以泥岩为主,夹泥质细砂岩、粉砂岩;层理构造不发育,多呈块状;测井曲线上,自然电位曲线一般呈低幅齿状(图 7.45)。

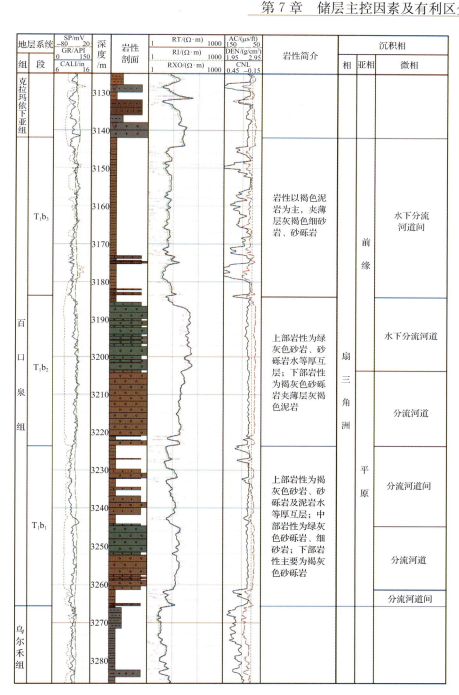

图 7.45　玛 131 井三叠系百口泉组沉积相图

　　玛北斜坡百口泉组时期表现出一个明显的南西-北东水进退积的旋回特征,而在内部则发育多期旋回特征(图 7.46 和图 7.47),整体上从玛北油田百一段扇三洲前缘砂砾岩逐渐退积,到夏 13 井区百一段完全为扇三洲平原砂砾岩沉积,仅在百二段顶及百三段见扇三洲前缘的沉积砂砾岩,前扇三角洲及湖相泥沉积范围不断扩大,形成了较大范围的有效盖层,为油气的保存提供了必要条件。另外湖侵造成湖水升高,造成百二段顶部灰色砂砾岩沉积时经受了较强的淘洗,泥质岩屑和泥质杂基含量有所降低。目前已发现的储量均

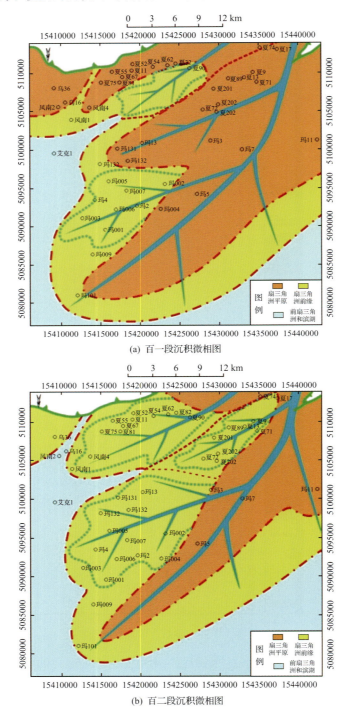

(a) 百一段沉积微相图

(b) 百二段沉积微相图

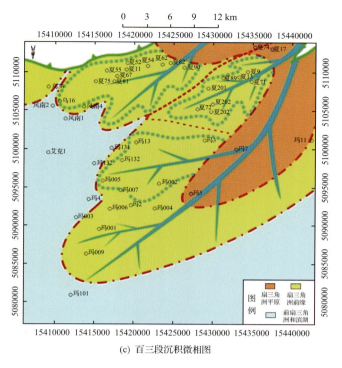

(c) 百三段沉积微相图

图 7.46　玛北斜坡区三叠系百口泉组各段沉积微相平面图

落在扇三角洲前缘区域,也证明了前缘亚相是有利的勘探相带。老井复查在风南 4 井、夏72 井等井试油均见工业油流,进一步证实了前缘亚相是有利的沉积相带。沉积相带控制该区砂体的展布,通过连井砂体及沉积相研究,该区夏子街扇百口泉组二段砂体分布稳定,呈拼合板状特征,具有大面积分布的特征。百口泉组三段砂体在夏子街地区发育,但主要呈叠置连片进积特征分布,玛 13 井区百三段砂体欠发育。

　　另外,从地震属性反演资料来看,这种特征也非常明显,高阻抗的砂砾岩在百二段明显连续性优于百三段砾岩,而且百三段砂砾岩具有分区分带的明显特征。从连井及反演剖面来看,夏 72 井-夏 13 井区百三段比较发育,玛 131 井区相对不发育(图 7.48)。通过对该区多井四性关系图研究,百口泉组,特别是百口泉组二段扇三角洲前缘亚相沉积的灰绿色砂砾岩物性明显好于其他层段扇三角洲平原亚相的褐色砂砾岩。另外从电性上看,百二段上部灰绿色砂砾岩电阻明显高于下部褐色的砂砾岩;从岩心荧光薄片观察来看,高阻特征主要是石油充注造成的;从扫描电镜资料来看,百二段顶部灰色砂砾岩储层长石和岩屑颗粒发生强烈溶蚀,后期伴随生成高岭石的存在证据,也表明孔隙中存在酸性流体活动和油气充注;从物性来看(图 7.49),前缘亚相高阻段物性平均为 8.15%,渗透率为 $0.48 \times 10^{-3} \, \mu m^2$,均好于低阻扇三洲平原相带的砂砾岩储层。

　　扇三角洲平原距离物源较近,主要为水上沉积,未经湖水淘洗,杂基含量偏高导致储层比较致密。而扇三角洲前缘的砂砾岩,距离物源距离适中,为水下沉积,储层得到水体多次冲刷,杂基含量所占比例减少,储层物性明显变好(图 7.50)。

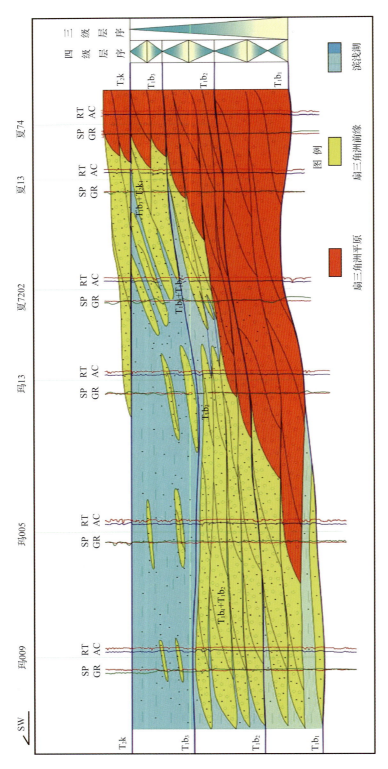

图 7.47 玛北斜坡三叠系百口泉组沉积序列模式图

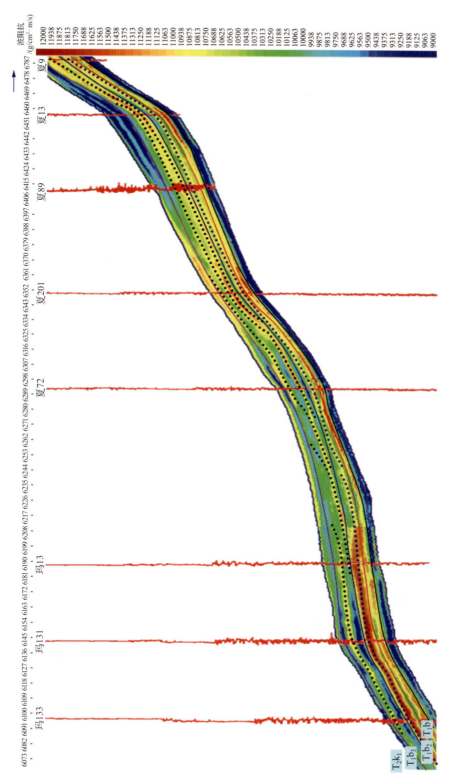

图 7.48　玛 133 井-玛 131 井-玛 13 井-夏 72 井-夏 201 井-夏 89 井-夏 13 井地震反演剖面

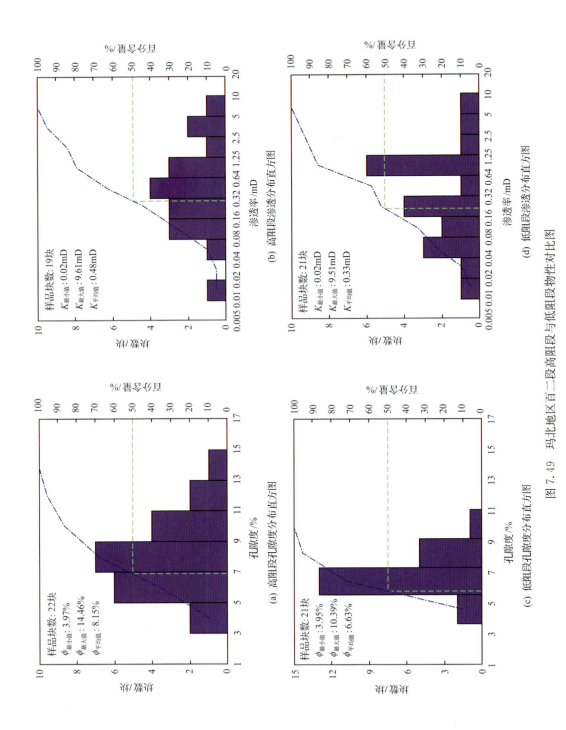

图 7.49 玛北地区百二段高阻段与低阻段物性对比图

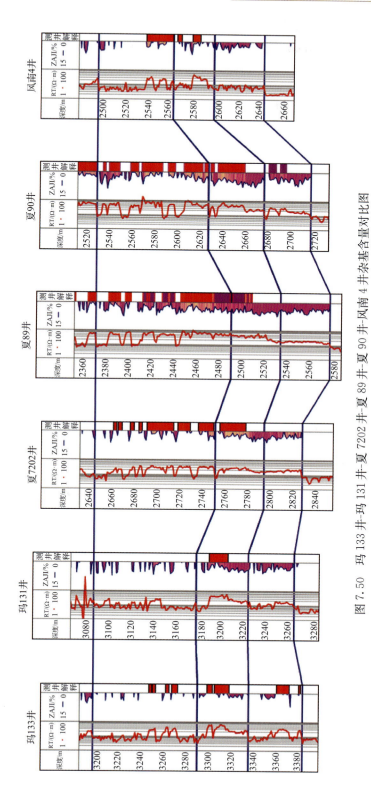

图 7.50　玛 133 井-玛 131 井-夏 7202 井-夏 89 井-夏 90 井-风南 4 井杂基含量对比图

ZAJI 表示杂基含量

另外,埋藏较浅时,压实作用较弱,平原水道和前缘水道物性相差不大;埋藏较深时,压实作用强烈,前缘水道砂体由于泥质含量少,抗压能力强,物性好于平原水道砂体。水下灰绿色砂砾岩储层质量好于水上杂色、褐色砂砾岩。

通过对玛北斜坡百口泉组已知油藏和新钻井分析,该区储层的含油性主要受物性控制,通过对该区钻遇百口泉组有显示的井的含油性与物性交汇图,明显可以看出物性越好,含油性就越好(图7.51)。

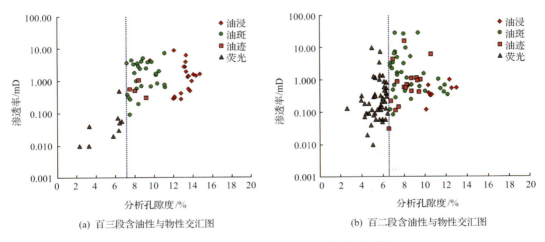

(a) 百三段含油性与物性交汇图   (b) 百二段含油性与物性交汇图

图7.51 玛北斜坡储层含油性与物性交汇图

在夏子街物源的整体影响下,扇三角洲前缘有利相带对水下沉积的灰绿色砂砾岩储层的展布起控制作用,该相带储层质量较好。玛131井、玛133井、夏7202井出油层均为百二段上部储层。百二段下部与百一段为扇三角洲平原亚相,多为棕褐色、杂色砾岩,富砾贫砂,泥质杂基较多,物性相对较差,为致密层。

现有勘探成果表明,玛北地区百口泉组油气藏大都集中在扇三角洲前缘亚相,百二段沉积期,湖侵造成湖面升高,使百二段顶部灰色砂砾岩沉积时经受了较强的淘洗,泥质岩屑和泥质杂基含量有所降低,物性相对较好。目前已发现的储量基本落在扇三角洲前缘区域,也证明了前缘亚相是有利的勘探相带。同时老井复查,风南4井、夏7202井、夏72井老井恢复试油获得稳定工业油流,进一步证实了扇三角洲前缘亚相为有利沉积相带。

7.2.4 玛湖凹陷三叠系百口泉组有利勘探区预测

通过对玛湖凹陷三叠系百口泉组优质储集岩主控因素分析,玛北地区三叠系百口泉组成藏条件和成藏控制因素探讨,结合玛湖凹陷构造演化背景、三叠系百口泉组沉积相空间分布及石油地质条件,对环玛湖凹陷三叠系百口泉组有利储层分布区进行预测,绘制了研究区百二段(图7.52)、百一段有利区分布预测图(图7.53)。

Ⅰ类有利区主要发育于扇三角洲前缘亚相,包括扇三角洲前缘水下分流河道微相的灰色砂砾岩和灰色砾岩。该区由于沉积时水动力条件较为稳定,砂砾岩经过淘洗,杂基含量较低,压实作用对该类储层的影响较弱,粒间孔得到较好保存,并有利于溶蚀孔隙发育,因此储层物性较好。此外,该区紧邻玛湖凹陷,储集砂砾岩上部常发育滨浅湖相泥岩,具有良好的储盖组合条件。

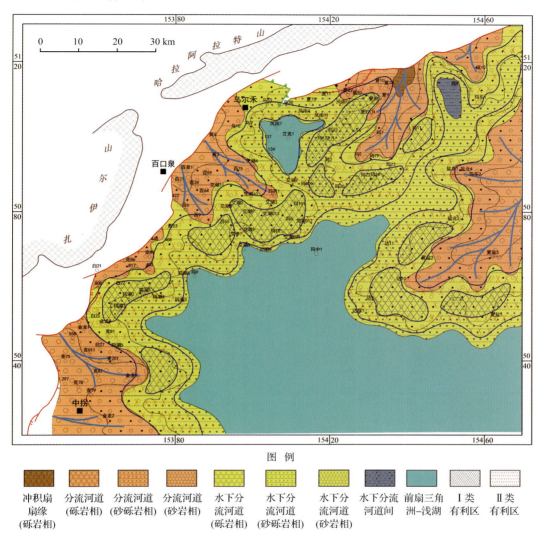

图例

| 冲积扇扇缘(砾岩相) | 分流河道(砾岩相) | 分流河道(砂砾岩相) | 分流河道(砂岩相) | 水下分流河道(砾岩相) | 水下分流河道(砂砾岩相) | 水下分流河道(砂岩相) | 水下分流河道间 | 前扇三角洲-浅湖 | Ⅰ类有利区 | Ⅱ类有利区 |

图 7.52　玛湖凹陷百二段有利区分布预测平面图

　　Ⅱ类有利区主要分布于扇三角洲前缘水下分流河道主河道微相的灰色砾岩、扇三角洲前缘水下分流河道末端的灰色砂岩、扇三角洲平原辫状河道的褐色砂砾岩。该类地区储层形成于水动力条件变化较大的沉积环境,由于该区碎屑颗粒(砾石和砂)受水体淘洗作用相对较弱,结构成熟度较低,储层中泥质或钙质填隙物含量略高,压实作用和胶结作用对储层物性的破坏较大,溶蚀作用不够发育,因而难以发育成优质储层。由于该区紧邻Ⅰ类有利区,具有较好的油气成藏条件。该区储层虽然物性条件不是很好,但是经过改造后也常常可获稳定的工业油流,成为玛湖凹陷百口泉组大面积含油扇体的重要组成部分。

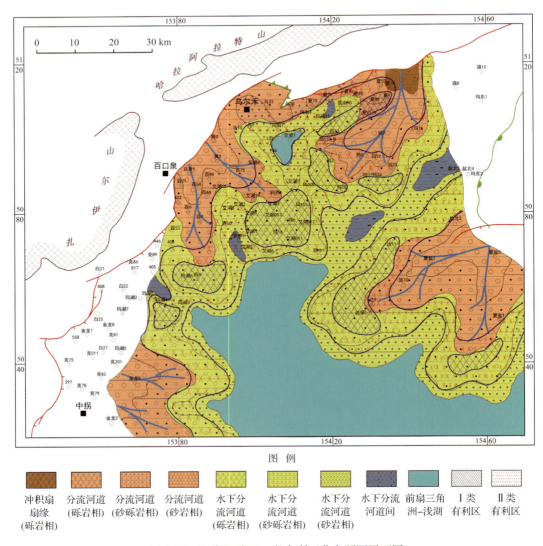

图例

冲积扇扇缘(砾岩相)	分流河道(砾岩相)	分流河道(砂砾岩相)	分流河道(砂岩相)	水下分流河道(砾岩相)	水下分流河道(砂砾岩相)	水下分流河道(砂岩相)	水下分流河道间	前扇三角洲-浅湖	I类有利区	II类有利区

图 7.53 玛湖凹陷百一段有利区分布预测平面图

参 考 文 献

蔡忠贤，陈发景，贾振远. 2000. 准噶尔盆地的类型和构造演化. 地学前缘，7(4)：431-440.

曹宏，姚逢昌，宋新民，等. 1999. 小拐油田夏子街组冲积扇沉积微相. 石油与天然气地质，20(1)：62-66.

曹辉兰，华仁民，纪友亮，等. 2001. 扇三角洲砂砾岩储层沉积特征及与储层物性的关系——以罗家油田沙四段砂砾岩体为例. 高校地质学报，7(2)：222-229.

曹耀华，赖志云，刘怀波，等. 1990. 沉积模拟实验的历史现状及发展趋势. 沉积学报，8(1)：143-146.

陈发景，汪新文，汪新伟. 2005. 准噶尔盆地的原型和构造演化. 地学前缘，12(3)：77-89.

陈欢庆，舒治睿，林春燕，等. 2014. 粒度分析在砾岩储层沉积环境研究中的应用——以准噶尔盆地西北缘某区克下组冲积扇储层为例. 西安石油大学学报(自然科学版)，29(6)：6-12.

陈建平，查明，柳广弟，等. 2000. 准噶尔盆地西北缘斜坡区不整合面在油气成藏中的作用. 石油大学学报(自然科学版)，24(4)：75-78.

陈新，卢华复，舒良树，等. 2002. 准噶尔盆地构造演化分析新进展. 高校地质学报，8(3)：257-267.

陈永波，潘建国，张寒，等. 2015. 准噶尔盆地玛湖凹陷斜坡区断裂演化特征及对三叠系百口泉组成藏意义. 天然气地球科学，26(S1)：11-24.

邓宏文. 1995. 美国层序地层研究中的新学派——高分辨率层序地层学. 石油与天然气地质，16(2)：89-97.

邓宏文，王红亮，宁宁. 2000. 沉积物体积分配原理——高分辨率层序地层学的理论基础. 地学前缘，7(4)：305-313.

耳闯，王英民，刘豪，等. 2008. 准噶尔盆地克-百地区中二叠统坡折带与岩性地层圈闭的关系. 高校地质学报，14(02)：147-156.

方少仙，侯方浩，孙逢育，等. 1993. 百色盆地田东拗陷第三系砂岩成岩作用与孔隙演化研究. 天然气工业，13(1)：32-41.

方世虎，郭召杰，张志诚，等. 2004. 准噶尔盆地中生代演化的地层学和沉积学证据. 高校地质学报，10(4)：554-561.

冯建伟，戴俊生，葛盛权. 2008. 准噶尔盆地乌夏断裂带构造演化及油气聚集. 中国石油大学学报(自然科学版)，32(3)：23-29.

冯有良，张义杰，王瑞菊，等. 2011. 准噶尔盆地西北缘风城组白云岩成因及油气富集因素. 石油勘探与开发，38(6)：685-692

冯增昭，何幼斌，吴胜和. 1993. 中下扬子地区二叠纪岩相古地理. 沉积学报，11(3)：13-24.

冯子辉，印长海，陆加敏，等. 2013. 致密砂砾岩气形成主控因素与富集规律——以松辽盆地徐家围子断陷下白垩统营城组为例. 石油勘探与开发，40(6)：650-656.

付建伟，罗兴平，王贵文，等. 2014. 砂砾岩岩相测井识别方法研究. 辽宁石油化工大学期刊社，27(2)：69-73.

付金华，魏新善，任军峰. 2008. 伊陕斜坡上古生界大面积岩性气藏分布与成因. 石油勘探与开发，35(6)：664-667.

宫清顺，黄革萍，倪国辉，等. 2010. 准噶尔盆地乌尔禾油田百口泉组冲积扇沉积特征及油气勘探意义. 沉积学报，28(6)：1135-1143.

管树巍，李本亮，侯连华，等. 2008. 准噶尔盆地西北缘下盘掩伏构造油气勘探新领域. 石油勘探与开发，35(1)：17-22.

郭华军，刘庆成. 2008. 准噶尔盆地陆梁隆起古构造恢复研究. 西部探矿工程，20(8)：116-118.

郭睿. 2004. 储集层物性下限值确定方法及其补充. 石油勘探与开发，31(5)：140-144.

郭璇，潘建国，谭开俊，等. 2012. 地震沉积学在准噶尔盆地玛湖西斜坡区三叠系百口泉组的应用. 天然气地球科学 23(2)：359-364.

韩守华，余和中，斯春松，等. 2007. 准噶尔盆地储层中方沸石的溶蚀作用. 石油学报，28(3)：51-52.

何登发，贾承造. 2005. 冲断构造与油气聚集. 石油勘探与开发，32(2)：55-62.

何登发，陈新发，张义杰，等. 2004a. 准噶尔盆地油气富集规律. 石油学报，25(3)：1-9.

何登发，尹成，杜社宽，等. 2004b. 前陆冲断带构造分段特征-以准噶尔盆地西北缘断裂构造带为例. 地学前缘，11(3)：91-101.

胡文瑞，鲍敬伟，胡滨. 2013. 全球油气勘探进展与趋势. 石油勘探与开发，40(4)：409-413.

胡宗全，朱筱敏. 2002. 准噶尔盆地西北缘侏罗系储层成岩作用及孔隙演化. 石油大学学报(自然科学版)，26(3)：16-19.

黄林军，唐勇，陈永波，等. 2015. 准噶尔盆地玛湖凹陷斜坡区三叠系百口泉组地震层序格架控制下的扇三角洲亚相边界刻画. 天然气地球科学，26(S1)：25-32.

贾承造，赵政璋，杜金虎，等. 2008. 中国石油重点勘探领域-地质认识、核心技术、勘探成效及勘探方向. 石油勘探与开发，35(4)：385-396.

贾小乐，何登发，童晓光，等. 2011. 全球大油气田分布特征. 中国石油勘探，16(3)：1-7.

匡立春，吕焕通，齐雪峰，等. 2005. 准噶尔盆地岩性油气藏勘探成果和方向. 石油勘探与开发，32(6)：32-37.

匡立春，唐勇，雷德文，等. 2014. 准噶尔盆地玛湖凹陷斜坡区三叠系百口泉组扇控大面积岩性油藏勘探实践. 中国石油勘探，19(6)：14-23.

况军，齐雪峰. 2006. 准噶尔前陆盆地构造特征与油气勘探方向. 新疆石油地质，27(1)：5-9.

赖锦，王贵文，王书南，等. 2013. 碎屑岩储层成岩相研究现状及进展. 地球科学进展，328(1)：39-50.

赖志云，周维. 1994. 舌状三角洲和鸟足状三角洲形成及演变的沉积模拟实验. 沉积学报，12(2)：37-41.

雷德文. 1995. 准噶尔盆地玛北油田孔隙度横向预测. 新疆石油地质，16(4)：296-300.

雷德文，阿布力米提，唐勇，等. 2014. 准噶尔盆地玛湖凹陷百口泉组油气高产区控制因素与分布预测. 新疆石油地质，35(5)：495-499.

雷振宇，卞德智，杜社宽，等. 2005a. 准噶尔盆地西北缘扇体形成特征及油气分布规律. 石油学报，26(1)：8-12.

雷振宇，鲁兵，蔚远江，等. 2005b. 准噶尔盆地西北缘构造演化与扇体形成和分布. 石油与天然气地质，26(1)：86-91.

李兵，党玉芳，贾春明，等. 2011. 准噶尔盆地西北缘中拐-五八区二叠系碎屑岩沉积相特征. 天然气地球科学，22(3)：432-439.

李潮流，李谦. 2008. 利用测井信息判识古流向的方法探讨. 测井技术，32(5)：427-431

李红南，封猛，胡广文，等. 2014. 低孔-低渗砾岩储层量化评价方法研究. 石油天然气学报，36(2)：40-44.

李进步，白建文，朱李安，等. 2013. 苏里格气田致密砂岩气藏体积压裂技术与实践. 天然气工业，33(9)：65-69.

刘池洋，赵俊峰，马艳萍，等. 2014. 富烃凹陷特征及其形成研究现状与问题. 地学前缘，21(1)：

75-88.

刘传虎. 2011. 关于"勘探无禁区"的诠释. 中国石油勘探, 16(1)：50-59.

刘国全, 刘子藏, 吴雪松, 等. 2012. 歧口凹陷斜坡区岩性油气藏勘探实践与认识. 中国石油勘探, 17(3)：12-18.

刘豪, 王英民, 王媛, 等. 2004. 大型拗陷湖盆坡折带的研究及其意义——以准噶尔盆地西北缘侏罗纪拗陷湖盆为例. 沉积学报, 22(1)：95-102.

刘震, 黄艳辉, 潘高峰, 等. 2012. 低孔渗砂岩储层临界物性确定及其石油地质意义. 地质学报, 86(11)：1815-1825.

卢修峰, 王杏尊, 吉鸿波, 等. 2004. 二次加砂压裂工艺研究与应用. 石油钻采工艺, 26(4)：57-61.

鲁兵, 张进, 李涛, 等. 2008. 准噶尔盆地构造格架分析. 新疆石油地质, 29(3)：283-289.

马晋文, 刘忠保, 尹太举. 2012. 须家河组沉积模拟实验及大面积砂岩成因机理分析. 沉积学报, 30(1)：101-110.

马永平, 黄林军, 滕团余, 等. 2015. 准噶尔盆地玛湖凹陷斜坡区三叠系百口泉组高精度层序地层研究. 天然气地球科学, 26(S1)：33-40.

孟家峰, 郭召杰, 方世虎. 2009. 准噶尔盆地西北缘冲断构造新解. 地学前缘, 16(3)：171-180.

孟祥超, 陈能贵, 王海明, 等. 2015. 砂砾岩沉积特征分析及有利储集相带确定——以玛北斜坡区百口泉组为例. 沉积学报, 33(6)：1235-1246.

牟泽辉, 朱德元, 卿崇文. 1992. 准噶尔盆地石炭、二叠系沉积相和模式. 新疆石油地质, 13(1)：35-48.

潘建国, 谭开俊, 王国栋, 等. 2015. 准噶尔盆地玛湖富烃凹陷源外近源油气藏内涵与特征. 天然气地球科学, 26(S1)：1-10.

齐雯, 潘建国, 王国栋, 等. 2015. 准噶尔盆地玛湖凹陷斜坡区百口泉组储层流体包裹体特征及油气充注史. 天然气地球科学, 26(S1)：64-71.

丘东洲. 1994. 准噶尔盆地西北缘三叠-侏罗系隐蔽油气藏圈闭勘探. 新疆石油地质, 15(1)：1-9.

瞿建华, 郭文建, 尤新才, 等. 2015. 玛湖凹陷夏子街斜坡坡折带发育特征及控砂作用. 新疆石油地质, 36(2)：127-133.

瞿建华, 张顺存, 李辉, 等. 2013. 准噶尔盆地玛北斜坡区三叠系百口泉组油藏成藏控制因素. 特种油气藏, 20(5)：51-55.

曲国胜, 马宗晋, 陈新发, 等. 2009. 论准噶尔盆地构造及其演化. 新疆石油地质, 30(01)：1-5.

曲永强, 王国栋, 谭开俊, 等. 2015. 准噶尔盆地玛湖凹陷斜坡区三叠系百口泉组次生孔隙储层的控制因素及分布特征. 天然气地球科学, 26(S1)：50-63.

单新, 于兴河, 李胜利, 等. 2014. 准南水磨沟侏罗系喀拉扎组冲积扇沉积模式. 中国矿业大学学报, 43(2)：262-270.

史基安, 何周, 丁超, 等. 2010. 准噶尔盆地西北缘克百地区二叠系沉积特征及沉积模式. 沉积学报, 28(5)：962-968.

史基安, 邹妞妞, 鲁新川, 等. 2013. 准噶尔盆地西北缘二叠系云质碎屑岩地球化学特征及成因机理研究. 沉积学报, 31(5)：898-906.

隋风贵. 2015. 准噶尔盆地西北缘构造演化及其与油气成藏的关系. 地质学报, 89(4)：779-793.

孙平, 郭泽清, 张林, 等. 2011. 柴达木盆地三湖北斜坡岩性气藏勘探与发现. 中国石油勘探, 16(1)：25-31.

谭开俊, 王国栋, 罗惠芬, 等. 2014. 准噶尔盆地玛湖斜坡区三叠系百口泉组储层特征及控制因素. 岩性油气藏, 26(6)：83-88.

谭茂金, 赵文杰. 2006. 用核磁共振测井资料评价碳酸盐岩等复杂岩性储集层. 地球物理学进展, 21(2): 489-493.

唐勇, 徐洋, 瞿建华, 等. 2014. 玛湖凹陷百口泉组扇三角洲群特征及分布. 新疆石油地质, 35(6): 628-634.

童晓光, 郭建宇, 王兆明. 2014. 非常规油气地质理论与技术进展. 地学前缘, 21(1): 9-20.

王贵文, 孙中春, 付建伟, 等. 2015. 玛北地区砂砾岩储集层控制因素及测井评价方法. 新疆石油地质, 36(1): 8-13.

王绪龙, 康素芳. 2001. 准噶尔盆地西北缘玛北油田油源分析. 西南石油学院学报, 23(6): 6-8.

王英民, 刘豪, 李立诚, 等. 2002. 准噶尔大型拗陷湖盆坡折带的类型和分布特征. 地球科学, 27(6): 683-688.

王宇宾, 刘建伟. 2005. 二次加砂压裂技术研究与实践. 石油钻采工艺, 27(5): 81-85.

蔚远江, 胡素云, 雷振宇, 等. 2005. 准噶尔西北缘前陆冲断带三叠纪-侏罗纪逆冲断裂活动的沉积响应. 地学前缘, 12(4): 423-437.

蔚远江, 李德生, 胡素云, 等. 2007. 准噶尔盆地西北缘扇体形成演化与扇体油气藏勘探. 地球学报, 28(1): 62-71.

吴孔友, 查明, 王绪龙, 等. 2005. 准噶尔盆地构造演化与动力学背景再认识. 地球学报, 26(3): 217-222.

吴奇, 胥云, 王腾飞, 等. 2011. 增产改造理念的重大变革——体积改造技术概论. 天然气工业, 31(4): 7-12.

吴涛, 张顺存, 周尚龙, 等. 2012. 玛北油田三叠系百口泉组储层四性关系研究. 西南石油大学学报(自然科学版), 34(6): 47-52.

吴志雄, 杨兆臣, 丁超, 等. 2011. 准噶尔盆地西北缘三叠系克拉玛依组扇三角洲沉积微相特征-以W16井区为例. 天然气地球科学, 22(4): 602-609.

鲜本忠, 王永诗, 周廷全, 等. 2007. 断陷湖盆陡坡带砂砾岩体分布规律及控制因素——以渤海湾盆地济阳拗陷车镇凹陷为例. 石油勘探与开发, 34(4): 429-436.

鲜本忠, 徐怀宝, 金振奎, 等. 2008. 准噶尔盆地西北缘三叠系层序地层与隐蔽油气藏勘探. 高校地质学报, 14(2): 139-146.

肖序常, 汤耀庆, 冯益民, 等. 1992. 新疆北部及邻区大地构造. 北京: 地质出版社.

谢宏, 赵白, 林隆栋, 等. 1984. 准噶尔盆地西北缘逆掩断裂区带的含油特点. 新疆石油地质, 5(3): 1-15.

辛仁臣, 柳成志, 雷顺. 1997. 粗粒曲流河体系河道沉积的沉积构形分析——以籍家岭泉头组露头为例. 大庆石油学院学报, 21(3): 16-19.

辛艳朋, 牟中海, 郭维华, 等. 2007. 退积型扇三角洲高分辨率层序地层学研究. 西南石油大学学报, 29(2): 68-71.

邢强, 朱有乾, 方琳浩. 2008. 从周缘盆-山耦合区带剖面结构特征分析准噶尔盆地构造演化. 天然气地球科学, 19(3): 372-376.

徐芹芹, 季建清, 赵磊, 等. 2009. 新疆西准噶尔晚古生代以来构造样式与变形. 岩石学报, 25(3): 636-644.

徐亚军, 杜远生, 杨江海. 2007. 沉积物物源分析研究进展. 地质科技情报, 26(3): 26-32.

许多年, 尹路, 瞿建华, 等. 2015. 低渗透砂砾岩"甜点"储层预测方法及应用-以准噶尔盆地玛湖凹陷北斜坡区三叠系百口泉组为例. 天然气地球科学, 26(S1): 154-161.

许琳, 常秋生, 陈新华, 等. 2015. 玛北斜坡区三叠系百口泉组储集层成岩作用及孔隙演化. 新疆地质,

33(1)：90-94.

杨坚强，康素芳，武宏义，等. 1995. 根据地球化学资料分析玛北油田油藏的形成. 新疆石油地质，16(2)：144-148.

杨伟伟，柳广弟，刘显阳，等. 2013. 鄂尔多斯盆地陇东地区延长组低渗透油藏成藏机理与成藏模式. 地学前缘，20(2)：132-139.

杨文孝，况军，徐长胜. 1995. 准噶尔盆地大油田形成条件和预测. 新疆石油地质，16(3)：201-211.

印森林，吴胜和，许长福，等. 2014. 砂砾质辫状河沉积露头渗流地质差异分析——以准噶尔盆地西北缘三叠系克上组露头为例. 中国矿业大学学报，43(2)：286-293.

于兴河，瞿建华，谭程鹏，等. 2014. 玛湖凹陷百口泉组扇三角洲砾岩岩相及成因模式. 新疆石油地质，35(6)：619-627.

于兴河，郑浚茂，宋立衡. 1997. 断陷盆地三角洲砂体的沉积作用与储层的层内非均质性特点. 地球科学：中国地质大学学报，22(1)：51-56.

张春生，刘忠保，施冬，等. 2000. 扇三角洲形成过程及演变规律. 沉积学报，18(4)：521-526.

张国俊，杨文孝. 1983. 克拉玛依大逆掩断裂带构造特征及找油领域. 新疆石油地质，4(1)：1-5.

张纪易. 1985. 粗碎屑洪积扇的某些沉积特征和微相划分. 沉积学报，3(3)：75-85.

张继庆，江新胜，刘志刚，等. 1992. 准噶尔盆地西北缘三叠-侏罗系沉积模式. 新疆石油地质，13(3)：206-216.

张龙海，刘忠华，周灿灿，等. 2008. 低孔低渗储集层岩石物理分类方法的讨论. 石油勘探与开发，35(6)：763-768.

张顺存，陈丽华，周新艳，等. 2009. 克百断裂下盘二叠系砂砾岩的沉积模式研究. 石油与天然气地质，30(6)：740-746.

张顺存，丁超，何维国，等. 2011. 准噶尔盆地西北缘乌尔禾鼻隆中下三叠统沉积相特征. 沉积与特提斯地质，31(2)：17-25.

张顺存，黄治赳，鲁新川，等. 2015a. 准噶尔盆地西北缘二叠系砂砾岩储层主控因素. 兰州大学学报（自然科学版），51(1)：20-30.

张顺存，史基安，常秋生，等. 2015b. 岩性相对玛北地区百口泉组储层的控制作用. 中国矿业大学学报，44(6)：1126-1134.

张顺存，蒋欢，张磊，等. 2014. 准噶尔盆地玛北地区三叠系百口泉组优质储层成因分析. 沉积学报，32(6)：1171-1180.

张顺存，刘振宇，刘巍，等. 2010. 准噶尔盆地西北缘克百断裂下盘二叠系砂砾岩储层成岩相研究. 岩性油气藏，22(4)：43-51.

张顺存，邹妞妞，史基安，等. 2015c. 准噶尔盆地玛北地区三叠系百口泉组沉积模式. 石油与天然气地质，36(4)：640-650.

张占松，朱留方，陈莹，等. 2003. FMI测井资料在砂砾岩沉积相研究中的应用. 中国海上油气（地质），17(2)：137-139.

赵白. 1979. 准噶尔盆地的构造性质及构造特征. 石油勘探与开发，6(2)：18-26.

赵白. 1985. 克拉玛依油田的非背斜油、气藏. 新疆石油地质，6(1)：1-10.

赵白. 1992. 准噶尔盆地的形成与演化. 新疆石油地质，13(3)：191-196.

赵红格，刘池洋. 2003. 物源分析方法及研究进展. 沉积学报，21(3)：409-415.

赵俊青，纪友亮，夏斌，等. 2004. 扇三角洲沉积体系高精度层序地层学研究. 沉积学报，22(2)：303-309.

赵玉光，丘东洲，张继庆. 1993. 西准噶尔界山前陆盆地晚期(T-J)层序地层与油气勘探. 新疆石油地质，14(4)：323-331.

朱世发，朱筱敏，刘继山，等. 2012. 富孔熔结凝灰岩成因及油气意义——以准噶尔盆地乌-夏地区风城组为例. 石油勘探与开发，39(2)：162-171.

朱筱敏，张守鹏，韩雪芳，等. 2013. 济阳坳陷陡坡带沙河街组砂砾岩体储层质量差异性研究. 沉积学报，31(6)：1094-1104.

祝彦贺，王英民，袁书坤，等. 2008. 准噶尔盆地西北缘沉积特征及油气成藏规律——以五、八区佳木河组为例. 石油勘探与开发，35(5)：576-580.

邹才能，陶士振，袁选俊，等. 2009. "连续型"油气藏及其在全球的重要性：成藏、分布与评价. 石油勘探与开发，36(6)：669-682.

邹才能，陶士振，周慧，等. 2008. 成岩相的形成、分类与定量评价方法. 石油勘探与开发，35(5)：526-540.

邹妞妞，庞雷，史基安，等. 2015a. 准噶尔盆地玛北地区百口泉组砂砾岩储层评价. 天然气地球科学，26(增刊2)：63-72.

邹妞妞，史基安，张大权，等. 2015b. 准噶尔盆地西北缘玛北地区百口泉组扇三角洲沉积模式. 沉积学报，33(3)：607-615.

邹妞妞，张大权，姜杨，等. 2015c. 准噶尔玛东地区下乌尔禾组储层成岩作用与孔隙演化. 地质科技情报，34(1)：42-48.

邹妞妞，张大权，吴涛，等. 2015d. 准噶尔西北缘风城组云质碎屑岩类储层特征及控制因素. 天然气地球科学，26(5)：861-870.

邹志文，李辉，徐洋，等. 2015. 准噶尔盆地玛湖凹陷下三叠统百口泉组扇三角洲沉积特征. 地质科技情报，34(2)：20-26.

Amaefule J O, Altunbay M, Tiab D, et al. 1993. Enhanced reservoir description：Using core and log data to identify hydraulic(flow) units and predict permeability in uncored intervals/wells// SPE Annual Technical Conference and Exhibition. Houston，205-220.

Baas J H , Van Kesteren W, Postma G. 2004. Deposits of depletive high density turbidity currents：A flume analogue of bed geometry, structure, texture. Sedimentology，51(5)：1053-1088.

Bridge J S. 1981. Hydraulic interpretation of grain-sized distributions using a physical model for bedload transport. Journal of Sedimentary Petrology，51(4)：1109-1124.

Cardona J P M, Mas J M G, Bellón A S, et al. 2005. Surface textures of heavy-mineral grains：A new contribution to provenance studies. Sedimentary Geology，174(3)：223-235.

Catuneanu O, Abreu V, Bhattacharya JP, et al. 2009. Towards the standardization of sequence stratigraphy. Earth-Science Reviews，92(1-2)：1-33.

Catuneanu O, Galloway WE, Kendall CGSC, et al. 2011. Sequence Stratigraphy：Methodology and Nomenclature. Newsletters on Stratigraphy，44(3)：173-245.

Cazanacli D, Paola C, Parker G. 2002. Experimental steep, braided flow：Application to flooding risk on fans. Journal of Hydraulic Engineering，128(3)：322-330.

Coleman R G. 1989. Continental growth of northwest China. Tectonics，8(3)：621-635.

Cross T A. 1994. High-resolution stratigraphic correlation from the perspective of base-level cycles and sediment accommodation. Proceedings of Northwestern European Sequence Stratigraphy Congress.

Fedele J J, Garcia M H. 2009. Laboratory experiments on the formation of subaqueous depositional gullies by turbidity currents. Marine Geology，258(1)：48-59.

Greene T J, Zinniker D, Moldowan J M, et al. 2004. Controls of oil family distribution and composition in nonmarine petroleum systems: A case study from the Turpan-Hami basin, northwestern China. AAPG bulletin, 88(4): 447-481.

Holbrook J M, Bhattacharya J P. 2012. Reappraisal of the sequence boundary in time and space: Case and considerations for an SU (subaerial unconformity) that is not a sediment bypass surface, a time barrier, or an unconformity. Earth-Science Reviews, 113(3-4): 271-302.

Jiao Y, Yan J, Li S, et al. 2005. Architectural units and heterogeneity of channel reservoirs in the Karamay Formation, outcrop area of Karamay oil field, Junggar basin, northwest China. AAPG bulletin, 89(4): 529-545.

Kane I A, Mccaffrey W D, Peakall J, et al. 2010. Submarine channel levee shape and sediment waves from physical experiments. Sedimentary Geology, 223(1): 75-85.

Keevil G M, Peakall J, Best J L, et al. 2006. Flow structure in sinuous submarine channels: Velocity and turbulence structure of an experimental submarine channel. Marine Geology, 229(3): 241-257.

Kyle M S, Chris P, Wonsuck K, et al. 2013. Experimental investigation of sediment dominated vs. tectonics dominated sediment transport systems in subsiding basins. Journal of Sedimentary Research, 83(12): 1162-1180.

Lawrence, S. R. 1990. Aspects of the petroleum geology of the Junggar basin, Northwest China. Geological Society, London Special Publications, 50(1): 545-557.

Mark W H, Andrew C M. 2004. Evaluation of sediment provenance using magnetic mineral inclusions in clastic silicates: Comparison with heavy mineral analysis. Sedimentary Geology, 171(1-4): 13-36.

Miall A D. 2006. Reconstructing the architecture and sequence stratigraphy of the preserved fluvial record as a tool for reservoir development: A reality check. AAPG Bulletin, 90(7): 989-1002.

Miall A D. 2010. The Geology of Stratigraphic Sequences. Berlin: Springer Science & Business Media.

Morton A C, Whitham A G, Fanning C M. 2005. Provenance of Late Cretaceous to Paleocene submarine fan sandstones in the Norwegian Sea: integration of heavy mineral, mineral chemical and zircon age data. Sedimentary Geology, 182(1-4): 3-28.

Novikov I S. 2013. Reconstructing the stages of orogeny around the Junggar basin from the lithostratigraphy of Late Paleozoic, Mesozoic, and Cenozoic sediments. Russian Geology and Geophysics, 54(2): 138-152.

Otto, S. C. 1997. Mesozoic-Cenozoic history of deformation and petroleum systems in sedimentary basins of Central Asia; implications of collisions on the Eurasian margin. Petroleum Geoscience, 3(4): 327-341.

Pierre W, Eric, Olivier D, et al. 2014. Experimental investigation on self-channelized erosive gravity currents. Journal of Sedimentary Research, 84(6): 487-498.

Rodriguez A, Maraven S A. 1988. Facies modeling and the flow unit concept as a sedimentological tool in reservoir description. Proceedings of the 1988 SPE 63rd Annual Technical Conference and Exhibition, Richardso.

Sengör, A M C. 1993. Turkic -type orogeny in the Altaids: Implications for the evolution of continental crust and methodology of regional tectonic analysis. Transactions of the Leicester Literature and Philosophical Society, 87: 37-54.

Taner I, Kamen-Kaye M, Meyerhoff A A. 1988. Petroleum in the Junggar basin, northwestern China. Journal of Southeast Asian Earth Sciences, 2(3): 163-174.

Xu D，Gu X，Li P，et al. 2007. Mesoproterozoic-Neoproterozoc transition：Geochemistry，provenance and tectonic setting of clastic sedimentary rocks on the SE margin of the Yangtze block，South China. Journal of Asian Earth Sciences，29(5)：637-650.

Zecchin M，Catuneanu O. 2013. High-resolution sequence stratigraphy of clastic shelves I：Units and bounding surfaces. Marine and Petroleum Geology，39(1)：1-25.